民國園藝史料匯編

5

第2輯

《民國園藝史料匯編》編委會　編

江蘇人民出版社

第五册

菜園經營法

吴耕民 著

商務印書館
民國十九年

菜園經營法

吳耕民著

農學小叢書

菜園經營法

目錄

菜園經營法

第一章　總說

經營菜園者，對於各種蔬菜之栽培法，固須通曉，但經營上全般的原則，如氣候、土地、肥料、農具、種子，以至採收、販賣、貯藏、製造等各種複雜情形，亦不可不融會貫通。蓋有成竹在胸，方可措理有方，雖有困難問題發生，亦能臨機應變，無往不利矣。本篇擬專就經營上全般的原則論述之。

第一節　蔬菜與菜園之定義

欲研究菜園經營法者，當先明蔬菜與菜園之意義。蔬菜二字，就字義言之，說文註，『蔬，菜也；』則蔬與菜實異字而同意，其間無何等區別之可言。故吾人對蔬菜，常簡稱之曰菜。又爾雅註『凡草菜可食者通名爲蔬；』書云，『穀以養民，菜以佐食。』據此二說，則蔬菜者，卽草本植物可供吾人副食者之總稱也。然時至今日，文化大啓，人類食慾，愈趨複雜，供吾人副食之蔬菜，種類繁多，已不僅限於草本矣。南方之竹筍，北方之香椿，卽其著例也。故今日所謂蔬菜者，不能專就文字上之狹義而言，當依廣義而更正之曰：蔬菜者，不問其爲一年生與多年生，草本性與木本性；其需要部概柔軟多汁；有一種特殊之風味，可烹調爲肴饌，而供吾人副食物之一切作物也。

蔬菜之意義既明，則菜園者，卽栽培蔬菜之園地也。就園字之創造原意推測之，口爲藩籬，其內之土、口、仁，暗指土地、井、及二人耕作於其間也。蓋在昔人智未開，道德淺薄，凡稍貴重之作物，若蔬菜之類，易被人盜竊以去；故必在籬垣圍繞之土地舉行栽培。且以蔬菜最需水分，必須設井其中以資灌溉。今日各地菜園常用籬垣圍繞，且距河水較遠之處，於園內設池或井，（如南京菜園必有池，北京必有井）實大有古風存焉。惟晚近人智漸開，道德觀念亦隨之增進，瓜田不納履之訓，深入今人之腦際；故菜園失竊之事，除瓜果之類可生食者而外，不甚數覯。是以今日之菜園，未必限於有籬垣之地，間有在曠野栽菜，與普通農作爲伍者矣。

第二節　蔬菜與人生之關係

書曰，『穀以養民，菜以佐食，』足證蔬菜自古爲重要之副食品，而與人生有密切之關係者也。吾人日常之食品，雖米麥豐滿，肉類充足，而無蔬菜以佐之，則阻害消化，減退食慾，諸種疾病必隨之而生矣。蓋蔬菜富於纖維質與鉀質，有調和胃腸，促進消化，清潔血液，旺盛循環之能力。不特可以養身，且尚有種種特殊之效能焉。茲請進而分述之如左：

（一）甘藍　富滋養分，食之可增益血液，促進循環，治敗血病最有奇效。

（二）苘蒿　有強胃而增進食慾之效，爲患胃病者之良好食物。且能防疫，及治諸種神經系之病。

（三）萵苣　常食之，能增進食慾，清潔血液，且能強健筋肉，治愈不眠症及神經過敏，熱性諸病。此外可以健眼，白齒，婦人產後食之，可以增加其泌乳量。

（四）苦苣　其效用與萵苣略同，根部乾燥炙熱，碎爲粉末，可爲咖啡之代用品。

（五）菠菜　富鐵分與石灰分，爲貧血者之良好食品。且能促進消化，強胃健腸，便祕、痔疾者食之頗佳。患肺病者食之亦有效。此外酒醉者食之，可以使之醒蘇。

（六）洋芫荽　有清血、健胃之效，其種子亦可作健胃劑。

（七）芹菜　能治神經衰弱及黃疸病。

（八）萘菜　有清血通便之效，且能殺滅蟑蟲，治瘧熱病，健康之人夏季食之，可預防各種熱病及痢疾。

（九）葱及葱頭　此二者有種種特殊效能，可分述如下：

（1）飲食無節，而生積滯，如用生蘿蔔與葱，以作消化劑，可增進食慾。

（2）感冒傷風，不易出汗，食葱或以葱擦皮膚，卽能催汗。

（3）如嫌毛髮、鬚眉不盛，以葱之切口摩擦刺激之，能促其發生。

（4）如有蜂螫毒，以葱之白根敷於其上，可以止痛。

（5）每日以葱烹調食之，不數日食慾大進，腦力頓增。

（6）神經過敏，而患失眠者，嚙葱之白根而嗅其氣，可以催眠。

（7）夏日常食之，可防種種傳染病。

（十）韭　其效能亦有數種：

（1）食魚骨鯁者，飲韭之搾汁，卽可下去，而治脚氣、腹痛，亦有奇效。

（2）火傷皮膚，以韭汁和蜂蜜塗之，有奇效。

（3）普通人常食之，能旺盛血液循環，促進消化機能。

就以上十種觀之，已可見蔬菜概具有偉大之效能，而與人生有密切之關係矣。

第三節　經營菜園之趣味與利益

經營菜園，一最純潔最高尙之事業也。從事於此者，以自然爲良伴，與作物爲好友，綠葉黃花，燦爛滿園，不啻大塊文章，盡在目前矣！且始播微小之種子，終獲多量之產品，其幼植物之欣欣向榮，開花結實，一生經過，莫不具自然之微妙。而肥培管理之周到與否，卽表現於作物之生育上，欺詐取巧之事，不能絲毫介於其間，栽培者覩此種情狀，有不快慰逾恆者乎！至勞動適度，可當運動；陶冶身心，足增健康；猶其樂之小焉者耳。

以上所述，爲經營菜園之趣味。至其利益，亦復不少，約言之，農家爲副業栽培者，則一年間勞力之分配，可以平均婦孺之勞動，得以利用；爲專業栽培者，處理得法，一畝之收入，足抵普通作物三四培而有餘；爲家庭栽培者以產品供一家之所需，新鮮味美，既省家用，又合衛生；且以自己辛勤之所得，而供自己之需用，其快慰與市上購來者，不可同日而語，一旦嘉賓戾止，更可出而享之，以盡東道之誼。如幸遇豐年，自用有餘，分贈於戚友，以爲酬酢贈答之品，授受之間，較他物當更饒樂趣也。

第四節　經營菜園之起源與現狀

洪荒之世，榛榛狉狉，穴居野處，茹毛飲血，食果實，衣樹葉，無所謂農業也。其後生齒日繁，食者漸衆。僅賴純粹天地之所產，不能饜其所求。於是輔佐天地，以期生產之增加，栽培事業，卽於此發軔矣。惟其時所栽培者，尚限於普通穀菽之類。史所謂『后稷教民稼穡，樹藝五穀』者是也。其供副食品之蔬菜、魚介之類，猶復跋涉山川，得之於自然界中，初未嘗有培養之者。厥後人口增加，靡有底止，生存競爭，益趨激烈，天然產物，既告不足。且文化大啓，慾望愈奢，品質低劣之天然物，自難饜人類之嗜好。於是葉菜、果蓏，相繼移栽於園圃，而受人爲之栽培，菜園經營，卽於斯開其端倪矣。

當蔬菜之初受人爲栽培也；完全爲家庭園藝，各以其所出，供一家之所需，初無營利之念存於其間也。迨後自足經濟之制度破，人類咸知交易之道，遂有聚集而爲都市者。其間人稠地狹，穀類之栽培固屬難能，即副食物之蔬菜亦無栽培之餘地，不能不仰給於都市以外之地。於是負郭之農民，見有利可圖，咸出其所栽培蔬菜之一部，以供販賣，營利菜園，即發軔於此。然其時能享此利益者，尙限於都會附近之居民。迄乎近世學術昌明，交通便利，輪船鐵道，疾行如飛，汽車飛艇，瞬息千里；（飛艇運送蔬菜，已開端於美國。見民國十年六月下旬之上海時報。）凡昔日所謂易凋萎易腐敗，非近於需要地不堪搬運之蔬菜，今則早發夕至，無復有所顧慮；距都市窵遠之農民，得以經營菜園，共沾都市之潤利者，交通機關之發達，實有以致之也。

第二章 經營菜園之六大栽培要素

經營菜園者，應研究之事項頗多，而最關切要者，當首推栽培要素。茲擇其中重大者一一分論之：

栽培要素
- 自然的
  - 氣候
  - 土地
  - 水分
- 人工的
  - 種子
  - 肥料
  - 農具

第一節 氣候

蔬菜之生育上關係最大者，厥惟氣候。氣候不適，雖有精美之技術，亦難望其生長之優良，甚有絕對不能生育者，如北方寒地不產竹筍；北地之白菜、蘿蔔，移種於南方，其品質不能與彼相埒；甘藍、葱頭，南方暖地夏季栽培困難；諸如此類，不勝枚舉；而就此數例觀之，亦可知蔬菜栽培與氣候有密切關係矣。雖輓近學術進步，應用温室、温床，似人力得以左右氣候矣；然其設備須多額之費用，管理須精熟之技能。用不時栽培（Forcing Culture）而促成節外蔬果，獲利固可倍蓰，若欲推行之於普通栽培，未免得不償失。故露地栽培，以吾人今日之科學知識，尙未能逃天然氣候之支配也！

蔬菜種類繁多，原產於世界各地，其對於氣候之嗜好，因種類而各有不同。例如葉菜類（Leaf Crops）生長期間短，而欲促其葉部之速長者，以濕潤之氣候爲宜；反之瓜類、甘藷等，以果實或根部之發達爲目的，過濕足致莖葉繁茂，而貽誤結果，以乾燥之氣候爲利。又如根菜類喜秋冬寒冷之季；嫩莖類（Stem Crops）好春季温暖之候；諸如此類，不勝枚舉；故經營菜園者，欲求其產品優良，氣候之選擇不可忽。諸茲對於各種蔬菜所嗜好之氣候，分別記之於左：

（一）好温暖乾燥者…………甘藷、朝鮮薊、南瓜、西瓜、越瓜、甜瓜、冬瓜、番茄、菜豆、大豆、落花生、玉蜀黍。

（二）好温暖濕潤者……胡蘿蔔、菊芋、山藥芋、薑葱、土當歸、筍、芹菜、胡瓜、茄、黄秋葵、草莓。
（三）好冷涼乾燥者……馬鈴薯、葱頭、石刁柏、豌豆、蠶豆。
（四）好冷涼濕潤者……蘿蔔、蕪菁、甘藍類、白菜類、萵苣、花椰菜。

第二節　土地

次於氣候，而與蔬菜栽培有密切關係者，當爲土地。因土地爲蔬菜生長之所，其肥瘠、位置、方向等，與蔬菜之生育有偉大之影響者也。茲請分論如左：

第一　土質

（一）物理學性質　土質依物理學的性質，得大别爲二類；卽輕鬆土與粘重土是也。砂土、礫土、及砂壤土等屬於前者；粘土及粘壤土屬於後者。菜園以輕鬆土爲最有利。至粘重土除甘藍之晚生種及豌豆等少數種類外，概非所宜。茲將輕鬆土之優點摘錄如左：

（1）早春地温之上昇，較粘重土早，平時地温亦較高。

（2）肥料之分解速，可供作物隨時之需用。

（3）耕作春季可早開始，而秋季得以延長。
（4）耕作之工費較省，而雨後卽得入內行之，無粘濘不堪作業之患。
（5）移植與收獲均甚便利。
（6）當收獲之際，雖土壤濕潤，亦不致因踐踏硬固。
（7）水易滲入土中，排水自然佳良。
（8）如種根菜，則外皮光潤，形狀正整，而少鬚根。
（9）收獲物清潔，洗滌，整理之工可較省。

輕鬆土有上述諸利，故菜園擇是類土壤充之，最爲合宜。然此僅就土性言之，此外其土層之狀態，亦與生產力有大影響，不可不注意及之。若土層極淺，而下層土之排水不良時，雖其他之理學性質無所缺點，亦不足爲菜園地。因菜園耕土之深，至少七八寸，而欲栽培根菜類，則非一二尺乃至數尺不可也。至如耕土深時，其下層土最好爲粘質，則地下水保持於其處，漸次滲透上昇，使耕土得保適度濕氣也。

（二）化學性質　土壤之化學性質，與蔬菜之生育亦有偉大之影響。輕鬆土水分之保持力弱，養分易流失，土性不免瘠薄，而極端之礫土及礫質砂土，竟有全無肥分，不適於植物之生育者；但其組織之密度漸減，則肥沃之度亦漸高，故粘重土概較輕鬆土爲富於養分也。蔬菜喜肥沃而富於可溶性養分之土壤，如僅就偏面言之，似以粘土爲最適。惟粘土欲改良其物理性質，殊非易事，而輕鬆土之不過於瘠薄者，施以肥料，即可增其養分，得使物理、化學性質，兩無所偏缺，此吾人所以不嫌輕鬆土之瘠薄，而常以之爲菜園地也。

土壤之化學性質中，吾人須特別注意者，即土壤之呈酸性與否也。植物無一好酸性者，惟其抵抗力依種類而有差。抵抗力強者，其害少；反之則其害大。如麥類及荳科植物，抵抗力最弱，故觀此類植物之生育狀況，可略推知土壤之酸度。蔬菜類概忌酸性，故當選土地之時，不可不明辨之。

第二　土壤改良法

土壤之物理與化學性質，究不能如吾人之理想，而無所偏缺；然近世學術進步，此等缺點，在某程度以內，未始不可以人工改良之，其最有效之方法，試略述之如左：

（一）耕入腐植質　腐植質爲鹽基性，能中和酸性，助作物之發育，使土壤肥沃，且其性鬆緊得中，土壤之過粘或過輕鬆者，俱得改良之。卽在粘重土中，其最後所殘之纖微質，能使土壤膨軟，增進水分之透通力，且能防乾燥時表土之凝固。又在輕鬆土，可以增加水分及肥料之保持力，而增進其生產力。腐植質有如此偉大效力，故栽培蔬菜者，每回常耕入如堆肥之腐植質肥料，每畝一千乃至二千斤，以爲基肥者也。

（二）施用石灰　石灰雖自身不含養分，但能分解土壤中不溶解養分，而使爲有效性。不僅能使土地肥沃，且有粉碎土粒之作用。使用之於粘土，能使其膨軟。此外其性爲強鹽基性，用以中和酸性，最有奇效。故普通土地，每隔三年，每畝施以一百斤乃至一百五十斤，頗屬有利者也。

（三）客土法　土地之過鬆或過粘者，搬運他處之土，以改良之，謂之客土法。如砂多之土，加以粘土；粘土粘重之土，加以鬆土是也。

（四）深耕法　普通土地表土不過二尺，往往不能保持多量養分，與植物之根以寬廣之地積。今如於冬季耕起底土，使之風化，則於改良土質亦甚有效。惟下層土之性質惡劣者，不宜行深耕，固不待言矣。

（五）燒土法　聚表土於一處，與雜草、柴屑層疊，而以火徐徐焚之，此謂之燒土。此法施於重粘土可使之膨軟；施於腐植質土，能分解諸種有害酸類，且能變化不溶解之燐酸及鉀質爲可溶性。此外又能殺害蟲、病菌，滅雜草種子，其利益不可勝數也。

（六）排水法　土壤之過於卑溼者，可以排水法使之乾燥。排水有明溝、暗溝二種；明溝即普通掘溝排水之法；暗溝即陰溝，以土管設置於地下者也。

第三　位置及方向

蔬菜之生育須多量之養分，故土地務選肥沃，而上層土深者。概言之，平地肥沃，傾斜地及高地養分易流失，地味概瘠薄，而尤以表土淺，灌溉不便者，最爲不適，此菜園之所以多在平坦地也。雖然，傾斜地及高地亦有其可取之點；即排水良好，空氣暢通，病蟲害之發生少，故保護管理上如無大妨礙者，擇適當之蔬菜栽培之，亦甚得策。如石刁柏、土當歸、甘藷、馬鈴薯不畏乾燥，且其肥培簡單者，利用此類土地，最得其宜。至土地之方向，傾斜地以面東南或南者爲最佳，因地溫較高，最適於早熟栽培(Accelerating Culture)也。

第四　選擇菜園時其他應注意之點

(一)市場　菜園與市場務求其近，近則運費與搬運時間俱減省，新鮮蔬菜，得隨時供給，善價而沽；遠則運費多，而中途延擱，多水分之蔬菜，易凋萎而減損品質，往往不能獲預計之利。是以遠於市場之菜園，僅可栽培不易凋萎，且容積小，易於運搬之種類。(如甘藷、馬鈴薯、蘿蔔、芋之類)如普通白菜、菠菜等之葉菜，殆爲市場附近菜園之專利品，遠地菜園，不能與之競利者矣。

(二)灌漑水之供給　蔬菜之水生者，(如藕、茭白之類)固必需灌漑水，而陸地菜類，灌漑得宜，則生長迅速，品質優良。故選擇菜園地時，必須擇近於河池，灌漑便利之處用之。

(三)道路　菜園所在處，務求有大道通過，則交通便利，運輸上可省費用。但都市中之菜園，過於接近通衢，灰塵飛揚，沾汚蔬菜之葉，對於其生育亦屬有害，能避則避之。

(四)水路　水路亦如道路，爲交通上所必要，能通過菜園附近，則肥料及生產品之運搬便利不少。

（五）地價　一般言之，菜園之地價，愈廉愈妙，但在某程度內，與其廉而遠於市場，毋寧稍貴而求近於市場之地用之。

（六）勞力之供給　菜園忙時，有恃於短工，故其附近最好能覓得此類工人。

（七）肥料之供給　菜園需大宗肥料，如供給不便，或缺少，則栽培上感困難不少。都市附近，肥料多而價廉，經營菜園，最爲相宜。

第五　土質與蔬菜之關係

茲將各種蔬菜之適土示之如左：

（一）粘土　薑、筍、韭、葱、菜類、朝鮮薊、冬瓜、蠶豆、大豆、玉蜀黍、

（二）粘質壤土　蕪菁、芋、百合、土當歸、蒜菜、芹菜、菠薐、甘藍、花椰菜、胡瓜、茄子、辣椒、豌豆、草莓、

（三）壤土　蘿蔔、胡蘿蔔、牛蒡、馬鈴薯、山藥、蕃茄、南瓜、扁蒲、

（四）砂質壤土　胡蘿蔔、石刁柏、甘藍、萵苣、越瓜、甜瓜、菜豆、

（五）砂土　甘藷、蘿蔔、牛蒡、葱頭、南瓜、西瓜、落花生、

（六）水田　蓮藕、慈姑、水芹、荸薺、茭白、菱、

（七）各種土質　蕪菁、菊芋、土當歸、薑、薤、茼蒿、冬瓜、大豆、

第三節　水分

水分與蔬菜栽培有莫大之關係。其對於植物之功用，可分內外二層言之：

（一）外部之功用，可舉之如下；

（1）水爲極有力之溶解劑。如無水，則土地雖極肥沃，肥料之施用雖極豐裕，而不能變爲溶液，於植物亦屬無用。

（2）水不但直接可爲溶解劑，且能溶解有機酸，增大其能力。

（3）土壤中微生物全恃水而繁榮。

（4）水能分布養分於土中。

（二）內部之功用可舉之如下：

（1）水爲植物之重要成分，乾燥莖稈中或米麥內外觀上似不含水分，其實含水尙達一四％以上至蔬菜之柔軟多汁，其含水量達九〇％以上者實占多數。

（2）植物體內養分之運行，全特水分爲之媒介植物體內增一磅之乾燥物質，其自葉面蒸發以去之水，當達數百磅也。

（3）水分自葉面蒸發，則大氣中之炭酸氣，可以吸入。

水對植物有如此大效，故蔬菜自種子發芽至收穫，其間無一日可以或缺，然此需用無間之水分，果藉何者以爲供給乎？請略論述之。

植物常自地中吸收水分，而地中之水，不外三種形態，即化合水、(Combined water) 吸收水、(Absorbed water) 及地下水 (Underground water) 是也。化合水，概爲結晶水含於土壤之組成分，不能直接供植物之需用。吸收水，依土壤之粘着力與毛細管引力，滿貯於土壤組織之空隙，或凝附於土粒之表面供植物養分之肥料分，多含於其中，與植物之生育有至大之關係也。自空中降下之雨雪，一部分被土壤吸收，而爲吸收水，其大部分滲入地底，滙集一處，依一定之方向而流動，是爲地下水，泉水，井水等，卽藉此爲淵源者也。此等地中之水分，悉自空中之降雨而來，故雨水調和，則土中含適度之水分，可隨時供作物之所需。否則，乾旱亘久，如不加以人工的方法，則作物將不堪生活矣。此灌漑之所以尙焉。灌漑方法雖甚多，然大別之不外乎左列三者：

（甲）空中灌漑（Over-head irrigation）

此爲自地上灌水之法，普通以噴壺、杓桶及大規模之裝置，以鐵管、橡皮管等，自空中撒布水分者皆屬之。此法利弊參半，其利在無論何種土壤，皆可應用，而土地高低不平，或不相連續者，皆得行之。其弊則在用水不經濟，因噴射之際，水有爲細滴飛揚空中，蒸發以去者，而當有風之日，損失更大。此法我國所行者甚簡單，歐美各國菜園內所用之大規模者，在目下情形，雖未便倣行，但將來園藝發達，大菜園膨興，未始不可實現，茲特摘記之於左，以供參考。

大規模之空中灌漑器，自三部而成，第一要部爲一大貯水器（Tank）裝置於距地高六〇英尺之塔上或高處，以便水受充分之壓力，自噴出口射出，貯水器之大小，可依其灌漑之地積一次所用水量之多少而定。大抵四或六英畝之菜園，備一能容三〇〇〇〇加倫之貯水器，已可無不足之虞。

第二要部爲一吸水器，以七八馬力之汽油或火酒發動機，及一堅實唧筒機，卽可使用，此器卽使水上昇入於貯水池者也。

第三要部卽爲通水管，四或六英畝之菜園，其總管上端用三吋徑者，至尾端則可減用爲$2\frac{1}{2}$吋徑者。支管與總管相接，可延長至二〇〇乃至三五〇呎，上端一五〇至二〇〇呎用一吋徑之管，其餘可減用$\frac{3}{4}$吋徑之管。此等支管，可裝置於距地面高七呎之柱上，以便人獸之工作。管旁每隔四呎，鑽多數$\frac{1}{16}$吋徑之孔，以爲水撒布之所，以此法使水撒布，雖不免粗簡，然尙適用，如更欲求其完美，則鑽$\frac{3}{16}$吋徑之孔，插入特製銅質之噴射口，此噴射口有直徑$\frac{1}{16}$吋之穴，能均匀撒布水分。此等支管每隔五〇呎裝置一條，如貯水池有三〇磅之壓力，卽能使管中之水，撒布於二五呎之遠也。每條支管之終點，有一槓杆，可以使全條支管旋轉，則左方灌畢後，卽可灌右方也。

（乙）地表灌漑法

此法簡單而費省，我國自古廣行之，稻田之灌漑，卽其使用之嚆矢也。此法在蔬菜園更可別之爲二：卽畦上灌水與畦溝灌水是也。畦上灌水，北方廣用之；畦溝灌水，南方多行之。此蓋南北氣候各殊，一用高畦，一用低畦故也。

第一圖

北方地表灌水法

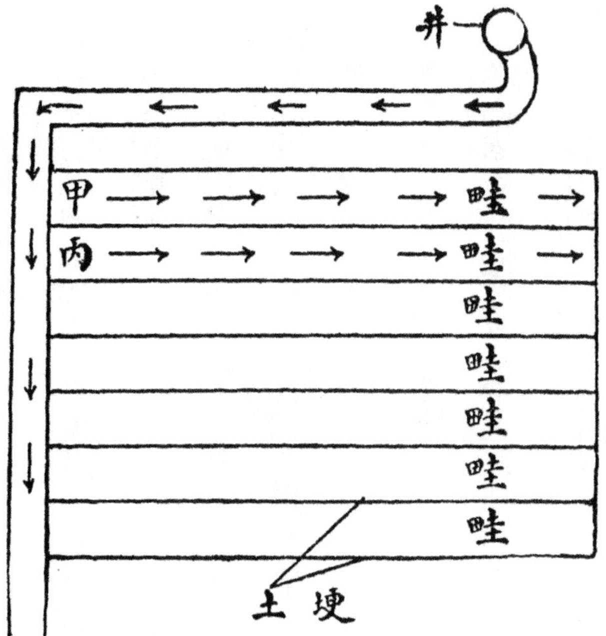

（說明）水溝當自井旁稍迂繞而出，不可直沖入地中，因井水寒冷，迂繞之，可使接觸大氣，而增高水温。

水自特製之水車或轆轤，自井汲上，入於水溝。如先將甲處之土取去，塞阻丙旁直溝，則水卽流入畦內。至第一畦灌畢，乃先將第三行之土，取而塞阻第四行旁之直溝，而以丙旁直溝之土，仍塞阻甲處，則水卽流入第二畦，然後以同樣方法，順次澆灌各畦。

地表灌水費省而用水經濟，可以廣行，然亦不免無弊，試分述之如下：

（1）凹凸不平之土地，不能應用。

（2）過鬆或滲透不良之土，概非所宜。

（3）水分分布不均，最先流入之處多，而畦之後端少。

（4）易致土壤曬硬。

欲免上述諸弊，畦或畦溝不可過長；惟其長當依土質而異，如在砂質土而百呎有三吋傾斜度者，欲應用地表灌水，其畦之長不得過三百呎乃至六百呎。且灌水時畦溝須使之無凹凸，水量須多，以便卽流布其全面，不至被一部分吸收也。

（丙）地下灌溉法 (Sub-irrigation)

此法卽在歐美，亦未廣行，我國更無論矣。據理論言之，此爲一最完善之灌溉法，試略言其利：

（1）水之蒸發而損失者，較他種灌溉法少。

（2）土地卽灌溉後，不至爲日曬硬，而耕鋤可節省。

（3）耕鋤可隨時行之，不至因土壤溼濘而遲延。

（4）降雨時可用爲排水溝。

以上四者，爲其顯著之利，惟需費大，而裝置之深，不在結冰以下時，每年冬須掘出貯藏，以免土管破裂，其所費手續甚繁，爲其缺點耳。此法只能用之於土地平坦而有均一之傾斜者，且其下層土須爲不滲透性，而上層以壤土或砂土爲宜。

地下灌水之要部爲土管，土管連續裝置，宜爲適度之傾斜。每條土管之距離，自一六呎至四〇呎不等，當依土壤之善吸水與否而定之。

當安置土管之先，宜精細測量，使保適度之傾斜。最初安置支管，後及於總管。總管支管之長，各隨己之所便而定，普通爲自二〇〇呎至六〇〇呎。土管概以粘土製之，上多細孔，直徑約三吋。土管埋入之深，爲自十餘吋乃至數呎，如於雨天須爲排水用者，當稍深埋之，否則以排水爲副目的者，可淺埋之；然亦不可過淺，至少須一二吋乃至一四吋之深，因菜園耕鋤常須達如此深也。

兩土管接合之處，宜以水苔、木屑或他種能耐久之有機物保護之，以免砂泥、塵埃隨水滲入，而塞阻土管。

支管與總管交接之處，宜設置一箱。此箱可用水泥、瓦窰或耐久之木材爲之，寬約一四吋，長一八吋，而入土須較土管爲深，上端又須高出地面數吋。此箱之正中自底至頂裝一隔板，板上穿二穴，一與總管入箱內之口相平，他一則與地面相齊。支管入箱之口，宜與總管同在隔板之一方。如是隔板下方之穴開放，則自總管來之水，卽經過此穴，而自他端流出。如下方之穴關閉，則自總管來之水充滿箱中，而流入支管，漸次溼潤其所經之地。此箱沿總管以一定之距離設置，使水得順次流入支管，而沾潤全園也。如一支管所轄之地悉已滲透，而水尙繼續供給時，則此水卽經隔板上方之穴而流出，至全圃悉灌畢，乃停給總管之水，再開隔板下方之穴，使管內之水流去。

第四節　種子

（一）優良種子之緊要　種子爲植物之大本，種子不良，卽耕耘得法，灌漑有方，亦難得優良之成績。美國亨德孫（Henderson）有言曰：『蔬菜栽培上最關切要者，其惟種子之優良乎。』亨氏實地經營菜園多年，經驗遠出常人，其言自頗有價値者也。然所謂優良種子者，究應具如何之條件乎？請分舉之如左：

（1）須與所要之種類或品類相符，而不混他種種子者。

（2）須能生產具其品種固有特徵之優良品者。

（3）須新鮮而發芽百分率多者。

（4）須不混雜質者。

（二）種子之發芽期限　種子之發芽期限，依種種事情而異，其主要原因列舉如左：

（1）種類及品種　發芽年限之長短，依蔬菜種類之特性而異，不能一概而論，卽在同科或同屬之植物之種子，亦有迴不相同者。然一科之中，似亦有頗相類似者：如葫蘆科豆科之種類，其發芽年限較長；反之繖形科則較短。此等差異，其主因由於種子中含有脂肪之多少；脂肪多者濕氣不易侵入，其壽命較能永久也。

（2）母株生育之狀況　母株發育旺盛者，其種子肥大，色濃而有光澤，發芽力完全；如生育衰弱者，則所生之種子瘠小，胚之發育不良，不僅發芽百分率少，且其壽命亦較短。故經營菜園者，常求肥大而有純正色澤之種子用之。

（3）種子之熟度　種子之熟度，與將來植物之生產力關係至大，未熟之種子，如胚已形成，且採種後乾燥得法，未始無發芽力；但其作物概虛弱，不適於爲實用的栽培，而其發芽力不能保持其種類固有年限，自不待言矣。

（4）貯藏之方法　貯藏得法，則種子克盡其天壽。否則吸收濕氣，或溫度過高，種子內起某種變化，而早失其發芽力矣。

（5）有無器械損傷或蟲害　種子受損傷而失發芽力，其理至顯，無待詳述。

茲將各種重要蔬菜種子大體之發芽年限，列舉如左，以供參考：

種類名	發芽年限	種類名	發芽年限
蘿蔔	五—一〇	胡蘿蔔	五—一〇
蕪菁	五—一〇	牛蒡	五

根菾菜	六—一〇	野生苦蒿	八—一〇
根芹菜	八—一〇	蒲公英	二—五
波羅門參	二—八	野苣	五—一〇
美洲防風	二—四	甘藍	五—一〇
球莖甘藍	五—一〇	抱子甘藍	五—一〇
菱	一	羽衣甘藍	五—一〇
葱頭	二—七	白菜類	三—五
石刁柏	五—八	芹菜	四—九
土當歸	一	菠菜	五—七
萵苣	二—六	茼蒿	二—四
苦苣	一〇	菾菜	六—一〇

韭葱	三—九	甜瓜	五—一〇
大葱	二—七	越瓜	四—八
韭	一	南瓜	六—一〇
芹菜	八—一〇	西瓜	六—一〇
水芹	二—四	冬瓜	一〇
芫荽	六—八	扁蒲	二—五
洋芫荽	三—九	絲瓜	三—五
胡椒草	五—九	苦瓜	一—三
花椰菜	五—一〇	茄子	六—一〇
朝鮮薊	六—一〇	番茄	四—九
胡瓜	一〇	辣椒	四—七

菜豆	三—八	萊豆	四
豌豆	三—八	刀豆	二—四
蠶豆	六—一〇	落花生	一
枝豆	二—六	黃秋葵	五—一〇
豇豆	三—五	草莓	三—六
鵲豆	二—四	玉蜀黍	二—四

（三）種子之貯藏　種子貯藏之大患，爲濕與熱，故宜擇潤濕得度，稍清涼之室貯藏之。北方天氣乾燥，貯藏較南方爲易。南方多濕之處，最好貯於甕罎、瓦缸之中，以密蓋蓋之，而置於普通空氣流通之住室內，最爲安全。

（四）種子之交換　作物連年在同一風土之下採收種子，不免互相雜交，漸次劣變，且馴化於其風土，勢必至減退生產力，而劣變品質。故進步之農家，常行種子之交換以預防之。交換種子，務選其產於不適當風土之下者，蓋產於瘠土者，移於肥土，則生育必盛，產於寒地者，遷諸暖地，則成熟可較早也。

（五）購買種子之注意　近來種苗店各處林立，種子之購買，頗稱便利；惟人心不古，道德掃地，奸商漁利者所在多有，對於其販賣之種子，施種種不道德之手段，或以僞亂眞，或攙雜他物，甚有以惡劣類似之種子，以沸水泡過，或入鍋炒過，使無發芽能力，攙入於販賣之種子，以增其分量，而免顧主日後覺察其爲僞者。故買種子時，切不可貪目前小利，向無信用小商而購其低廉之品，以免後悔莫及。且當栽培之前，施行發芽試驗，以驗其能否發芽與發芽率之多少。普通新種子，發芽力強，而發芽百分率多，農家概樂用之；然亦有特別情形，反以用陳種子爲利者。如據多數園藝家之經驗，瓜類用新種子，其枝葉過於繁茂，較之用數年之陳種子，而結果反不及焉。

第五節　肥料

天然野生植物，年年生育繁茂，無養分不足之苦，且此等土地，每年更能增其肥沃之度。此爲未墾荒地常見之現象。其原因不一，而其主要者如左：

（一）空中之阿摩尼亞被其吸收。
（二）受降雨中溶解之氰素養分。
（三）因土壤中微生物及風化作用而增加肥分。
（四）荳科植物利用空中游離氰素而殘其枯株於地中。
（五）植物之根，自地中深處吸收養分而殘其枯株於表層。

依以上五種原因，未墾地植物繁榮，無人爲施肥之必要。然栽培作物，吾人每年必須收獲其生產物之一部或全部，決不能任其自生自滅；使得之於土者，仍還諸土。而尤以蔬菜類之栽培，每年播獲二三回者，耗損地力爲尤甚。欲維持地力使作物得亘續栽培，不減其生產，則有恃於施肥矣。

植物生長所需之成分甚多，但其中土壤之含量少而植物之消費量最多者，厥惟氰素、燐酸、鉀三者。在肥料學上名曰三要素或三成分，爲施肥上最注意者也。

肥料種類甚多，其分類法亦不一而足：依效力言之，有遲效速效之別；依性質言之，有有機、無機之分。此外依原料則可分爲動物質、植物質、礦物質及雜質四者；依效用則可分爲直接與間接二者；

依性狀，則可分爲天然與人造二者。然其最普通之分類，則依其主要成分而別之，卽氮肥、燐肥、及鉀肥三者是也。

氮素肥料概奏效迅速，如葉菜類、花菜類及根菜類之一部分，須迅速發育品質柔軟者用之，最爲有效。其種類甚多，然依其所含氮素之形態，可大別之爲三種：

（甲）有機性氮素　概爲動植物之蛋白質，及其他之成分，直接不能爲植物之養分，須先腐敗，變爲阿摩尼亞性，更變爲硝酸性，而後可爲植物利用，故其效力不免稍緩也。

（乙）阿摩尼亞性氮素　腐熟之堆肥、人糞尿及其他諸種之阿摩尼亞鹽類中含有之。較前者易變爲硝酸性，而其功效速。其性易爲土壤所吸收，故流失之患較少。

（丙）硝酸性氮素　智利硝石及他種硝酸鹽類屬之。能直接供植物之養料，其功效最速，惟對於土壤之親和力弱，易於流失，爲其缺點耳。

我國菜園普通所施用之氮素肥料，爲藝苔粕、芝蔴粕、大豆粕、及人糞尿等。就中前三種爲有機性，分解須長時日，故利於爲基肥。至人糞尿爲阿摩尼亞性，用爲基肥或補肥俱可。且產額多，價格廉，在我國爲最普通之肥料而廣施用之;惟生食之菜類,以清潔爲必要,宜避忌之。近來外國之人造肥料,如硫酸錏($(NH_4)_2SO_4$)智利硝石($NaNO_3$)稍見輸入試用。此二者俱俗稱爲肥田粉,其功效概較人糞尿爲速,故與其作爲基肥,無寧作爲補肥,數回分施之。且智利硝石施用後,逢降雨或溼潤之地,易致流失,故宜與有機質肥料混合施用,且須避忌砂土或溼地。此類人造肥料濃厚而效速,容積甚小,於肥料運搬不便之區栽培作物,或於短期作物施用之,最爲合宜。惟此類肥料內,毫無腐植質,單獨施用,輒致土性變壞;故用此類肥料者,必須兼用廐肥、堆肥等富於有機質之肥料,以臍補其缺,經營菜園者宜注意及之。

燐酸肥料,有有機與無機二種。前者與氫素共存於動植物之遺體中,米糠、骨粉、及海鳥糞等其重要者;後者概與石灰化合而存在,有一石灰、二石灰及三石灰三種之構造。其中三石灰爲不溶解性,不變爲他之性狀,不能爲植物所利用,一石灰容易溶解,植物得直接吸收爲養分,爲吾人所最貴者也。近來施用最多者爲過燐酸石灰及骨粉,前者爲一石灰,後者爲三石灰,故功效遲速,迥不相同。過燐酸石灰溶解極易,施於輕鬆土壤,輒有流失之患,須與有機物共用之。至骨粉分解遲緩,用之於輕鬆土壤及石刁柏、筍、草莓等之長期作物，[illegible]燐酸石灰反爲有利。

鉀質肥料能使莖葉強健，增加對病蟲害之抵抗力，且對於芋、馬鈴薯及甘藷等有促其蓄積澱粉之作用。吾國古來所施用鉀肥之最重要者，當推草木灰。其性爲強鹽基性，故能中和土壤中之酸性，且能妨害腐敗病菌及其他菌類之繁殖者也。吾國之土壤概富於鉀質，故此類肥料之施用不大加注意。鉀肥概較他種肥料溶解流失之憂少，然如氯化鉀（KCl）硫酸鉀（K_2SO_4）等人造肥料，亦頗易流失。

除以上各種肥料而外，尚有廄肥、堆肥及綠肥等有機質肥料，三成分均完全無缺，其纖微質卽爲腐植質，能改良粘重土或砂土，爲菜園中最重要之肥料也。

前述各種俱爲直接肥料，能直接資植物之營養。此外尚有各種之間接肥料，直接雖不能爲植物之養料，而能間接助其生長者也。其種類亦頗多，就中如石灰施用得法，對土壤有種種效果；卽能改良粘土及砂土，且分解土壤中各種不溶解性養分，使變爲可溶性，以資植物之吸收。其性爲強鹽基性，能中和土壤之酸性，防止或絕滅病蟲，其效實不勝枚舉。惟作物種類繁多，性質各殊，其間對於石灰自不免有適有不適。茲舉美國羅得島(Rhode Island)試驗場數年間石灰與作物之關係試驗成績，以供參考：

(一)用石灰之效果顯著者。

菠薐　萵苣　蘿蔔　黃秋葵　波羅門參　芹菜　葱　球莖甘藍　辣椒　豌豆　落花生

美洲防風　花椰菜　胡瓜　茄子　美國甜瓜　石刁柏　甘藍

(二)用石灰之效果不顯著者。

馬鈴薯　胡蘿蔔　燕麥　稷　粟　玉蜀黍

(三)用石灰反有害者。

西瓜　酸模

石灰而外，食鹽亦時有用之者，食鹽對於普通植物概有害而無益，惟對某種作物，如施用不過乎其量，則依其刺戟作用，得改良其品質，增加其收量。例如石刁柏、芹菜、萘菜等原產於海岸者，施用之得改良其品質。又如甘藷蔓葉過茂，阻害藷之發育時，施以適量之食鹽，得以防其繁茂，增藷之產量。胡蘿蔔欲使其色澤鮮濃，亦可施之以食鹽，彼用濃厚人糞尿或醬油粕，得以增益其色澤者，即由於其含有鹽分故也。

此外為植物之刺戟劑而用之者，如硫酸錳（一畝地用二斤乃至四斤）氯化錳（用量與硫酸錳同）氟化鉀（一畝地用八錢乃至十六錢）等，以之為補肥，數回分施之，大足增作物之收量者也。

輓近學術日進，關於土壤肥料發見之事實頗多。最近土壤學者對於酸性土壤研究之結果，而知土壤與肥料，不僅於植物之養分有密切關係，且對於土壤之化學性質，亦有偉大之影響。即土壤變為酸性之原因雖多，而連年施用酸性肥料，亦為其主因之一。故欲預防此患，肥料宜善配合之，使為中性或鹽基性。茲將各種肥料之反應分示之如次：

（一）化學的酸性肥料　過燐酸石灰　重過燐酸石灰

（二）生理的酸性肥料　油粕　大豆粕　米糠　綠肥　硫酸錏　氯化錏

（三）化學的鹽基性肥料　堆肥　人糞尿　硝酸石灰　石灰氰素　氰素石灰　炭酸鉀

木灰　糞灰　骨灰

（四）生理的鹽基性肥料　棉子粕　魚肥　血粉　肉粉　廐肥　硝酸錏

（上述化學的爲其溶液直接之反應，生理的則爲其腐敗之際所起之反應。）

第六節　農具

我國農業爲純粹之小農制，與英美諸國大異其趣，故所用農具亦迴不相同，概爲輕便之手用器，無構造複雜之機械，而於園藝之用具爲尤然。惟我國幅員廣大，風土各殊，習慣互異，農用器具之多，實難勝數，兼之外國農具流入，其數當更增加矣。吾人經營菜園，其主要目的，在以最小資本得最大報酬，故對於施用農具，不可狃於習慣，固執成見，務擇其輕便堅牢而價廉者用之。

一定面積之菜園，所要農具之種類及數量，欲精密計算，殊非易事。茲先舉美國和力斯忒(Hollister)氏就十英畝之菜園所計算之農具數量示之於次，以供參考：

種類	數量	單價	合計
耕馬	二頭	一〇〇元（美金）	二〇〇元

馬具	二	付	一七·五	三五
木製四輪馬車	一	輛	五〇	五〇
市場搬運馬車	一	輛	七〇	七〇
二頭曳犂	一	個	二〇	二〇
一頭曳車	一	個	八	八
碎土器	一	個	一二	一二
鎮壓器	一	個	二〇	二〇
五齒攪土器	一	個	七	七
十一齒攪土器	一	個	八	八
撒播器	一	個	一二	一二
芹菜培土器	一	個	八	八

手用攪土器	六個	五	三〇
平地器	六個	〇·五	三
剪刈器	六個	〇·五	三
移植鏟	六個	〇·二五	一·五
繩二百尺及捲繩器	一付	一·五	一·五
孤輪車	一輛	五	五
鋤	一把	一	一
短柄鍬	一把	一	一
長柄鍬	一把	一·二五	一·二五
長柄叉	二把	〇·七五	一·五
共計			四七三·七五

以上所記者，爲美國大農制菜園之實例。我國此種調查，尚付缺如；惟此對於初經營菜園時，預算及設備上大有關係，不能視爲無足重輕。故余就南京城內之菜園，特行調查，列表於左，以供參考：（余所調查之菜園，在南京城內成賢街，面積六畝，男工三人而以二婦內助。）

種類名	用途	數量	單價	共價	保存年限	平均一年所費
釘耙	耕耡	三	一·〇〇元	三·〇〇元	四	〇·七五〇
平耙	碎土平地	二	〇·五〇	一·〇〇	七	〇·一四三
魚尾鋤	除草鬆土	二	〇·五〇	一·〇〇	七	〇·一四三
糞桶	澆水施肥	三付	一·七〇	五·一〇	五	一·二〇〇
糞杓	澆水施肥	六	〇·二〇	一·二〇	三	〇·四〇〇
鍬	做畦	二	一·〇〇	二·〇〇	一〇	〇·二〇〇
鐮刀	刈韭菜等	一	〇·二〇	〇·二〇	四	〇·〇五〇

除草鏟	除草	五	○·○四	○·二○	一○	○·○二○
小鋤	移植及播植時穿孔用	一	○·三○	○·三○	一○	○·○三○
移植鏟	掘苗	二	○·三○	○·六○	七	○·○八六
菜蘿	擔菜	二付	○·七○	一·四○	三	○·四六六
小竹框	盛菜	六	○·一○	○·六○	二	○·三○○
剪子（大小）	剪根	五	○·○五	○·二五	三	○·○八三
厚桃板	潤畦間拔等用	一	二·○○	二·○○	二○	○·一○○
糞缸	貯糞	三	二·○○	六·○○	二○	○·三○○
秤	秤菜	二	○·八○	一·六○	二○	○·○八○
竹梳耙	集草用	二	○·○五	○·一○	二	○·○五○
簸箕	曬種子	二	○·四○	○·八○	一○	○·○八○

篩	篩種子	一	○·一○	○·一○	五	○·○二○
洋鐵箕	播種時盛種子	一	○·二○	○·二○	五	○·○四○
小橇	除草	五	○·二○	一·○○	八	○·一二五
箬帽	雨天用	三	○·二○	一·六○	三	○·二○○
戴簑	雨天蔽雨	三	○·五○	一·五○	三	○·五○○
竹箕	盛野草	二	○·一五	○·三○	三	○·一○○
磨石	磨農具	二	○·二○	○·四○	二	○·二○○
斧	修農具	一	○·四○	○·四○	一○	○·○四○
鋸	修農具	一	○·三○	○·三○	四	○·○七五
棒	整地用	一○	○·○一	○·一○	二	○·○五○
大木槌	打樁碎土	一	○·五○	○·五○	四	○·一二五

扁擔	挑擔	四	○·三○	一·二○	五	○·二四○
竹蓆	晒種子	二	○·二○	○·四○	五	○·○八○
箒	刷雜物	二	○·○五	○·一○	二	○·○五○
鐵槌	修農具	一	○·四○	○·四○	一○	○·○四○
廚刀	削萵苣等用	一	○·二○	○·二○	一○	○·○二○
總計	—	—	—	三五·○五	—	六·二○六

第三章　蔬菜種類及品種之選擇

蔬菜種類繁多，性質各殊，對於氣候、土質，已如前章所述，各有其所宜。經營菜園者，能各就其地，酌量氣候土質，選擇適宜之種類栽培之，則事半功倍，獲利較易。否則不察風土之所宜，妄行栽培，則其失敗多而成功少，可斷言者也。

選擇種類之時，一方固當審察風土；一方更宜注意市場之嗜好：如牛蒡爲日人所需，上海虹口日人薈萃，故上海近郊江灣等處多栽植之，以供其需，而可博特殊之利。如易地而種於無日人之處，則雖風土適宜，產品優良，恐無銷售之路，必致徒勞而無功。又如葱與辣椒，依地方而銷路大有不同，花椰菜、結球萵苣（卽生菜）、石刁柏等，專爲西人所嗜，故菜園內之應否栽培，當先調查市場有無此等生產品之顧主以爲斷。如欲介紹外國或遠方特殊蔬菜於一地，以增人類之口福，則宜先少量栽培，宣傳其食用法與優點，使在市場上得以立足，然後逐漸推廣，較爲妥善。

蔬菜之種類，固宜愼選，但一種類中尙有多數品種，例如蘿蔔、白菜各地所產者各不相同，爲吾人之所熟知，此卽同一種中有多數品種故也。此各品種之特性，亦互有不同，或早熟，或晚熟，或豐產而品質不佳，或品質佳而不甚豐產，或能堪蟲害，或能抗病害，或能耐風寒，其色澤大小等亦各有不同。例如僅就蘿蔔一種中言之，其內有無數品種，長者達數尺，短者僅一二寸，大者數十斤，小者不過數錢，其形狀有圓形、圓筒形、尖錐形、卵形等之別，其色澤有紅、紫、白、綠、黑之分，熟期有早、中、晚之殊。更有宜於煮食或乾燥鹽醃者，亦有適於生食者。此皆爲先天之特性，與栽培及販賣上極有關係，故經營菜園者，選出相當之種類後，更宜參酌其地之風土，生產品之用途，（如以鮮品供食或乾燥或鹽醃或製罐頭之類）及市場之嗜好，（例如北京喜圓形之茄，南京杭州喜長形之茄，此市場之嗜好不同也）選植適宜之品種栽培之。

第四章　苗床

某種蔬菜，當幼弱之時，爲求保護之周到，不直播於圃地，而先播於小區域內，以養成幼苗，爲農家所常行者。此養苗之小區域，謂之苗床。農業愈趨於精密，其用途愈宏大，而於蔬菜爲尤然。惟播於苗床之作物，至少必經一次之移植，則不適於移植之作物，自不宜播於苗床矣。蔬菜類中大多數皆可移植，僅根菜類及少數之荳科植物不利於移植，當直播於圃地者也。

第一節　苗床使用之理由

使用苗床，除爲保護幼植物而外，尚有種種理由在焉。玆分述之於左：

（一）播種時期已屆，而圃地尚爲他作物所佔，不能直接播種者。例如芥菜類可如普通之白菜直播於圃地。然以之爲稻、棉、茄子、芋、生薑等晚生夏季作物之後作時，往往須先於苗床育苗矣。

（二）不能直播於圃地者。

例如大葱及芹菜，爲欲行軟化，須種於畦溝中；但其種子甚微小，降雨時土砂流入集積，易阻害發芽；故必須播於苗床，俟苗長大而後栽植之。

（三）不移植不能得佳良成績者。

例如甘藍、花椰菜及葱頭之須生葉球、花球或生鱗莖者，直播於圃地，往往莖葉過茂，而妨結球，故前二者常依風土之如何，而行二三回之移植。至葱頭在暖地利於移植，寒地亦有直播者。

（四）欲繁殖貴重種子時。

例如自外國輸入之種子或新種類及採種困難者，以其價格昂貴，直播用種子多，需費甚大，殊非經濟之道也。

（五）早春寒冷時必須播種者。

例如瓜類、茄類，其生長期長，欲望其豐產，或欲爭先出產，以沽善價者，均宜於早春播種。惟此等作物發芽温度較高，故在早春非用温床播種不可。此外如菜豆、枝豆本可直播於圃地，惟爲促早結果，亦有先播於冷床，待春暖而出植於圃地者。

（六）蔬菜自播種至收穫須長時間者。

例如石刁柏、土當歸、朝鮮薊及草苺等之多年生作物，其達於生產期，至少須一年以上，故爲利用土地計，當初育苗於小面積，及達適度之大，始定植之於圃地，此農家所常行者也。此外大葱、葱頭及甘藍等必播於苗床者，其一部分之理由，亦在於此。

（七）栽培矮作物時。

苗床不僅供幼苗之生育，更有進而使作物完全成熟於其間者，如萵苣、苦苣、小蘿蔔等之矮性作物是也。

第二節　苗床之性質及設施上之注意

苗床內育成之苗，至少必經一度之移植。然大多數之植物，移植後常生損傷，生長一時休止，致生育不免遲延。欲減輕此患，苗之生長，務求其強健。

莖葉濃綠肥大，而根部矮小者，或徒長而節間長者，決非良苗。欲免是等弊病，播種不宜過密，施肥不可過量，固無待言，而苗床之位置構造及管理等，亦不可忽視。苗床之位置，須空氣流通，日光透射，排水良好而溫煖者。其構造法，床地爲增加水分之保持，須善踏實之，其上堆高土三四寸，此土混以堆肥。且須鬆軟，使根得自由繁茂，故以砂土乃至壤土爲最適。至粘重土，則概非所宜。基肥宜用稍速效性之氰素肥料（如菜油粕）又宜用多量之灰，以圖幼植物之強健。生育中，非不得已時，切不可用補肥，否則幼植物至移植期亦不能抵於老成，移植後死傷必較多也。

苗床用土因作物之種類固不免稍有差異，其大體之標準如左：

園土（肥沃壤土） 五分　堆肥 四分　細砂土或籾糠灰 一分

上述之用土厚四寸，面積三十六方尺應用之肥料量如左：

油粕 七兩　木灰 十二兩　過燐酸石灰 六兩　人糞尿 一斗

第三節 苗床之種類

苗床因其構造及用途，有溫床冷床之別。冷床不以人工加熱，僅利用太陽自然之熱而育苗；溫床除利用太陽熱而外，復以人工加熱者，其育苗可較冷床爲早，其方法更爲精密，管理自不可不有相當之技術。茲將此二者分述之如左：

（一）冷床（Cold frame）

冷床構設之位置，宜選面南向陽西北有屏障之處。其構造法各地依風土、習慣、經濟狀況等各有不同。茲擇其中重要者舉之如左：

（甲）普通苗床　此爲苗床之最簡單者，卽於平地上堆高土四寸許，或就排水良好之輕鬆土，適宜區劃耕鋤而作床地。其長無一定，可隨便宜爲之。幅爲求管理上之便利，以三尺五寸乃至四尺爲宜。通路普通二三尺。床地須自東而西爲橫畦，其上南北爲淺溝播種，以便陽光之透射。

（乙）溝床　此爲北京最通行者，早春育苗多用之。其法於風障（以高粱稈或葦編成之籬）或牆垣之南面掘溝，深尺餘，長三丈，寬五尺半，床底鋪園土厚約四寸，與馬糞三百斤許善拌勻之，以備播種。播種後，夜間、早夕或雨雪寒日，以厚蓆蓋之。此爲北京附近之實例。

（丙）圍繞床　此爲南京最通行者，其法先擇面南向陽西北有屏障之處，劃一定區域，打樁編籬，或以板圍之，其內入土以備播種。播種後覆蓋亦如溝床，此法之最進步者，卽爲玻璃木框床。

（丁）板床　此爲便於移動之苗床，浙江餘姚鄉間多用之。其法以大板或破門之類一塊，先於其上鋪粃糠灰一層，後自河底取河泥，倒於其上，厚約二寸餘，再撒粃糠灰若干，漸次陷入河泥內，使其乾燥得度。乃以棒劃方寸許之格子，每格插入已催發芽之種子一粒。此板床日間置於南向陽光直射温暖處，夜間移入室內，頗爲便利。當移植時，就格子切開河泥，無傷根之患。此法於早春播瓜類、茄子等均可用之。

以上四種，爲冷床最通行之構造法。其中最進步者，爲玻璃木框床，其構造與下述之木框温床無所異，茲不贅述。

（二）温床（Hot bed）

早春氣候尚冷，高温蔬菜，欲及早播種，育成幼苗，則其苗床僅恃陽熱，究有所未足，不得不以人工加熱焉。此以人工加熱之苗床，卽謂之温床。温床之使用，對於蔬菜栽培頗多利益，其大者如下：

（1）得爭先收獲出售而獲厚利。

（2）作物之生長期間可以延長。

（3）春季早行開始種植，至秋季降霜前，卽可收獲完畢，不至因霜害而受損失。

（4）以溫床育苗，則同一地上栽培作物之次數可加多。

（5）苗長大後出植於圃地，則不至爲雜草所侵。

（6）多數病蟲害亦可免去。

（7）某種蔬菜如番茄等早春開始育苗，可增多收獲。

（8）播種早，則收獲亦早，秋冬間或可種綠肥以爲肥料，此於少腐植質之地最爲有利。

溫床構設之位置，亦宜面南向陽，西北有風障之溫暖處。土質以排水佳良，富於腐植質，帶黑色之壤土或砂壤土爲最宜；蓋黑色者吸熱力強，土地易溫，不若粘重土之乾燥爲白色，吸熱力既弱，且下層多溼，常不免寒冷也。

據右之理由，構設溫床，當先察辨土質；但理想之土，究不易得，不可不順機應變，視土質之如何，而異溫床之構造。卽排水不良之地，不掘入地中，而於平地上設置之，是爲高設溫床；反之排水佳良之地，深入地中，以充床地，是謂低設溫床。高設溫床，構造簡單，需費雖少，而溫熱易於散放，溫度之保持非易。故進步之菜園，卽遇溼潤之地，亦掘溝排水，使土地乾燥，而構設低設溫床也。

低設温床，自温度保持之點言之，面積愈廣愈妙；但爲保護管理之便，以幅四尺乃至六尺，長十二尺乃至十八尺爲最宜。床孔之深，因釀熱材料之分量而有差，大略以一尺五寸乃至二尺爲度。孔底爲保持温床之平均，不可令爲水平。以温床之中央部最高，漸至外圍，則釀熱物之熱，爲四周土壤所吸收者漸多，温度亦漸低，而南側常爲日蔭，温度之低降，較他方更甚。故欲保床內温度之平均，釀熱物之分量，床之四周宜較中央稍多，因之孔底宜如第二圖。

第二圖

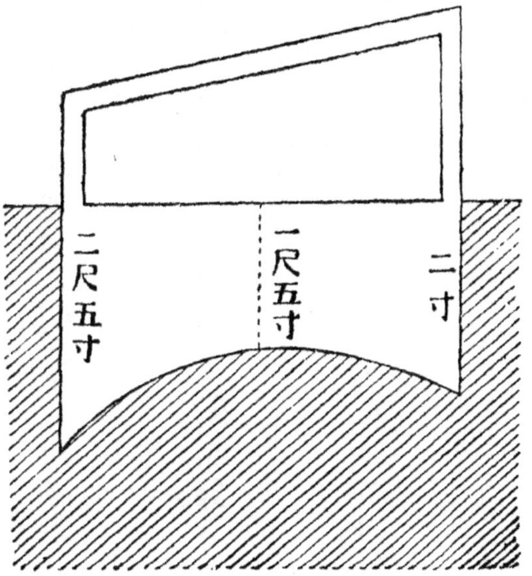

温床構造之位置，與其孔底之構造，已如上論述之矣。茲更進而述釀熱之材料與圍繞被覆等物如左：

（甲）釀熱材料　此依温床構造之如何與作物之種類而異。其最簡陋者，僅爲防夜間温度之低降，底部鋪藁厚約四五寸，而於床面鋪細砂或籾糠灰，以圖晝間溫度之上升而已。此法未免過於幼稚，如欲求其供熱完全，則非用他種材料不可。新鮮廐肥（馬糞）實爲釀熱材料之最優良者，此外如在都會附近，紡紗廠內之紡績屑容易得者，則以之爲釀熱物，亦甚得計。惟此二物，發熱過烈，不能持久，當混以闊葉樹之落葉及切藁等以調和之。若在偏僻之區，廐肥與紡績屑不易得到者，則將藁或枯草，加污水，使稍腐熟，再加米糠或油粕等而用爲釀熱物亦可。

溫床內應釀熱物之分量，固依溫床之大小，構設之時期，蔬菜之種類，及氣候土質等而異。其分量之表示，或以斤量計，或以踏入於床內之厚薄計。茲爲參考計，各舉數例如左：

溫床地方，（最低溫零下二三度之處）床內溫度平均攝氏二十二三度，一月內外維持時，需用分量如左（溫床面積幅四尺長十二尺）

（1）廐肥（馬糞）　七百二十斤　稀薄人糞　二擔
木葉　九十斤

（2）

紡績屑	三百六十斤	水	六擔
切藁	九十斤		

（3）

切藁	二百四十斤	稀薄人糞	二擔
木葉	三十斤	米糠	八斗

（代米糠以雞糞蠶糞麥糠油粕等均可）

温暖地方，欲令平均保二十二三度温度，釀熱物之厚如左：

釀熱材料	踏入之厚
紡績屑切藁木	九寸
新鮮廄肥落葉	一尺一寸
切藁雞糞水	一尺三寸
切藁米糠人糞	一尺三寸
切藁人糞尿	一尺五寸

乾草水　　一尺八寸（發熱不能持久）

牛糞鋪藁　　一尺八寸

右列各種釀熱物施用時，均宜善爲混合先於温床之底鋪木葉或乾草厚二寸許，以防温熱之透出。釀熱物於此木葉上，均分四次踏入。每次撒布人糞尿或水，使保適度濕氣。如是堅固踏入數日後再踏一回，卽搬入土於其上，厚三四寸。待土温暖，卽可播種或移植。

（乙）圍繞及覆蓋　爲防温熱之放散，與幼苗之保護，温床不可不有圍繞與覆蓋之物。圍繞之最簡單者，則爲藁圍。其法於四隅打樁，橫附細竹，而縛藁束於其上，厚約五寸。其面積爲保温計，務求其大；然過大則管理不便，普通以幅五尺長十五尺爲最宜。地中須掘入一尺許，圍繞高出地上前方一尺二寸，後方二尺許。其上蓋以油紙窗，使日間光線得以透入，夜間及風雨之日，窗上再蓋以草蓆，與禦雨之物，使温度不至低降。

藁圍温床需費不多，爲其有利點。但構造粗陋，温熱既多漏洩，管理又極困難，且鼠類易於侵入，而傷害苗根，故近來園藝進步之處，多以板圍之。其最進步者，卽玻璃窗木框床也。其大小無定規，西洋普通採用者，幅六尺，長九尺，前方之高七寸，後方一尺七寸。日本一搬通用者，幅四尺，長十二尺，前高八寸，後高一尺五寸，此於管理上較西式為便，吾國近多採用之。其構造如第三圖所示，板厚約一寸五分，或較此稍薄亦可。板材擇各地廉價易得且能耐久者用之。木框為保存計，宜塗以油漆。油漆之白色者，能反射光線，則太陽之熱為木框所吸收者少，於床溫不無裨益。惟白色油漆價格昂貴，多用殊非經濟，故普通框之內面塗以白油，其外面則塗黑色油或柏油(Coal tar)等以代之也。木框上尚有種種附屬物，略說明之如左：

（1）腳　木框之四

第三圖

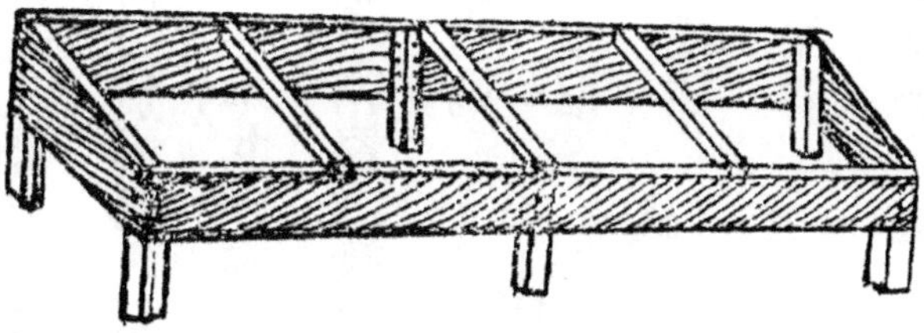

第四圖

覆蓋之玻璃窗

隅及前後板中央之內面，計共六本。以長尺許，方二寸之木材爲之。此脚埋入土中，能使木框安定，且框內植物生長接觸覆蓋之窗面時，可於脚插入石塊等以昇起之也。

（2）横棧　木框上每隔三尺一本，共三本。此棧幅二寸，厚一寸五分，所以支持覆蓋之窗，以免彎曲者也。其上面縱切一淺溝，庶自兩窗之接合縫滴下之雨水，可從此流出，不入床內也。

（3）止窗板　木框前方低，後方高，覆蓋之窗開閉之際，易於滑落，故常於木框之前側外面，釘附長二寸許之小木片，或插入特製之金屬物以防之。此金屬物如第四圖甲所示，以厚一分，長三寸，幅一寸之鐵板，彎疊而成，便於插入框板者也。

（4）段木　此爲調節温床內之温度與溼氣，撐開玻璃窗者也。普通長一尺七寸，幅三寸，厚一寸。其一側每隔三寸，斜削爲段，以便應

第五圖

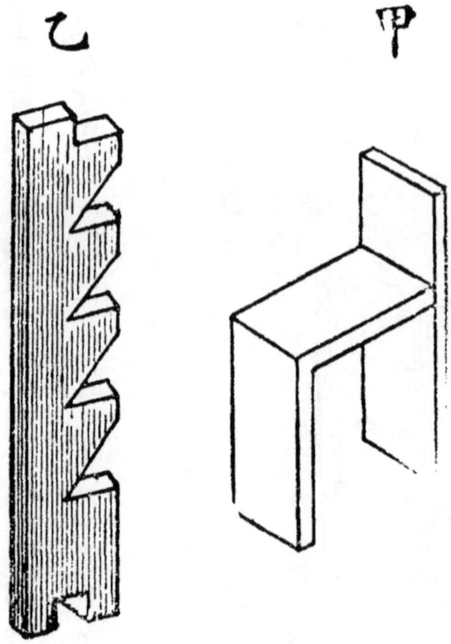

温度溼氣，上下覆蓋之窗而爲適度之調節。

温床之木框與附屬物，已如上述，茲所欲言者，即玻璃框之構造也。一温床上共用四窗，窗之周圍框木，幅二寸，厚一寸。其下端之橫框木，較上端之橫框木稍薄，而置於玻璃之下。其中間爲支持玻璃計，僅用縱框木一條，幅約一寸，不宜過寬，以免遮斷光線。至嵌入於框上之玻璃，其大小亦宜準酌，大則接合之處少，光線易於流通，小則反之。惟大者易於破損，且一部分之破損，須全部更換，而價格亦較小者爲高，於經濟上不甚合算。故普通於一窗上用玻璃八張，其裝入窗框之狀態，正如瓦之蓋屋，上方玻璃之下端與下方玻璃之上端稍相重合，以免雨水之流入。

（丙）普通需温床之蔬菜種類　温床宜播種之蔬菜，其重要者爲茄類及瓜類等。其播種期等因種類而不同，茲列一表於左，以供參考：

種類名	播種期	一畝地之播種量	平均床温
胡瓜	三月上旬	三合五勺	二〇—二五度
南瓜	三月中旬	四合	一八—二三

冬瓜	三月下旬	四合	二三—二八
越瓜	三月下旬	三合五勺	二〇—二三
西瓜	四月上旬	四合	二二—二五
苦瓜	三月中旬	八合	二〇—二五
絲瓜	四月下旬	六合	一八—二四
扁蒲	四月中旬	四合	一八—二三
茄子	二月下旬	一合	二二—二八
蕃茄	三月上旬	一合	二〇—二五
蕃椒	三月中旬	二合	二二—二七
甘藷	三月中旬	八十斤	二〇—二五
菜豆	四月上旬	六升	一五—二〇

第四節　苗床之管理

（一）播種及間拔　苗床位置選定，預備完畢而後，卽可着手播種。惟溫床釀熱物踏入後，須隔一星期溫度一定後行之。播種法分散播與條播二種。二者各有得失，撒播得節約苗床面積，而管理不便，種子多費，爲其缺點；條播則反之。如欲育成強健之苗，宜用條播。播種之深，因種子之大小不同，普通概以種子短徑之三倍厚覆土爲度。播種後須澆水，使其適度溼潤，且其上薄蓋以藁，以防乾燥。至開始發芽，卽除去之，以免徒長。然後於過密之處，善爲間拔，使保適度距離焉。

種子自播下至發芽所要之日數，依種類而大有差異。發芽日數之長短，於苗床利用上大有關係，須先熟知之。茲列一表於左，以供參考：

（甲）冷床播種之種類

種類名	發芽日數	種類名	發芽日數
甘藍	六日	木立花椰菜	六日

球莖甘藍	七日	花椰菜	七日
萵苣	六日	苦苣	五日
野苣	五日	芹菜	十四日
洋芫荽	十二日	葱	十日
朝鮮薊	十五日	韮葱	十五日
酸模	七日	大芥菜	五日
石刁柏	二十五日	葱頭	十日
抱子甘藍	五日		

（乙）温床播種之種類（床温二十三度內外）

種類名	發芽日數	種類名	發芽日數
胡瓜	七日	冬瓜	十五日

越瓜	八日	西瓜	十日
絲瓜	十日	扁蒲	十日
茄子	十日	苦瓜	十二日
辣椒	十日	番茄	十日
南瓜	六日	甘藷	二十日

（二）移植　幼苗生長相互密接，而尙不能定植於圃地時，不可不另擇床地，一爲移植之。此移植謂之假植。假植之距離，依苗之大小而異，普通三寸平方乃至四寸平方。當行假植之先，苗床須充分澆水，以便苗掘起時，土得黏附於其根。否則移植後，除少數種類外，必大衰弱，甚而至於枯死也。

如瓜類之難移植者，最好於數日前，以小刀於根之周圍切之，則自切斷部發生細根，土易於黏附也。又如葱芹菾甘藍等葉長大者，當移植之際，可剪去其葉三分之一乃至四分之一，以減水分之蒸發。此外移植時所宜注意者，卽根部之土，不可壓之過緊，及勿過深植。栽植畢，卽宜灌水，且以簾遮斷陽光，以防凋萎。然陽光為植物強健之要素，遮蓋可省去時，務宜酌量情形除去之。

（三）溫床管理之要點　溫床利用人工熱以促成幼苗，其方法較冷床更為進步，故管理亦須特別注意，茲略述如左：

（甲）溫度　以發酵物為溫床之釀熱材料，溫度難以持久。如踏入之時不善為處理，則發酵激烈，一月內溫度即消失之者有之。欲預防此弊，發酵物中宜混以闊葉樹之落葉或切藁，固不待言；溫床上更宜準備草蓆之類，寒冷雨雪之日及夜間，復蓋之，以防溫度之逃散，亦屬必要之舉。此外床內溫度將低下時，尚有所謂蘇熱法者，周圍掘深五六寸之溝，踏入釀熱物於其中，以隔斷寒冷空氣，於補溫上頗有奇效。

（乙）澆水　澆水為溫床管理上重要事項之一，澆水過多，易致表土固結，植物徒長軟化；甚有滲入下層，溼潤釀熱材料，而阻礙發熱作用者。故澆水以植物勿凋萎為度，務求節約之；而於天將雨雪，被蓋物不能開放時，更宜任其失於乾燥，勿為澆水。澆水時刻，在快晴之日，午前行之為最宜；若夕陽西下時行之，則因水分蒸發，床溫低下，難以恢復，且夜間有令植物受寒害者。如在寒冷之日，澆灌所用之水，以攝氏十六七度之微温湯爲宜。澆水宜用細孔噴壺，接於床面低澆之，不可觸於幼苗之葉，因幼葉附着水分，受強日時，易生焦點也。

（丙）通風　通風之目的，在放出床内之溼氣，而調和其温度也。高温多溼，易致幼苗徒長而虚弱，故快晴之日，務宜除去覆蓋，使苗觸接外氣，而趨於強健。凡玻璃内面見有水滴，即爲床内溼潤之證，可即開窗乾燥之。如其時外氣寒冷，不能開放時，則拭去水滴，仍密閉之。否則勉強開放，恐招寒害而受極大損失。故在此等時期，温床内以不行澆水，任其失於乾燥爲最宜。

第五章　輪作連作及間作

同一種植物，其所嗜之養分完全相同，故同種作物連年栽培於同一之地，則某種養分，不免被其吸收而告匱。然養分缺乏，尚可以肥料補給之，不足爲大患。其最可畏者，卽病蟲害之猖獗也。蓋同種之作物，其病蟲害完全相同，累年栽培同一植物，則病蟲年年得棲息繁榮之所，生生不息，其害實無所底止，此輪作法之所以爲必要也。

雖然，利之所在，弊亦難免，行輪作，則菜園之面積須廣大，且爲得輪作之良好結果，須栽培多種作物。於是不適於其地風土之作物，亦不能不勉強栽培，而市場上之需要，亦常與輪作應選之作物不相一致，故都會近旁之菜園，常採用自由作，(Free system) 未見有行精密之輪作者也。此外蔬菜類中亦有累年連作，反能增進其品質者。是以經營菜園者須視作物之種類，市場之需要，及其他種種原因，而決定輪作與連作。玆依作物之性質，示連作及輪作年限如左：

(一) 連作不但無害，且能增進其品質者。　蘿蔔、胡蘿蔔、甘藷、葱頭、南瓜。

（二）連作無害者　蕪菁、菾菜根、蓮藕、慈姑、石刁柏、土當歸、甘藍、白菜類、萵苣、水芹、茼蒿、花椰菜、朝鮮薊、冬瓜、扁蒲、玉蜀黍、草莓。

（三）須休栽一年者　美洲防風、波羅門參、萱草、石蠶、菊芋、葱、薤、百合、芹菜、菠薐、苦瓜、大豆。

（四）須休栽二年者　馬鈴薯、山藥、胡瓜、蠶豆、鵲豆、落花生、豇豆、莧菜、荸薺。

（五）須休栽五年以上者　西瓜、茄子、豌豆。

（六）須休栽三年者　芋、甜瓜、越瓜、番茄、辣茄、菜豆。

以上所示休栽年限，非絕對不能更動者，常依土性而大有伸縮。如茄子、豌豆，累年連作，不見其害者亦有之，此概爲土壤之呈鹽基性故也。

吾人細觀前表，可知屬於荳科、茄科、葫蘆科之植物，其忌連作也，較十字科、百合科及繖形科植物爲烈。又生長期間長者及夏季生長之蔬菜，概忌連作。此蓋因病蟲害易於發生，連作時足致其繁延而不可收拾也。此外芋類及其他生長期間長之作物，因消費某種特別養分，連作時難舉良好之結果者，亦往往有之。

連作之害，不僅限於同一種之作物，同科之植物，亦有須避忌之者。如犯腐敗病之甘藍地，以蕪菁、蘿蔔、白菜等爲後作，易致該病之重襲；栽馬鈴薯之地，不經四五年，而栽植茄子，易招青枯病、立枯病之蔓延。又如罹赤澀病之葱頭地，不宜卽栽葱類；遭腐敗病之胡蘿蔔地，不宜續種芹菜及洋芫荽。諸如此類，不勝枚舉，而就此例數觀之，亦可知同科之植物，有時亦須避忌連作矣。雖然，同科之植物，如以不甚忌連作者栽植於甚忌連作者之後，亦未始不可，例如豌豆之地栽植蠶豆，西瓜及越瓜之地栽植南瓜，未見其有害是也。

統觀以上所述，作物對於連作之適否，因種類而有不同。故經營菜園者，須辨明其性質，如忌連作者，當爲之行適宜之輪作法。此輪作法中，爲求土地利用與勞力分配之便利，穀菽類與工藝作物亦當參酌地方情形，配置於其間，不宜專以蔬菜類爲輪作之範圍者也。

輪作與連作而外，尙有所謂間作者，卽某種作物，初栽培於他作物之間，待前作物採收而後代之，此爲最精密利用土地之方法。且幼苗有時亦得享前作物之庇蔭，而大受其保護。例如種茄瓜之類於麥行間，卽得享受其庇蔭是也。此法對於栽植距離廣大之植物，常有全期間與之共同生長於一地者，如木立花椰菜石刁柏之間，栽培小蘿蔔、萵苣等，卽其著例也。

間作法爲最進步之輪作法之一，如施行得法，在暖地一年之間可栽培五六作，一畝地穫百餘元之收入，亦易易事耳。

玆舉普通施行之栽植順序數例於左，以供參考：

	第一年	第二年	第三年
（一）	早稻　白菜　蠶豆	棉　油菜	
（二）	蠶豆　芋　小麥	棉　芥菜　金花菜	稻早　荸薺　蠶豆
（三）	蠶豆　茄　金花菜	棉　麥	甜瓜類　菜類　蠶豆
（四）	麥　胡瓜　葱　雪菜	茄　蘿蔔	
（五）	麥　瓜類　菠薐　麥	茄　蘿蔔	
（六）	麥　粟　蘿蔔　麥	甘藷　麥	
（七）	麥　西瓜　蘿蔔　豌豆	甘藷　麥	

（八）麥　胡瓜　葱　麥　西瓜　秋馬鈴薯　麥

（九）麥　芋　白菜　麥　陸稻　蘿蔔

（十）麥　胡瓜　小白菜　蘿蔔　麥　茄子

（十一）萵苣筍　茄　小白菜　大白菜　瓢兒菜　菜豆　小白菜

（十二）大白菜　莧菜　小白菜　小白菜　大白菜　瓢兒菜

第六章　採收及販賣

菜園之以營利爲目的者，其成敗與栽培之巧拙，固大有關係；而採收及販賣之得法與否，亦與有莫大之影響。彼大都會附近經營菜園業者，近數十年來，前仆後繼，大有其人，其中失敗者，亦比比皆是；而究其失敗原因，大半不在栽培之不得法，實由於販賣之無方也。故吾人於販賣方法不可不三致意焉。

經營菜園成功之祕訣，固極多端，而其重要者則如左：

（一）栽培上之注意。

（甲）依地方選擇適當之種類。

（乙）於一定面積內，務求生產量之增加。

（丙）務求生產品品質優良。

（丁）栽培不時之種類。

（二）採取上之注意。

（甲）當及時採取。

（乙）依生產物之品質，分別等級，善爲選理之。

（三）販賣上之注意。

（甲）包裝須完全，而外觀亦須整潔，大小適宜。

（乙）常宜注意需要方面，不失販賣之好時期。

（丙）須重道德，博需要者之信用。

以上各條，除栽培上之注意各項，非本章之範圍，姑不具論外，其餘各項依次述之如左：

第一節　採收及選理

凡作物各有適當之成熟期，及期採收，則品質收量常較爲優勝。惟蔬菜之以營利爲目的者，未必常望收量之多，且其品質亦時有不暇顧及者。蓋一地方一種作物之生育期略相一致，如於出產最旺盛之期採收，縱收量如何豐饒，品質如何優良，因生產過多，價格低廉，決無利益可圖。經營菜園於此自不可不準酌變通，擇稍成熟而可販賣者，乘時採而賣之，以博意外之利。及至普通出產時期，產額多，而品質之競爭起，於是擇優良者，儘先賣去之，其劣等者，留供家用，或貯藏待時，以沽善價。茲將生產物處理法，圖解之如左：

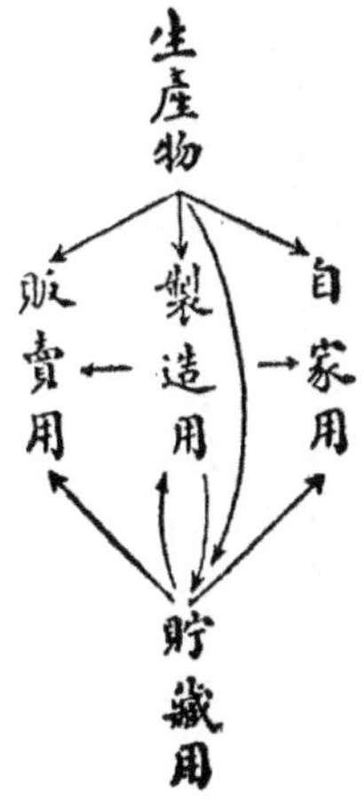

蔬菜依種類而其熟期各有不同。概言之，不論何種蔬菜，過適當之熟期，其品質必漸趨惡劣，今就各種蔬菜，記其過熟之害如左：

（一）根菜類　纖維發達，外皮粗糙，色澤劣變，且抽花梗，而肉質變為乾鬆或粗硬。

（二）塊莖類　纖維發達，肉質粗硬，且開始發芽，內部大生變化，至晚秋應採收之種類，易遭霜害而腐敗。

（三）結球類　球破裂，輒為雨水而腐敗，甘藍葱頭其害尤著。

（四）嫩莖類　品質硬化，如伸長過乎其度，觸光線而變色，或發生嫩葉，石刁柏、竹筍、過熟之害最烈。

（五）葉菜類　品質硬化，輒致抽穗，或自外葉漸次黃枯，反減其收量。

（六）花菜類　品質硬化，色澤劣變，如花椰菜開始抽出花梗，殆等於廢物。

（七）蓏果茄類　胡瓜、越瓜、茄子等以未熟之果爲目的者，熟則纖維發達，肉質粗硬，色澤香味俱形劣變，且種子發達，則烹調上深感不便。又西瓜、南瓜、番茄等以熟果爲目的者，過熟則肉質粗鬆，水分與甘味俱減，且易致腐敗。

（八）荳類　以軟莢爲目的者，熟則硬化而不堪食。以軟粒供食用者，過黃熟時期，而入完熟時期，則品質硬化，雖烹調之，亦少風味；蓋已失其蔬菜之資格，而入於食用作物之穀菽類中矣。如至完熟期，尙不採收，則入過熟期，莢殼破裂，種子不免脫出散失。

據以上所述，吾人當依蔬菜之特性，推知其適當之熟期而行採收。顧各種蔬菜之需要，周年不絕，經營菜園者，能隨時供給，有求必應，不但需要者之希望，得以滿足，且產品不至擁擠，獲利可操左劣。故蔬菜類中，除如番茄、南瓜，草莓等必須成熟，始可供食用者而外，其他種類，不必待成熟而可早收採之。如是收量雖少而市價較昂，收益却無大差或反能勝過遲採者。彼甘藷、芋、薑等栽培於温暖地，夏季採收時，較晚秋採收者收量雖不過其半，而價値三倍於晚秋，早採之利，於此可見。且行早採，肥料得以節約，其後欲栽培他種作物，時期亦可綽有餘裕。

蔬菜類不問其早採與遲採，概以新鮮而不凋萎爲貴，故採收務避日中，而最宜於淸晨及夕刻。蓋蔬菜雖爲人生之必要品，而以之爲商品供販賣時，則含有一種奢侈品之性質，其外觀品質，不可漠然不顧，新鮮實爲外觀上最重要條件之一也。至品質在窮鄉僻壤，文化未開之區，祇貪其容積數量之多，固鮮有顧及之者；但通都大邑，蔬菜販賣競爭激烈之處，品質卑劣者，殆難得人之需要，卽有願購之者，其價値亦難望與人相等，是以所產蔬菜品不可不區別等級，善爲選理，依品質而定販賣之區域焉。

欲使蔬菜品質、等級、分明，先除去傷物及碎屑，然後依其形狀大小，區別爲大中小三等，視其品質之上下，而定適宜之販路。此類選別，概以肉眼行之，惟馬鈴藷、葱頭、等之爲球狀者，在外國有用傾斜於一方之圓筒狀大節者，以此器而行選別，工程迅速，大規模之菜園內、頗適用之。

蔬菜分別等級而後，更進一步，欲使其外觀優美，當用種種之整理法，如根菜類去土砂而洗滌之，并削去其歧根。葉菜類去其根與枯葉，齊其根本而縛束之。又莖菜類中如萵苣筍則削去其下部之外皮，使爲尖錐形，縛爲適宜大小之把，而販賣之。此種整理法，依地方之習慣與蔬菜之種類各有不同，當善自調査抉擇之。

第二節　販賣法

在昔文化未開，經濟狀況最簡單之時代，生產物常直接供給於需要者，無第三者介於其間。迨後都市漸次發達，消費者日益增加，生產者以有利可圖，亦隨之俱增，於是其間起激烈之競爭，需要供給狀況，不能如曩昔之簡單，而販賣方法，遂爲經營菜園者所不能不注意矣。

蔬菜販賣有直接販賣與委託販賣之別；直接販賣，係生產者自爲販賣人，各以其生產物直接供給消費者也。此方法無中間人之漁利，兩方俱屬有利，且生產品直接供給，概甚新鮮而不凋萎；惟販賣上費時甚多，於勞力之利用，不甚經濟，當此農事多忙，分業盛行之時代，不得謂爲得策耳。至委託販賣生產者與需要者之間，有爲媒介之居間人，故生產者不必自求顧客，頗爲便利；惟其收益往往不免爲中間人壟斷吸奪以去。爲彌補此缺點，現今之城市中，設立所謂市場或小菜場者，專爲蔬菜等之買賣，足使生產物之供給、需要兩得其便。但市場大，而買賣之分量甚多時，欲悉藉市場供給於消費者，勢有所難，能於是小販商及蔬菜店乃乘間而興焉。今將需要之狀況製圖於左，以明其關係。

(一)最簡單者

(二)小城市之稍複襍者

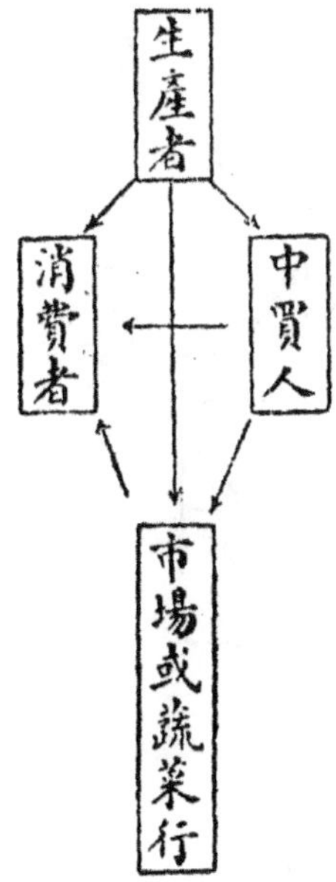

（三）大城市之最複雜者

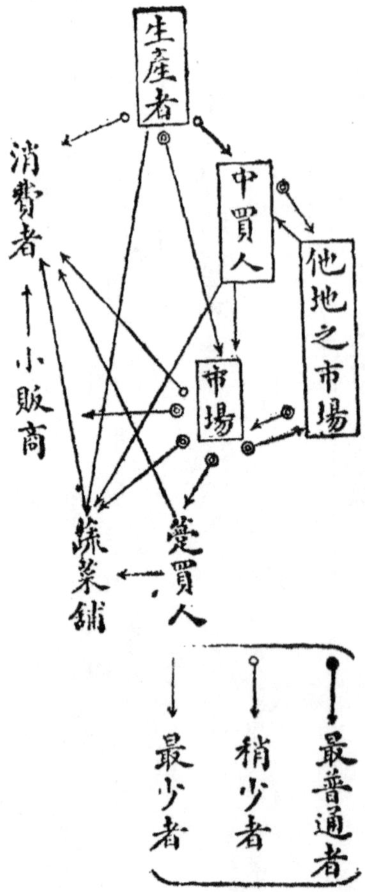

如右所示，需要、供給之關係，至爲複雜。而其間分業盛行，諸種機關，亦漸發達，單就蔬菜販賣上言之，固甚便利；然媒介者愈多，生產物達於消費者之手，轉輾運搬，需時愈多，品質不免大爲減損。且彼等惟利是圖，相互買賣，價格漸高，消費者受無形有形之損失，生產者不啻爲彼等之奴隸。故據今日之大勢觀之，直接販賣在大城市既未便施行，改良市場實屬刻不容緩之舉也。

第三節　市場

市場者，專司蔬菜、魚肉等之集散，使供給，需要，兩者均得便利之處也，在小市街，則依單日與雙日，分單市與素市，素市者卽專買賣蔬菜之場所也。在大城市，則有專售蔬菜之市場，謂之菜市。然大多數之市場，蔬菜、魚肉等概行共同販賣者也。市場之組織，依地方之習慣，城市發達之程度，及貨物集散之分量而異。其中最簡單者，則於市街路旁便利之處，各出其生產物，以開露店，而待消費者之選購，或經中買人之收買，再販賣之於消費者亦有之。

此類露天市場，因風雨寒暑，買賣上深感不便，且生產品易致凋萎污損，大有害於其品質。故在稍進步之城市，於一定場所，建造大屋，以充市場，俗謂之小菜場。販賣者以一定之賃金，向所有者借其屋之一部，而爲售品場所。此二種方法，專於小都會地方用之，生產者得視購買者之意志如何，而定價格，獲利較多；但販賣上費時間多，而剩餘之貨，往往不能不定極廉之價以求售罄。故此法不僅不適於大栽培家，且遠地之生產者，不能委託而售其生產品，實於商業流通上大有缺憾。更自需要者方面言之，其賣價依人而大有高低，購買者不能無所顧慮，而爭論物價之弊與焉。是以現今最發達之市場，爲補是等缺點，特設委託店，取一定之手續金，以便遠地之生產者委託販賣，而集合之貨物，不僅與購買者直接協議以行販賣，且常爲競賣，以圖賣價之公平。至此等委託店，其同業之間，固須有一種公會，務以掃除市場一切弊害爲宗旨。而對於委託販賣，嚴定一定之規約，維持公會內之秩序，禁絕不正當之營業，以保市場之信用，亦爲必不可少之步驟也。

第四節　包裝及運輸

菜園經營之最後一步在販賣，而販賣時欲使其產品新鮮，減輕損傷，以副其營利之目的，則有恃於包裝法矣。我國近來大城市集所合之蔬菜，運輸多日，品質惡劣，且中途因損傷而腐爛者，所在多有，一年全國損失，實難數計！此固由於交通機關之不足恃，而包裝法之太不注意，亦其大原因也。美國領土廣大，交通機關發達，而對於包裝法，尤特別注意，竭力研究，輓近至有包裝專門學校之設立，其重視概可想見矣！茲就美國之狀況略記之如左，以備參考。

美國數十年來，情事驟變，對於各種商品，昔日之粗陋封裝，已不能滿意，區區一雙之靴，亦必納於特製之小箱，以引人之購買。其對於蔬菜，亦有同樣之趨勢。曩昔蔬菜價值較昂，其栽培地概附近於市場；今則價格低落，特別數種之蔬菜，竟有收支不能相償者，於是其栽培地，遂遠離市場而遙在數千里以外地價人工較廉之區。以遠地之貨物，欲與附近者相競爭，包裝自必求其堅固適體，以免生產品之損壞，而包上之標紙等，亦須有精美之裝飾，以引起需要者之注意。

據格林（Green）博士之說；蔬菜供給之競爭，烈如今日，欲引起需要者之注意，品質務求優美，固不待言，而容器封裝之改良，亦屬刻不容緩。昔日各種之容器，如竹籠、桶箱等，形狀容積，參錯不齊，運送上既感不便，而以之爲商品，外觀亦少雅趣。是以聖保羅（St. Paul）及明尼亞波利斯（Minneapolis）市場，於一八九〇年，規定容器使用竹籠；但研究結果，而知其種種缺點如左：

（一）裝入貨車後，不能穩固，而保安全之位置。

（二）較同容積之木箱，價貴百分之五十以上。

（三）耐久力弱，不及木箱三分之一。

（四）裝於其中之賣品，因不甚適合，而外觀劣。

因以上諸種理由，現今波士頓（Boston）及其他重要地方，已用如第六圖木製之箱。此箱容積爲一英斗，卽縱橫各十六吋，深八吋，以一吋厚之板組合而成。其兩緣爲通氣計，穿兩細長之穴，以爲把手。此箱價甚廉，不過美金一角，故頗流行，各處殆無不用之。裝積於車時，以二箱爲一重，下箱之上面四隅，斜釘半吋厚之木片，以便空氣之流通。雖然蔬菜種類不同，貯藏力卽有強弱，包裝方法，自不宜膠柱鼓瑟，一成不變，當視其性質而量爲變更。一般含水多，性質柔軟之物，易因壓迫而起發酵，不可不使空氣充分流通，故宜用格板箱，且包裝之容積，亦務求其小。此雖於處理上，不免多費手續，但不如是，不足以保持優良品質，而於高溫之時期爲尤然。至塊莖、鱗莖及結球類等耐久力稍強者，自以用一英斗箱爲最合宜。

第六圖

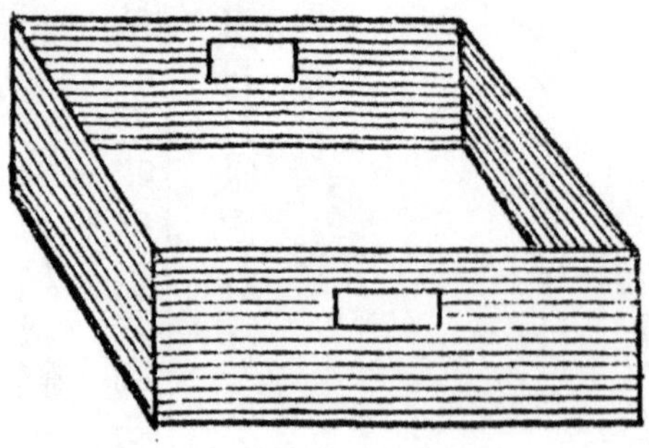

美國之情形略如上述，反觀我國，土地廣大，交通不便。生產地之近於市場者，以繩束竹籠之類，擔負販賣，生產品尚不至十分受損；而遠距市場之地，對於包裝概無一定規律，普通裝於竹籠、柳條籠或蔴袋等以爲運輸，其裝於箱者，甚屬寥寥。當運輸中，因相互之壓迫與堆疊之重量，大損其品質，且運輸機關設備不周，運搬者又不存道德與責任心，其沿途損失，實難勝計！故經營菜園者，對於包裝與運輸，不可不急圖改良者也。

第七章　貯藏及製造

蔬菜以新鮮爲貴，採收選理後，卽販賣之，固屬最正當之手段；但經營菜園以營利爲目的者，尙有種種關係，不利於新鮮品之販賣，而不能不爲貯藏或製造也。茲請略述其理由如左：

（一）防生產過剩　各種蔬菜之出產，略有定期，如不幸於同時出產過多，充斥於市，往往不能得販賣之途。卽幸而得之，因價格低落，亦得不償失。農人數月辛勤，多歸泡影，可惜孰甚！惟能善貯藏或製造者，可免此患。

（二）使蔬菜之供給不絕　蔬菜生產雖略有定期，而需要者周年殆無間絕，如善貯藏製造之，則供給圓滿，需要者與生產者雙方均受其利。

（三）減輕運費　蔬菜概富水分，容積大而分量重，距市場較遠之地，販賣上需運費不少。如製造之，則容積縮小，便於搬運，費用卽可減輕矣。

（四）增進風味　蔬菜中有經貯藏或後熟後，能使風味增進者，如甘藷貯藏後之增甘味，香藏山東白菜之柔軟甘美，卽其著例也。此外因製造而別具風味，成爲一地名產者，更指不勝屈，如紹興乾菜、四川榨菜與川冬菜、廣東糖薑，俱遐邇馳名，膾炙人口者也。

（五）擴張銷路　蔬菜一經製造，容積減小，風味大增，自可價逾平時數倍。於是親朋酬酢，以之爲贈答之品，可稱雅而不俗；旅客遠行，購作舟車之需，亦便利無比。此外海外異地，凡新鮮品所不能到達之處，製造品亦得乘閒而入，無遠弗屆，銷路之擴張，有不期然而然者矣。

蔬菜貯藏製造，有如上述之諸大利益，故此二者愈發達，則經營菜園之利益愈宏大。蔬菜貯藏之方法甚多，廣義言之，製造實爲貯藏之一，亦可包括於其中，茲先列一表於左，以醒眉目。

- 原形貯藏
  - 食用—根菜　塊莖　鱗莖　球莖　甘藍　白菜　芹菜　菠薐　豆類　瓜類
  - 種子用—塊莖　鱗莖　塊根　豆類
- 根菜類—蘿蔔　胡蘿蔔　甘藷
- 莖菜類—馬鈴薯　薑　慈姑　藕　萵苣筍　竹筍

- 貯藏法
  - 製造貯藏
    - 乾燥
      - 葉菜類—苜蓿　芥菜　雪菜　白菜
      - 花菜類—食用菊　金針花
      - 果菜類—茄子　扁蒲　辣椒
    - 醃漬
      - 鹽漬—葉菜類　根菜類　胡瓜　越瓜　冬瓜　茄子　刀豆　枝豆　莧菜　竹筍
      - 酢漬—甘露兒　薤　葱頭　胡瓜　甘藍　花椰菜
      - 糟漬—蘿蔔　蕪菁　越瓜　豇豆　茄子　白菜　竹筍
      - 醬漬—越瓜　胡瓜　刀豆　蘿蔔
    - 糖漬—藕　慈姑　薑　冬瓜　辣椒
    - 糖醬或汁—草莓　番茄　西瓜
    - 其他—莓酒　番茄醬油
    - 罐頭—筍　石刁柏　洋菌　豌豆　菜豆　花椰菜

第一節　原形貯藏

冬季時貯藏塊莖、塊根類，以供翌年繁殖之用，或貯藏諸種蔬菜類，以備食用而供販賣，此在經營菜園者至關重要。故不論栽培地之大小，與其目的之爲營利與否，率皆應用之。雖然，蔬菜概富於水分，貯藏中易致凋萎腐敗，而損品質，處理不愼，終必至於失敗。是以除不得已時而外，以直接販賣新鮮品爲宜，蓋所以免意外之損失，而求安全也。

如上所述，貯藏利益雖大，而有種種危險伴於其間。欲打破此等危險原因，以求貯藏之安全，自不可不藉完全之裝置與熟練之技術矣。如自問技術不足恃，則與其冒險而行之，毋寧稍廉而售之，或委託於設備完全技術熟練者，而與以相當之手續費，亦屬安全之道。

蔬菜種類甚多，欲貯藏之，當視其性質而爲適宜之設備。夏季貯藏蔬菜須冷涼，冬季須防冰結，不可過於寒冷。蔬菜中如芋、薑、甘藷、南瓜稍需高溫，此外概以近於冰點之低溫爲宜。又根菜類、葉菜類、馬鈴薯、芋等忌乾燥，葱頭、南瓜、甘藷、薑、山藥等則好乾燥，而忌溼潤。其性質之參錯不齊，於此可見一斑。然大多數之菜類，於貯藏中，左列四項條件，實屬必要：

（一）不宜使受冰結之害。
（二）溫度務求冷涼，以阻止微生物之繁殖而免腐敗。
（三）使有適度之溼氣，以免凋萎。
（四）空氣務宜適度流通，以防過度之溼氣而免腐敗。

欲實現上述之四條件，貯藏所自須有完全之設備。但萬事之成敗，不能單就一方面着想，同時對於欲貯藏之蔬菜之性質與處理上，亦有宜深加注意者在焉。請分述之如左：

（一）有損傷者，易因微生物而腐敗傳染，須擇完全無傷者藏之。
（二）未熟者及過熟者，質不緻密，易於腐敗，須於適期採收之。
（三）貯藏含水分多之蔬菜，如失於乾燥則凋萎，溼氣稍多則腐敗，管理甚難，當預先適度乾燥，減其水分而後藏之。
（四）新鮮蔬菜，如葉菜類之多汁者，甚易發酵，不可厚堆積之。如爲場所狹隘，不得已而堆積之時，則宜時常上下反轉，且排除室內停滯空氣，使空氣之流通良好。

蔬菜依種類而貯藏有難易，氣候有寒暖，貯藏裝置亦各有不同，貯藏方法，因是而有多種；然得大別之爲露地貯藏與室內貯藏二者。露地貯藏，有貯藏溝、貯藏孔等；室內貯藏，有貯藏窖、貯藏室等。前者冬季温暖地方，主用於耐寒力強之根菜類及塊莖等；後者則較爲進步，周年可以利用，夏季使之冷涼，增植物質之保存力，冬季耐寒力弱之蔬菜，亦可完全保護於其中也。

（壹）露地貯藏法

蘿蔔、蕪菁、胡蘿蔔及其他晚秋收穫之根菜類、與水生蔬菜類，如荸薺、藕、慈姑等，概善於耐寒。而如美洲防風，逢冰霜反能增進其品質，是以温暖地方，此等根菜類冬季不行採收，任其在圃地者，往往有之。而在稍寒之地，則於畦上壅土厚約尺餘，亦可安全越冬。（如此在圃地越冬，翌春發芽前，必須採收完結，否則品質劣變。）然嚴寒之地，如此越冬，究非善策，而温暖地方，任其久在圃地，於土地利用上不得謂爲得策。況如甘藷、芋、薑、馬鈴薯等温暖作物，有不能堪此粗放貯藏者乎。貯藏溝及貯藏孔之必要，遂由此與焉。

（甲）貯藏溝

欲設貯藏溝，於冬季選温暖排水良好之南面處掘幅二尺乃至四尺，深二三尺長適宜之溝，側壁與底部俱鋪以藁，以免貯藏品與土接觸。其內將貯藏品盛滿，使中央稍高而爲圓弧形，其表面蓋藁厚四五寸，更蓋五六寸厚之土，及至嚴寒將臨，其上再漸蓋藁或廐肥厚一尺許。

第七圖

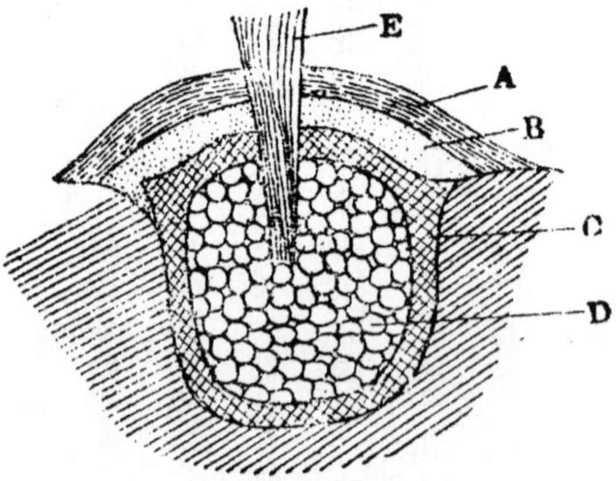

貯藏溝

A. 藁或廐肥
B. 覆蓋之土
C. 藁
D. 貯藏物
E. 作通氣處之草束

此方法温暖地方芋及其他根菜類之貯藏，及寒地普通根菜類、馬鈴薯、甘藍（根部向上並列之。）等之貯藏應用之。依此法而貯藏蔬菜，保有適當之溼氣，得永爲新鮮狀態，而尤以如甘藍之少逢冰結，不至變質者，貯藏於此，較室內反不易腐敗而安全也。

（乙）貯藏坑

美國寒地根菜類之貯藏多用之。先擇温暖高燥之地，掘直徑六尺乃至八尺，深一尺許，圓形之穴或方形之坑。坑底薄鋪草藁，其上堆積貯藏品爲圓錐形，約達地上一尺之高。其表面當初蓋厚一尺許之藁或刈草，再蓋以厚一二寸之土。及寒氣漸烈，再逐漸加土約厚一尺，最後加蓋廐肥厚一二尺，卽可安全越冬。如貯藏品分量多時，則增加坑數，不增大坑之容量，此不僅可以防植物質堆積而發熱，且便於隨時採掘。此種貯藏坑，不僅可用於種種之蔬菜，卽果品之堪貯藏者，亦可利用之。

（丙）假植貯藏坑

此於北京附近貯藏菠菜等用之，先相適宜之地，掘穴深一尺餘，幅五尺，長一丈許。穴之北方以蘆桿編爲風障，以禦寒風。乃鋤鬆穴底之土，將菠薐菜連根拔來，密排於鋤鬆之土上，然後於穴上蓋厚草蓆，需要時可開蓆取之。北地冬季嚴寒，土壤冰結，白雪滿地，菜類難於戶外越冬，如菠薐菜之肥嫩不易久貯者，惟此法可以藏之。

（丁）屋形貯藏坑

此與假植貯藏坑頗相類似，卽爲防雨雪冰結，於坑上構設板屋頂以禦之。此方法主用於北方芹菜、甘藍、抱子甘藍等之貯藏。先擇温暖砂礫之地，掘坑幅一丈五六尺，深一尺，長隨意定之。其周圍以板或石護之，以防土砂之崩壞。坑之中央，以適當距離立高四五尺之柱，上架棟木，并於其左右架椽，釘板於上，以爲屋頂。此屋頂之兩側，每隔一丈二三尺，裝置能脫落之板，以便出入。此坑內稍入土壤，將欲貯藏之菜，連根採來，假植於其上，則冬季能稍繼續生長，保持新鮮狀態。如其地冬季嚴寒，屋頂上宜蓋草藁或塵埃等物，更覆土以禦之。至春暖貯藏告終，可將板拆下，移置室內，再待冬季之用。

第八圖

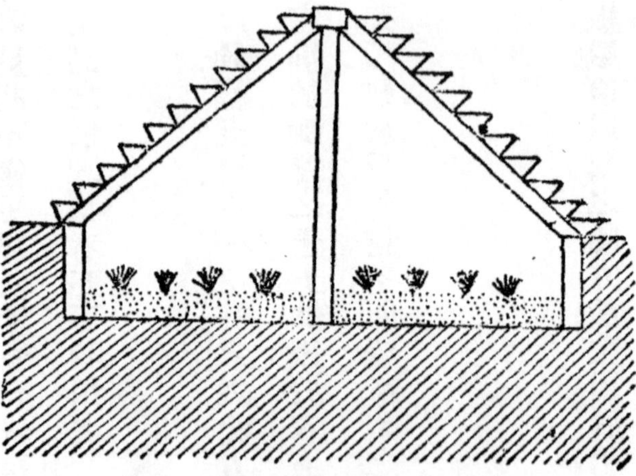

屋形貯藏坑

（貳）室內貯藏法

蔥、甘藷等之塊莖，不耐低温與溼氣，或北地白菜類之水分多者，不善爲貯藏，輒致腐敗。故欲貯藏此類產物，當選乾燥而温度少變之處。其最簡單之方法，則於屋隅掘深五六尺，徑四五尺之穴，將貯藏品與籾糠等混合埋置於其中可也。如家庭用少量之貯藏品，則與砂或輕土混合，納於桶或缸中，置於雜物室亦可安全越冬。然此等方法，規模過小，於營利之大栽培地，不甚適用，而必須有貯藏室之建築矣。

貯藏室有二種，一爲簡單之地窖室，他一則爲構造精密之貯藏庫也。

（甲）北地白菜窖

北地冬季嚴寒，凡貯藏白菜及其他諸種之蔬菜類皆應用之。構造法，先擇高燥溫暖之地，掘一大坑，深約八九尺，寬丈許，長可依貯藏品之分量而定，其大者長五六丈者有之。掘坑既畢，再沿其邊，自地上添築土牆高一尺餘。土牆上約每距丈許，開方一尺許之窗，以便通氣。此窗於天氣寒時以草或磚塞閉之。土牆上面每隔二尺，渡橫木以爲樑。如在大地窖，樑下更須立柱以支之。樑上密編高粱稈而塗泥於其上，使成一二尺之厚，以爲窖室之頂。此頂之中央，橫開一天窗，寬約二三尺，不必編高粱稈或塗泥，以爲入窖作業時透光線與天氣溫暖時通氣之用。夜間或寒冷之時，此窗以厚蘆蓆掩蓋之。窖之南側掘成一傾斜之路，以爲地窖之進口，而設置二重戶。寒冷時此進口亦可塞住之，以防寒氣之侵入。

(乙)窖室

窖室如第九圖所示，亦掘入於地中爲之。先於一端，設幅三尺高六尺之入口。其內部之窖坑，高九尺，幅九尺，進深一丈二尺許。更於其入口之頂上，穿孔插入土管，以爲通氣管。其壁與頂須以水門泥或磚瓦築之，以防土之崩壞。此窖室之大小，可依貯藏品之分量決定之；但不論其大小如何，進深必須較幅爲長。此外窖之入口，必須作一戶，而窖內與入口相連，作一直衝之路，其左右每距一尺設棚架而列置貯藏品。

第九圖

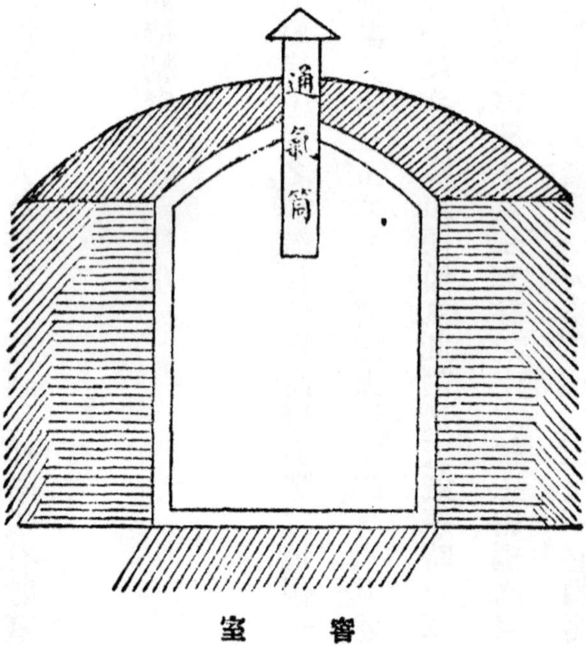

窖室

（丙）貯藏室

貯藏室爲貯藏最完全之處所，然較前數者易感受外温，而失於乾燥。故位置之選擇，務宜注意，卽在暖地，當擇北面冷涼之處，或屋舍之北方。如無此類相當之處，則周圍栽植樹木，使爲日蔭。如在寒地，則與暖地正相反，宜擇面南暖地，以防結冰。貯藏室依其用途及性質，得別爲數種如左：

（1）普通室　易腐敗或易乾燥之物質，暫時貯藏之所也。又可分爲二種：

（子）選理室　此爲最短時間內暫時放置之所，而於此行選別、分類及包裝者也。

（丑）保護室　爲待販賣高價之時期，一時稍低温，且使温度均一而保護之所也。

（2）冷藏室　爲欲長期貯藏，以人工的方法使爲低温度，且常使温度調和而少變化者也。夏季用之最多。

如上所述，依貯藏室之性質，其構造不能無異；然要而言之，外壁宜厚，以免易受外温之影響，床地宜鋪水門泥，以防地中之溼氣。其周圍設格子窗，可以自由開閉，以調和温度及乾溼。又屋頂上裝置通氣管，以排除室內之溼氣與炭酸氣，且兼可以調節温度者也。

茲將要部之構造上應注意之點，說明之如左：

（子）壁及屋頂

第十圖

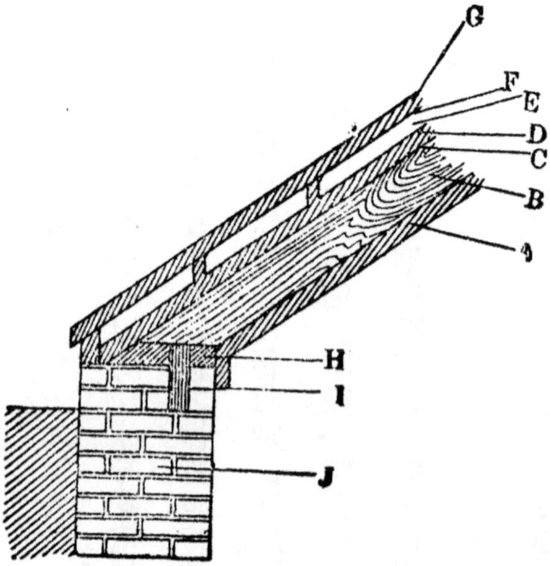

貯藏室之壁與屋頂

A. 屋頂裏面之板
B. 支持屋頂之椽
C. G 二重屋頂
D. F. 原襯紙(Building Paper)
E. 二重屋頂間之空所
h. 檐木
i 支檐木之小柱
j 磚壁

爲免受外氣之影響，貯藏室建築上首應注意者，爲外圍之壁與屋頂，此二者必須厚而堅固，已如前述之矣。

壁爲久永計，宜以燒磚厚築，又圓石易得之地方，則堆石築之，而以水門泥膠固亦可。惟用此等材料，保存力雖久，而比熱低，温度易升降，且構造費多，爲其缺點也。是以普通不築瓦石之牆，其內外俱用薄板圍繞，內外板之間，留一尺許之空所，而充塞以籾糠或鋸屑類熱之不良導體物質；其內面再塗土壁厚一寸許；則需費可省，而上述諸弊，亦可免却，惟持久力自不能如彼之強耳。

屋頂欲減少室內温度之變化，以板或草蓋之，固甚得策；但因室內多溼氣，易於腐敗，故概用瓦蓋，而內面則設備天花板。如欲多量貯藏者，則貯藏室爲樓屋，可不必直接設置屋頂，即最下層稍掘入土中而爲貯藏室，第二層爲選理包裝場，第三層則爲雜物之貯藏所。依此方法，自九月至十月得保持華氏五十度以下之温度，而冬季可以防其結冰。

至平屋之貯藏室，其屋頂宜爲二重，使不易受外溫之變化，其詳可參照第十一圖。

（丑）通氣口

貯藏室密閉之，固可防蔬菜之乾燥，然輒因空氣流通不良，炭酸氣及水蒸氣停滯，致新鮮多汁之貯藏品，常堆積發熱，損其品質。故貯藏室之構造上，通氣口必不可少。惟通氣亦不可過度，過則室內太乾燥，亦非所宜。普通於地板下水門泥床地周圍之壁，切開而作格子窗，使得自由開閉。而地板之四隅，設三四尺方之格子板，以便與地板下四壁之窗聯絡，以調和室內之溼氣與溫度。室四周之壁上，亦有設通光線之窗者，惟空氣流通過度，不甚適合。如必欲設窗，則用玻璃窗，而玻璃窗內再設板窗，以便啓閉，而調節溫度。屋頂上宜有一烟突形之通氣筒，以便室內溼氣、溫熱等之散逸。如有天花板者，則於板上設漏斗形之口，與通氣筒連絡，以便溼氣之透逸。

（丁）冷藏室

普通之貯藏室，構造縱如何完全，終不免稍受外氣之影響，在冬季固能保持低溫，而一至夏季，溫度增高，蔬菜不堪貯藏。故欲四季保持低溫，使蔬菜得以隨時安全貯藏，必須設備人工的冷藏裝置矣。

冷藏室之構造，與普通之貯藏室無大異，周圍築磚壁，或二重板之厚壁，沿天花板及壁，設備冷藏裝置，即以冰盛於大水槽內，其溶解之水，使自下流出，或炭酸氣阿摩尼亞之液化者，以能循環之鐵管，自機關室導之而出，通過室內而氣化，此氣體再自鐵管，返諸於機關室。如此循環不絕，可使室內常保低温，而增減此類寒冷劑之分量，卽可自由增減室內之温度矣。家庭用之冰箱、冷藏箱，亦爲冷藏裝置之一種，不過構造簡單耳。

貯藏品依其種類各有適温，故宜區劃貯藏室，應種類與以適温焉。茲將主要蔬菜之温度示之如左：

種類	温度（華氏）	種類	温度（華氏）
石刁柏	三四度	甘藍	三二—三四度
胡蘿蔔	三〇—三四度	芹菜	三三—三五度
西瓜	三二度	葱頭	三二—三四度
美洲防風	三三—三四度	馬鈴薯	三三—三四度
白菜	三五—三八度	豌豆	四〇度
菜豆	三二—四〇度	玉蜀黍	三五度

第二節　乾燥

蔬菜能以原形貯藏之，固可居奇善沽，獲意外之厚利；然利之所在，常不免有危險存乎其間。新鮮蔬菜富含水分，貯藏中易於凋萎腐敗，致不值一文者，往往有之。且新鮮蔬菜分量重而容積大，運輸不便，故交通機關未發達，而與販賣地遠隔運輸爲難者，若以新鮮品供販賣，自難得最大之純利也。

蔬菜乾燥法，能除上述諸種之不便，而於蔬菜品質不良，不能作新鮮品販賣者，或生產過剩時，此法尤爲可貴。近來蔬菜之乾燥品，爲船舶及軍隊旅行者之需用品，而園藝品之輸出貿易上，亦占重要之地位，故此項製造，實爲將來甚有希望之一種副業也。乾燥之方法有種種，列表示之如左：

原形乾燥（概爲自然乾燥）……蘿蔔、落花生、辣椒

加工乾燥 { 自然乾燥 / 火力乾燥 } 其他之種類

不論以何種方法乾燥，其作業中最宜注意者，爲防腐與變色。蓋富含水分之植物質，乾燥時溫

度若低，水分之蒸發慢，則長時間後始能完全乾燥，常因微菌之猖獗，而致腐敗，或因一種之酸化作用而變色，大足以損害其品質。據近來學者之研究，而知其所以變色者，由於酸化酵素或過酸化酸素之作用，使其內含有蛋白質及其他含氤素成分，變化而起者也。故製造乾燥品時，務迅速阻害此類酵素之活力，卽一時施以高溫度，或投入熱湯中，或以硫黄燻蒸，依其亞硫酸氣體，以行漂白，皆爲減却酵素之活力也。原來酸化酵素種類甚多，而最堪高溫度者，則爲過酸化酵素。欲防止其作用，當與以其不能堪之高溫度，然其限度與時間，依蔬菜之種類而不一定，例如甘藷投入於沸湯中十分鐘，慈姑三分鐘，藕五分鐘，卽可防止此作用也。

（一）自然乾燥法

此爲以陽熱乾燥之法，輕便簡單，需費極廉，惟時日須長，往往因天候之變化，而生種種之危險，爲其缺點耳。此法我國各地皆應用之，無須特別之裝置，能置備蘆簾、蓆等數種用具，已足應用。卽將欲乾燥之物，薄攤於簾或篾蓆之上，曝諸日光，時時上下反轉，使其乾燥均勻，夜間移入室內，以免吸收溼氣。

（二）火力乾燥法

火力乾燥法，雖需特別之裝置與多額之費用，然其乾燥迅速需時不若自然乾燥法之多，且不分晴雨，得繼續進行乾燥中之危險甚少，故近來大規模之製造廠咸採用之。

蔬菜火力乾燥器，歐美諸國創製甚多，其要部則爲一火熱不易漏洩密閉之箱，而於其頂端設一煙筒，以便內部所發生水蒸氣之發散。就中最簡單者則爲高幅長各一尺七寸許之亞鉛箱，其內設金屬製之棚五段，而安置於方爐上者也。較此更改良者，則爲美國布力邁爾（Blymyer）鐵工廠所製之親麥曼（Zimmerman）式乾燥器。此爲亞鉛製之細長箱，高五尺許，幅及長各二尺，頂上有一圓形之通氣筒，其全部分爲二層，下層爲火爐，其裝置可以炭火加熱，上層設棚十二段，每段插入高二寸幅及長各一尺八寸之金屬網爲底之抽箱，欲乾燥之物，卽置於抽箱上者也。

上述之乾燥箱，俱適於小規模之用，不能一時乾燥多量之蔬菜，茲更舉大規模乾燥室之一例於左，并說明其管理法。

第十一圖

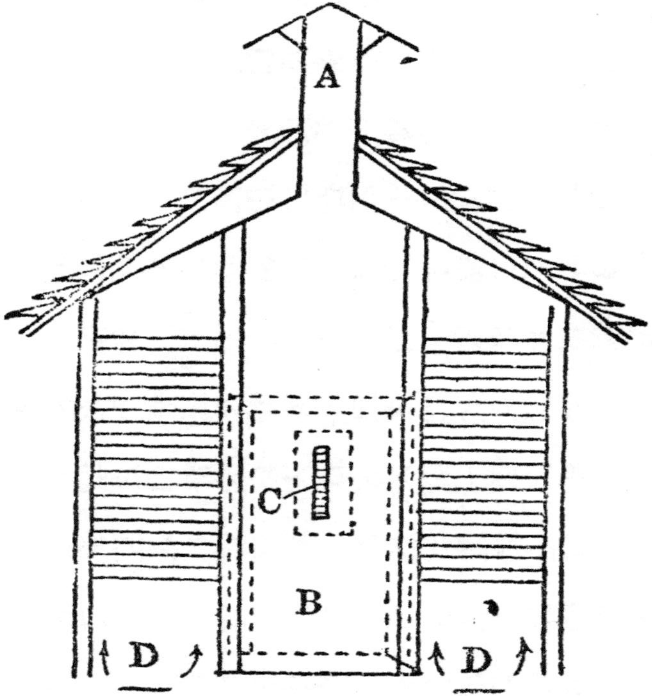

(乙)縱面圖

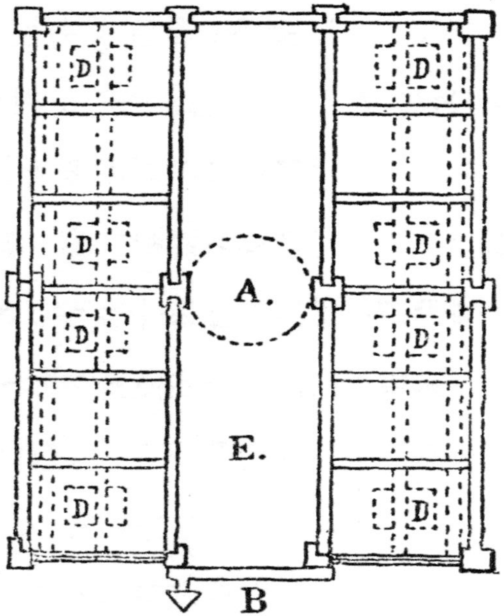

(甲)平面圖

蔬菜乾燥室

A.氣筒　B.出入之戶　C.寒暑表　D.爐　E.通路

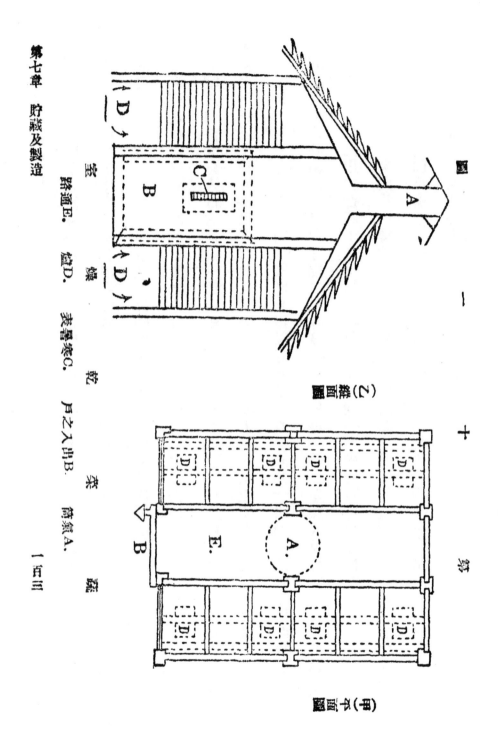

第十一圖所示之室，長一丈二尺，幅九尺，高八尺。周圍及屋頂悉嚴密以板遮圍，不使洩漏温熱。地上鋪水門泥，屋頂中央部高，其頂端設氣筒，以排除室內溼氣。其九尺幅之一面，於中央設幅三尺，高六尺之戶，以爲出入之口。戶板之上部中央，稍切去一小部，於其內裝置棒狀寒暑表，以便檢測室內之温度。入口之反對之側，於其壁之上方，開一小玻璃窗，以便通光線。

室之內部，先自入口直入，設一通路，幅三尺。沿其左右之壁兩側，作幅三尺，高達屋頂之棚架。此棚架之下，每三尺設方一尺之爐，共八個，陷入於地中，其上蓋以鐵板，使火不直接於棚架。

棚架上於距地二尺設第一段，自此每隔五寸設一段，一側共十段，而於此棚之段間，作金屬網爲底之扁平箱；此箱長二尺六寸，幅二尺許，厚一寸五分，每二個相重插入。故每段可得十二箱，全室二十段同時得使用二百四十箱，每箱入蔬菜二斤半，則一室內同時可得乾燥蔬菜六百斤。

發熱材料以炭火爲主，當欲行乾燥時，先於各爐入二斤四兩許堅實之炭，而點火燃之，密閉其室。未幾室內温度卽可達華氏一百八十度，乃置欲乾燥之蔬菜於棚架上，密閉之，一日三回加火力，使常保持一百八十度，則一晝夜乾燥工作可以告終。

第三節　醃漬及糖漬類

我國一般人民之副食物，以蔬菜爲主，肉類佐之，而崇拜佛教、終年蔬食者，亦復不少。故依多數言之，我國人與其謂爲肉食，無寧謂爲蔬食主義之民族之爲得當也。因蔬食之結果，蔬菜遂爲吾人一日不可或缺之食品；於是發明種種保存方法，以備不時之需。醃漬糖漬等實爲自古盛行之法，通全國各地，莫不有傑出之佳品，如能再事改良，擴張銷路，輸出海外，獲利可操左劵。其製造方法因種類而不同，須就各種蔬菜分別說明，拙著蔬菜栽培論（正擬出版）中俱有詳細記載，玆不贅。

第四節　罐頭製造法

凡食料品等有機物質，若任其自然，不爲相當之處理，卽迅速腐敗，不堪食用。此實由浮遊於空氣中微生物之作用而起；故吾人欲永久貯藏之，務防止此類微生物之寄生。上述諸種之貯藏法，若乾燥，若醃漬，若冷藏，無非除去水分，或作鹽類溶液，或減低温度，使不適於微生物之繁殖，而阻止其作用耳。然此類貯藏法，欲使貯藏品永久保持原有狀態，究爲不可能之事；能彌補此缺點者，其惟罐頭製造乎。蓋罐頭製造，在目前學術狀況之下，實爲一最進步，最高尙之貯藏法，大足以滿吾人之慾望者也。其原理極簡單，卽將欲貯藏之物品，以高熱殺其附生之微生物，而密封之於洋鐵罐內，使外氣不得內入，免微生物之乘間而入而已。故洋鐵罐不腐蝕之期間內，微生物莫由侵入，內容物得永遠保持其固有風味與形狀也。

今日東西各國，罐頭製造技術進步，自肉類以至蔬果，凡足以增益我人之口福者，已應有盡有矣。回視我國，工業萎靡，罐頭製造，視爲末業小道，國人咸不加注意。雖有一二先覺之士，設廠製造，而出產量少，種類不多，不足滿足全國人民之需要。於是蔬菜罐頭，若青豌豆，若石刁柏，若洋菌之類，自外國輸入，爲數至巨。切盼國內企業家之及時奮發，推廣製造，以塞此漏巵。夫以我國原料之豐廉，人工土地之易得，與彼外貨競爭，易如反掌。如能製造得法，產量增加，卽遠輸海外，轉以博彼之厚利，亦易易事耳。尙望有志此業者共勉之。

（壹）內容物烹調之種類

罐頭之內容物，以魚肉類爲最重要，近年園藝發達，蔬菜及果實亦大爲利用，製造以供不時之需。依其內容物處理如何，可別爲下列各種：

（一）清燒　主用於筍、石刁柏、豌豆、菜豆等之蔬菜類，其目的在保存各種食品原有之品質與風味，故不爲調味，而以清水煮之，裝入罐內，再注加沸水，亦有注入淡鹽湯者。此類罐頭食物，當食用時，須爲烹飪調理之。

（二）調味　此類罐頭之內容物，以醬油、糖等烹調而裝入者也。開罐後，卽可供食，如紅燒牛肉、紅燒鴨、紅燒筍之類是也。

（三）糖漬　內容物以砂糖調理，或爲糖漬，或爲果醬、果糕，以爲罐頭者是也。

（四）油漬　此主用於魚類，卽將內容物以油煎之，裝入罐內，再注加以油者是也。其所用之油，主爲橄欖油或胡麻油。

（五）醋漬　此主用於魚及牡蠣之類，卽將內容物加上等醋及少量砂糖、香料而裝入於罐內者也。

（貳）裝入原料及封罐

依右述諸方法，內容物調理而後，卽宜迅速裝入罐內，而密封之，以防觸空氣而變色。此際應用之器具及材料，說明之如左：

（一）罐　普通以洋鐵爲之。罐依其大小，則有一磅罐、二磅罐、三磅罐等之別。依其形狀，則有圓罐、方罐之分。其蓋亦有大小二種。大蓋者其直徑與罐之直徑同，直接插入於罐胴而封鑞者也。常用於筍及其他大形物之罐頭製造。小蓋者其蓋較罐之直徑爲小，便於封鑞者也。當製造品裝入之先，此罐及蓋，當以微温湯善爲洗淨拭乾之。

（二）白鑞　封罐之鑞，名曰白鑞，爲錫與鉛之合金，普通以錫與鉛等量混合製之。錫多而便於用，然其價貴；鉛則價廉而有毒，故配合時宜愼之。其法先將鉛入鐵鍋，加熱溶解，再投入錫，及兩方俱充分溶解，乃以鐵匙掬起，倒於有淺溝之板上，作爲細長棒狀，以便應用。

（三）媒溶劑　白鑞不能直接密着於洋鐵板，故欲達封鑞之目的，洋鐵板與白鑞間尙須有一種媒介物，此謂之媒溶劑。普通所用者爲氫化亞鉛。其製造法，取鉛三四兩，以鹽酸一磅溶解之，使之飽和而爲中性液。如用以上鑞，則加二三倍水稀釋之，用以浸洗鐵鋅，則加五倍水稀釋之可也。

（四）銲　此爲封鑞時不可少之用具，卽灼熱之以溶解白鑞者也。依其形狀，可別爲斧稈、尖

第十二圖

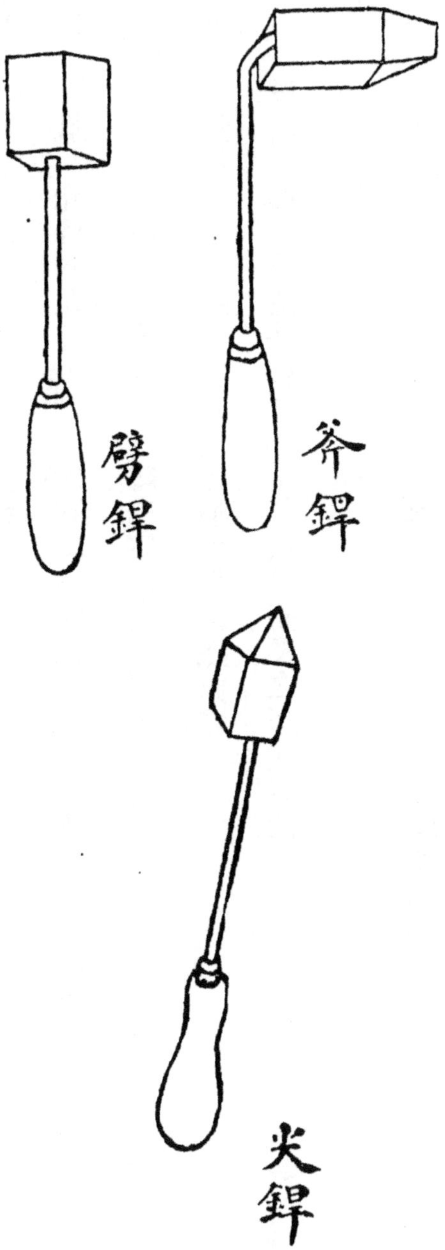

銲及劈銲三種。尖銲先端尖圓罐之蓋底及排氣空封鑞時用之，劈銲最適於罐胴部與大形方罐之封鑞，至斧銲對於圓罐方罐俱可用之。當行封鑞之時，先於欲上鑞之處，塗鹽化亞鉛水，再將白鑞之小塊列置於其上，而以灼熱之銲觸之，則鑞徐徐溶解，而流入於接縫。封鑞宜叮嚀迅速爲之，如過緩慢，則內容物往往爲灼熱之銲而燒焦。

（叁）加熱

罐頭封鑞畢，卽行加熱殺菌，但當殺菌之先，不可不檢驗封鑞之已完全與否，如封鑞不完全而有隙縫，雖殺菌十分周到，而貯藏中微生物侵入內容物仍不免於腐敗，故加熱殺菌之作業，須分左列之三段行之：

（一）湯試　此以檢驗封鑞之完全與否爲目的，其法於大釜內盛多量之水，使之沸騰，將已封鑞之罐列置於淺籃內，沉於沸水中，如罐之封鑞不完全而有小孔者，罐內空氣受熱膨脹，自小孔噴出而起泡，卽可立時發見取出，再以鑞彌補其隙。

（二）排氣　此目的在排出罐內含有之空氣，使貯藏得以安全也。卽湯試後，而知其封鑞完全無隙之罐，再浸於沸水中十分鐘，於是罐內空氣充分膨脹，壓迫罐蓋，致罐蓋凸起，此時速將罐自水取出，蓋上以錐打一小孔，罐內空氣由此噴出，再以鑞封之。

（三）殺菌　加熱殺菌法有二；卽用蒸氣於高壓之下短時間加熱者，及投入沸水內長時間加熱者。

第一法設備上需費大，小規模之製造家無力行之，然其加熱時間短，內容物之品質不至損害，此其利也。第二法加熱須五十分乃至一時間以上，往往損及內容物之品質，而於豌豆等爲尤甚，因豌豆長時間加熱，不免褪色與破裂，故製造上等豌豆罐頭，非有蒸氣殺菌裝置不可。

凡微生物達攝氏百度，卽完全死滅，惟其孢子時期抵抗力甚強，雖達攝氏百度，亦不卽行死滅，故殺菌須長時間加熱，或於高壓之下使溫度昇至百度以上而殺滅之。

罐頭殺菌畢，卽取出浞於流水中，俟其完全冷卻而後貯藏之。如殺菌後卽入於貯藏室徐徐冷卻時，則足致內容物色澤惡劣，而損其品質也。

第八章　中國菜園經營上應改進諸點

我國幅員廣大，城市遍布各地，莫可數計。每一城市，人民薈萃，概爲工商富戶，不耕而食之流。是以日常食品，如蔬菜之類，須其附近農民隨時供給之。且因城市生活較高，菜蔬得善價而沽，農民見有利可圖，咸趨之若騖，負郭之地，菜園密布，無復有餘隙，蓋非偶然者也。自華洋互市以來，商埠膨興，菜園事業亦隨之發展，如上海北平天津香港等處，其附近數十里，菜園星羅棋布，可以窺見其發達之一斑。由此觀之，經營菜園者，確有與日俱增之勢，但其經營方法，率皆墨守舊法，不知改絃更張，通力合作，力求與時代並行進步，實深遺恨！茲就管見所及，將我國菜園經營上應行改進之點，如肥料、販賣、合作、製造、輸入新種、禁止浸水、改良灌水法諸問題，逐一討論之。

（一）菜園肥料問題　我國菜園肥料，以人糞尿爲大宗，而如堆肥，廐肥等雜質肥料，恐其誘致害蟲，概厭忌之而不敢用。其實堆肥、廐肥之新鮮者，發酵時發生溫熱，天冷時害蟲間有麕集於其中者；但在堆肥室內用無雜草種子及無害蟲卵子之材料，堆積腐熟而後，含極肥沃之腐植質甚多，決不至誘致害蟲，城市附近之菜園，此等材料容易搜集，且可以改良土質，大可施用，不必避忌之。至人糞尿肥效極速，富於養分，且城市附近易於取得，爲菜園中惟一無二之重要肥料；但自衛生上言之，果菜、花菜等以食用其花果部爲目的者，或根莖葉類之去皮食之者，固尚無大害。而如葉菜之食其葉部者，施用人糞尿，實於人類之康健衛生，大有妨礙。試觀我國人之多胃腸病及寄生蟲（如蛔蟲之類）食物不潔，固爲其原因之一，而菜上施用人糞尿，實爲其一大媒介也。近來城市附近之菜園，以地價昂貴，菜園面積，不能求其大，於是在一定面積內，爲增加其生產量，常將株間縮小，密接栽植，不稍留間隙，而於葉菜類之白菜、菠薐、茼蒿等爲尤然。施用人糞尿之際，以株間過小，不能澆灌於其根際，率自葉上灌注之。此於蔬菜之生理，固大相違背，（因植物之吸收肥料在根而不在葉也）而葉上沾污人糞，雖降雨之際，能洗去其一部，但不免有遺留於其間，以之而供食品，其污穢孰甚！或曰，蔬菜澆糞者，藉雨水冲洗，食用時更洗滌之，雖有糞尿，亦悉行洗去，有何污穢；且我國食菜，概行煮熟，微生物遇熱盡死，無誘起疾病之可能。此言驟聞之，似頗有理。其實微生物固能因煮熟而絕滅，但其孢子及蛔蟲等之卵子，能耐高溫，烹煮者偶一不慎，此類孢子卵子，卽入我人之身體而爲害。且澆糞於葉上，洗之即謂其無汚，未免言之失當，譬如有某種食物於此，先浸於糞中，然後洗滌烹調食之，恐無論何人，莫不以此爲汚穢。獨吾人對於菜類，因多年之習慣，雖有糞尿附着，亦不以爲汚，孰知不知不覺之中，使吾人受胃腸病與寄生蟲之痛苦乎。近來文明進步，人類康健，視爲至大幸福，經營菜園者，當應時代之進步，改良肥料，實屬刻不容緩之舉。彼上海西人不願食中國人之葉菜者，即爲用人糞尿故也。故菜園施用肥料，當依左例條件改進之。

（甲）生食葉菜類，如大葱、芫荽、洋芫荽、生菜之類，生育中絕對不宜用人糞尿，追肥可施用肥田粉。

（乙）熟食葉菜類，能多用基肥，生育中避用人糞尿，而以肥田粉油粕汁等代之，固屬最佳。萬一不能避忌，當將畦間株距放寬，而就畦間開淺溝，澆人糞尿於溝中，（以長嘴壺澆之）且以土覆之，既可防臭氣誘致害蟲，且使肥分不至氣化，而於衞生亦不無裨益。

（丙）果菜及其他菜類用人糞尿時，亦當穿穴或溝，澆於其中。

（丁）堆肥、廐肥等當作爲基肥，廣爲應用，不必避忌之。

（二）蔬菜販賣問題　我國菜園，不論規模大小，販賣上感困難不少。小菜園每日由經營者自行肩負販賣，每擔菜至少須費光陰半天，虛擲勞力不少。大菜園如賣之於菜鋪，價值太賤，如由園丁販賣，則貨價必被中飽。若規定價格，每斤必須若干，則園丁無利可圖，常藉口價值太貴，不能售罄。欲免此類弊端，各菜園宜聯絡合組販賣合作社，分別蔬菜等級，共同出售，則價值劃一，不至爲商人壟斷，且合少數而爲多量，可以遠輸之於他方需要之地，自能得相當之代價，而利益共沾矣。

（三）宜提倡製造使成爲一地或一鄉之名產　當今之世，交通發達，蔬菜製造品，得運輸異地，無遠勿屆。如在一地或一鄉，出某種產物，宜獎勵提倡，使家家戶戶，共同製造，切不可存祕密之心，思獨占其利。蓋出產多，則可成一地或一鄉之名產，價值自能高昂，否則分量極少，不爲世人所知，雖美不彰，決不能得高價。四川榨菜、嘉興香大頭菜、紹興乾菜之得見重於世，以其出產豐裕，名振遐邇故也。經營菜園者，對此點宜極自猛省，其地如有佳品出產，當竭力推廣，俾得遠輸異地或外國，爲地方增收入，造福利也。

（四）宜輸種他方或外國佳良蔬菜　我國各地所種蔬菜，率皆父作子述，數千年來絕少變更，種類稀少終年之供給不甚圓滿。例如佳良葉菜僅能得之於秋冬春夏則惟有硬而苦之小白菜可以供食；佳良根菜常在晚秋與冬季，春夏則無之。此於人類之口福與供給需要之關係，不得謂爲滿足，今如能引入外國之甘藍（Cabbage）及球莖甘藍（Kohlrabi 即北方之擘拉）前者秋季栽培，次年五六月可收其葉球，可以之代優良白菜，城市中頗爲歡迎；後者春季下種，夏季收穫，可以代筍及根菜類，定能博得國人之嗜好。此外馬鈴薯、洋葱頭、各地亦大暢銷，經營菜園者，當隨時留意此類佳種，乘機引入之，以博厚利。

（五）宜禁止蔬菜浸水　此爲我國菜園最不好之習慣，凡葉菜類販賣之前，常浸水若干時，以增其重量，幷使其菜狀若新鮮。其實蔬菜浸水，品質大壞，不能得顧主之信用，經營菜園者，宜重道德，竭力矯正此類弊病。

（六）宜改進灌溉法　我國北方菜園灌漑，採用地表灌水法，費工較省，頗爲合理。南方菜園，概爲高畦，不能用地表灌水，大抵用噴壺、杓桶行之，勞力之損失不少。在商埠附近之大菜園，如能建造一小水塔，以唧筒機使水上昇，而以橡皮管澆灌之，則可減省勞力不少。萬一無力採用此法，則可用畦溝灌水法，利用畜力水車使水入溝中，漸次滲透，較爲妥善。

以上六點，爲目前經營菜園者之通病；倘希園藝界以奮鬭的精神，澈底改進，庶菜園事業，得以蒸蒸日上，爲人類造無窮之幸福，不亦快乎！

王雲五主編

萬有文庫

第一集一千種

菜園經營法

吳耕民著

發行兼印刷者 上海寶山路 商務印書館

發行所 上海及各埠 商務印書館

中華民國十九年四月初版

The Complete Library
Edited by
Y. W. WONG

VEGETABLE GARDENING

By
WOO KENG MIN

THE COMMERCIAL PRESS, LTD.
Shanghai, China
1930

實用蔬菜園藝學

周清等 編著

中國農業書局
民國三十八年

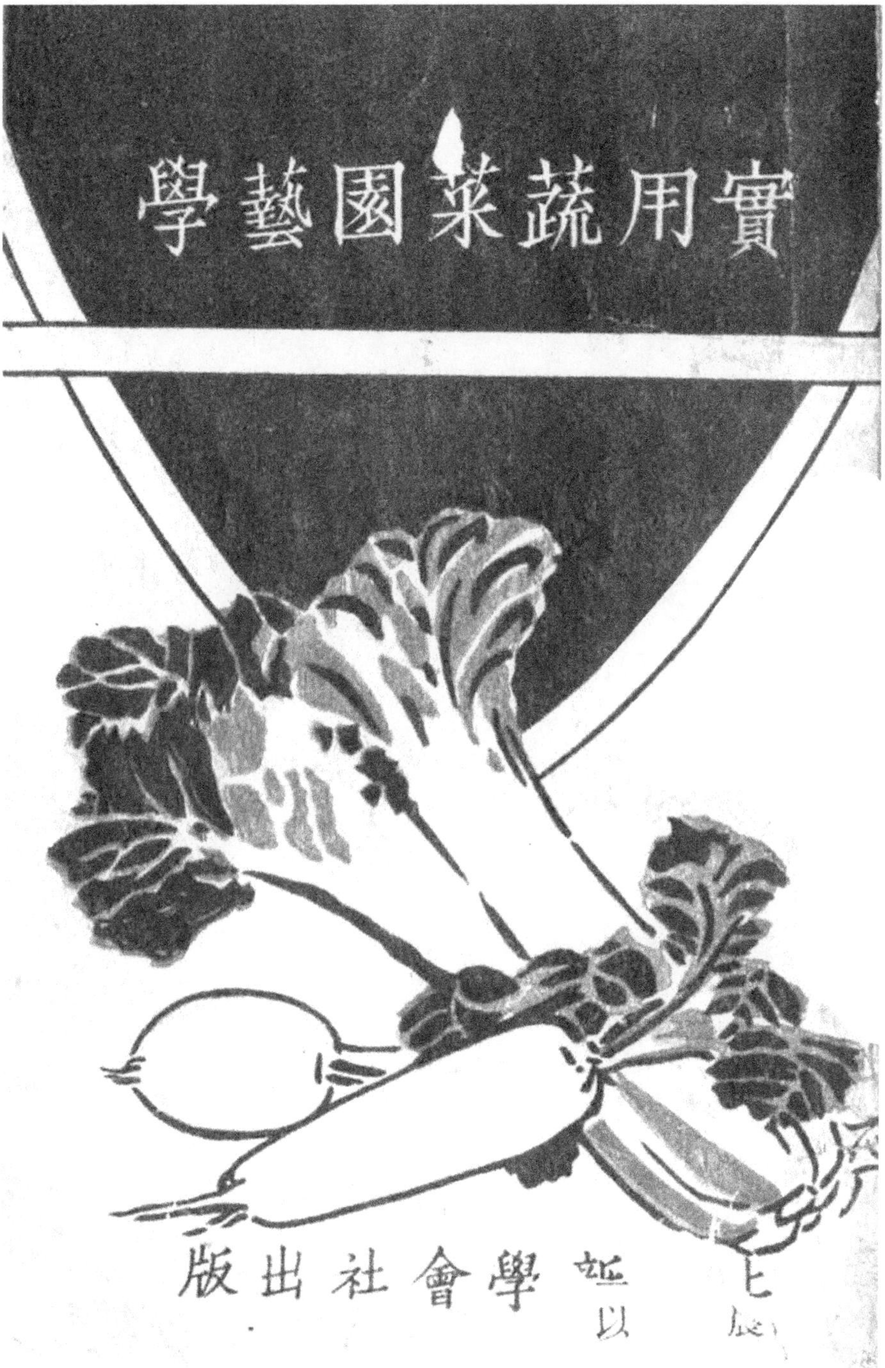
實用蔬菜園藝學
學會社出版

實用蔬菜園藝學

例言

蔬菜園藝。容易着手。資本既少。收効又早。家庭設菜園。不但充裕經濟。且增益生趣。誠農家絕好之副業也。

本書於栽培法、促成法、病虫害論之特詳。凡屬有用之文。不問古今中外。博采廣羅。一以使農家易於仿行。一以便學者易於尋解。非尋常坊本可比也。

本書度量衡概遵據前農商部公布之度量衡新法。月日用陽歷。術語悉用我國通行名詞。我國所不備者。間採外語。

編輯本書。限於時日。學海蠡窺。罅漏補苴。談何容易。國內不乏專家。幸垂教焉。

中華民國十七年八月　　編者識

例言

實用蔬菜園藝學目次

前編　通論

目次

後編　各論

目次

目次

目次

實用蔬菜園藝學

12

目次

實用蔬菜園藝學

前編 通論

第一章 蔬菜之起原及其範圍

栽培作物。起源甚古。遊牧時代。逐水草而居。既無所謂作物。亦無所謂栽培。厥後人口漸繁。居有定所。食者多而生者少。於是有生活競爭。乃不得不賴多數植物以自謀生存。栽培事業。勃以興矣。顧作物之種類頗多。大別之有特用與普通兩種。特用作物。姑勿具論。普通作物中。其最初栽培者。厥惟穀菽類。至於果菜類及魚介等之副食物。蓋嘗跋涉山水。得之於天然界中。初無培養之事。旋因人類嗜好各異。其趨文化發達。靡有止境。大勢所趨。僅依天然物。常虞不足。果菜類乃亦移栽於田園。迄乎今日。遂爲吾人一種重要食品矣。

園藝作物範圍頗廣。大別之爲果樹。蔬菜。花卉。造築庭園四類。研究園藝作物。以實地試驗爲要。以書籍參考爲輔。本編所述。爲蔬菜園藝之部。以下詳論之。

研究蔬菜之栽培。不可不先知蔬菜之範圍爲何如。吾人之所稱爲蔬菜者。或亦稱之爲普通作物。此言也。爲比較的稱呼則可。爲絕對的稱呼則不可。試以一例證之。如東亞地方之甘藷。及歐美各國之馬鈴薯。各因土宜。易於栽培。管理亦甚簡單。即其需要之數。幾與常食物之米麥等。同占重要之地位。殆爲一種普通作物。設將此二物。易地栽培之。管理稍一粗放。即難得滿足之結果。因產額不多。遂爲一種之副食品矣。又如豌豆蠶豆之莢菜類。及蕪菁甜菜等之根菜類。因其收採時期之早晚。而以爲蔬菜類者爲貴。其他則爲常用作物。或爲飼料品。斯下矣。此外因用途之不同。如爲工藝作物等。品類正多。不勝枚舉。要之此等區別。依風土習慣及用途等而異。斷不能以抽象的明定界限。然從事研究者。當先略知其定義及其範圍。較爲便利。故吾人於此。敢下定義曰。蔬菜者。不問其一年生與多年生。草本性與灌木性。其需要部分常柔軟多汁。有一種香味。可供食用。而爲吾人副食物之作物也。

第二章　蔬菜栽培之狀況

蔬菜類古稱靑物。於副食物中占重要之地位。書所謂穀以養民。菜以佐穀是也。溯人智未開之時。所謂自然經濟時代。栽培蔬菜。各從其欲。初無營利之念者也。至人類聚集之都市。其間以穀粟類爲常食物。副食物之蔬菜。因無栽培餘地。不得不仰給於人。於是附近之農民。各出其所栽蔬菜。販諸市場。爲一種商品。是爲栽培蔬菜開始營利之端。頃者都市發達。人口增加。蔬菜之需要額日增不已。人類之嗜好。更無窮盡。從事於蔬菜栽培者。若能觀察市場之狀況。改良品質及栽培法。使生產力日增。其獲利優厚。有不可以數計矣。今就日本觀之。蔬菜產額。每年約達一萬萬元。假定現在人口爲一千萬。則每日每人平均消費蔬菜三分。一年之間。卽需十元。此外爲輸出品或工業原料用者。亦屬不少。我國面積人口。數倍日本。蔬菜產額及消費量。亦必倍之。一加改良。年增數倍之增收。亦易事耳。況蔬菜栽培之盛衰消長。不僅關係個人之損益。於國家經濟上。亦有重大之影響。栽培蔬菜者。可以知所務矣。

栽培蔬菜之目的。不論爲自家用爲營利用。皆以新鮮爲最要。至營利之栽培。爲供給便利計。則宜附近於需要地。試略言之如次。

蔬菜之種類極多。其種類隨風土而異。故同一地方。不能栽培多種之蔬菜。如欲品質優美。產量豐富。更不可不擇適當之風土。惟在都市附近之土地。其地價勞銀等。均極昂貴。若以廉價之主作物栽培之。獲利必不能優美。故在交通未便時代。嘗因各地之風土。有特產蔬菜。至於今日。學術進步。交通發達。鐵道縱橫。汽船如織。冷藏有法。乾燥有法。一切漸達於實用之域。凡昔日非附近於需要地不能搬運之物。至此可無過慮。如北方氣候寒冷。津京日常所需之蔬菜。由奉漢滬晉諸處運入者為數甚鉅。此皆鉄道汽船之力也。雖然此猶其小焉者耳。若夫大者遠者。如美之紐約。及其此部附近之街市。因冬季氣候嚴寒。不能產優美品種。惟以夫羅利格及奇耶奇亞諸處。為其供給地。兩地距離在一千里以外。又如草莓等物。遠在西方三千里外之卡里及尼亞。以冷藏貨車輸運得之。至歐洲各大都會。如法之巴黎。則仰給於南部地中海沿岸。英之倫敦。則仰給於數千里外之亞非利加喜望峯。由是觀之。交通之便利。學術之進步。其關係於園蔬界為何如耶。

又觀位於我國北部。及日本鄰近之滿韓及浦鹽地方之狀況。冬季嚴寒。栽培不易。除以乾燥品或冷藏品為常食外。欲得新鮮蔬菜。不能不仰給於南方氣候溫暖之地。此氣候溫暖之地。我國中部及日本是矣。日本年來蔬菜之輸出額。如甘藍、馬鈴薯、葱頭、牛蒡、胡蘿蔔、瓜類及茄等。有逐漸增加之勢。自我國東清鐵道通軌。北方之供給頓加。日本之輸出品。頗有被我壓迫之勢。此園藝與交通之關係。其理亦顯然甚明。當此之時。苟能改而進之。並研究運送之法。更得政府特別保護。如減輕運費稅額等。則利之所在。正未可限量焉。

第三章　蔬菜之分類

蔬菜種類繁多。其分類法亦不一致。或以形態與性質之差別分者。或以需要部之異同分者。或以耐寒性之強否分者。或以栽培上之不同分者。今試大別之。則爲學術上與實用上二途。分述於后。

第一節　由學術上之分類

蔬菜由學術上之分類。有多種。今舉其最普通者。表列之於次。

(一)以植物學之自然分類爲分類法。此說爲林那氏所倡。農家於輪作時。宜注意之。

第三章 蔬菜之分類

(一)

- 隱花植物……洋、菌、蕨、土筆菜。
- 顯花植物
  - 單子葉類
    - 澤瀉科 慈姑(即茨菰)、澤瀉。
    - 禾本科 筍、玉蜀黍、菰(即茭白)
    - 天南星科 里芋、芋。
    - 百合科 石刁柏、葱、葱頭、韮、薤、百合、大蒜。
    - 薯蕷科 薯蕷(即山藥)。
    - 蘘荷科 薑、蘘荷、小豆蔻。
  - 離瓣花區
    - 蓼科 食用大黃、蓼、酸模、虎杖。
    - 藜科 甜菜(即恭菜)、菠薐菜、鹹蓬、藜。
    - 睡蓮科 蓮藕、芡實、蓴。
    - 十字花科 萊菔、蕪菁、甘藍、花椰菜、球莖甘藍、芥菜、菘類。
    - 薔薇科 莓、荷蘭莓、委陵菜。
    - 荳科 菜豆、豌豆、蠶豆、落花生、刀豆、豇豆、鵲豆。
    - 錦葵科 秋葵、蜀葵。

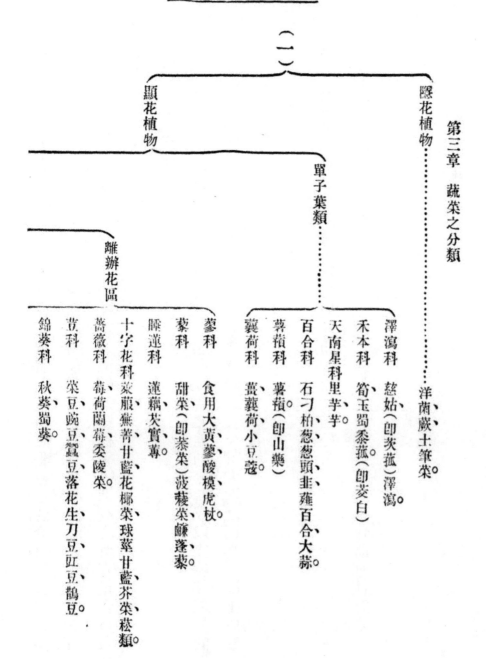

- 雙子葉類
  - 五加科　土當歸、土參、人參。
  - 繖形科　胡蘿蔔、塘蒿、水芹、野蜀葵、防風、美洲防風。
  - 合瓣花區
    - 旋花科　甘藷（即蕃薯）蕹菜、旋花。
    - 唇形科　紫蘇、甘露子（即草石蠶）琴柱草。
    - 茄科　茄、馬鈴薯、蕃茄、蕃椒、酸漿。
    - 敗醬科　野苣。
    - 葫蘆科　胡瓜、南瓜、西瓜、冬瓜、越瓜、甜瓜、苦瓜、扁蒲。
    - 菊科　牛蒡、菊芋、波羅門參、萵苣、款冬、茼蒿、朝鮮薊。

（二）以蔬菜之形態及性質爲分類法。此說爲美國培利氏所倡。

- 地下莖類
  - 根菜類　萊菔、蕪菁、菊牛蒡、山萮菜、球根甘藍、防風。
  - 塊莖類　馬鈴薯、甘藷。
  - 鱗莖類　葱頭、韭葱。

第三章 蔬菜之分類

(二)
- 一年生
  - 葉菜類
    - 甘藍類……甘藍、花椰菜、綠葉甘藍、球莖甘藍、抱子甘藍。
    - 煮食用類……菘類、芥菜、菠薐菜、甜菜、茼蒿。
    - 生食用類……萵苣、苦苣、塘蒿、旱芹菜、水芹。
  - 果菜類
    - 莢菜類……蠶豆、菜豆、豌豆。
    - 茄果類……茄、蕃茄、蕃椒、酸漿。
    - 瓜果類……西瓜、南瓜、冬瓜、胡瓜、甜瓜、絲瓜。
  - 雜類……玉蜀黍、亞美利加秋葵。
  - 香辛料類……大茴香、木立薄荷。
- 多年生……石刁柏食用大黃朝鮮薊酸模。

(三)以蔬菜需要部分爲分類法。

- 根菜類……萊菔、蕪菁、胡蘿蔔、亞美利加防風、火焰菜、波羅門參、牛蒡、甘藷、球根甘藍、山萮菜。

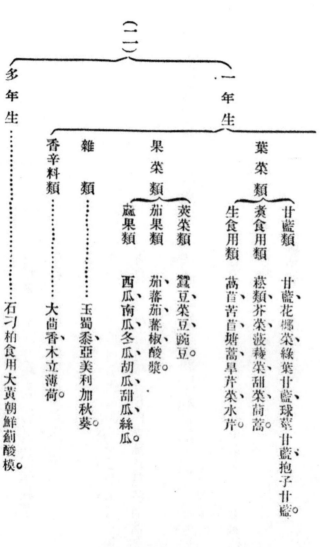

（三）

- 莖菜類
  - 球莖類　慈姑、里芋、草石蠶。
  - 塊莖類　馬鈴薯、菊芋。
  - 根莖類　蓮藕、薑。
  - 鱗莖類　葱頭、葱、薤、分葱、卷丹。
  - 嫩莖類　石刁柏、土當歸、筍、蘘荷。
- 葉菜類
  - 生食用類　萵苣、苦苣、野苣、蒲公英。
  - 煮食用類　甘藍、球莖甘藍、菠薐菜、茼蒿、食用大黃、蕨。
  - 香辛用類　塘蒿、水芹、旱芹菜、防風、紫蘇、野蜀葵、蝀蓼。
- 花菜類……花椰菜、朝鮮薊、食用菊、木立花椰菜。
- 果菜類
  - 蓏果類　西瓜、南瓜、冬瓜、胡瓜、越瓜、甜瓜、苦瓜、扁蒲。
  - 茄果類　茄、蕃茄、蕃椒、酸漿。
  - 莢果類　豆類、落花生等。
- 雜類……莓、玉蜀黍、洋菌。

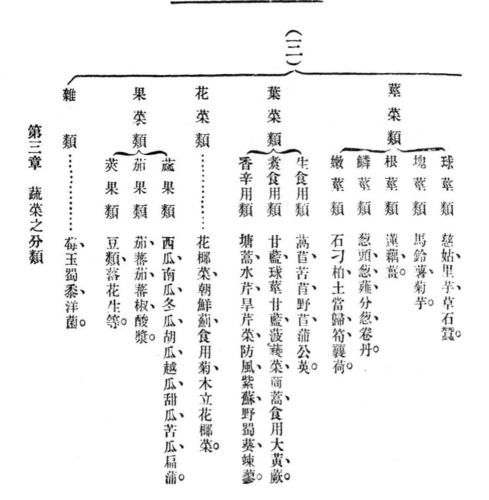

第二節　由實用上之分類

蔬菜由實用上之分類。亦有數種。今舉其最切要者。列表於次。

(一)考察蔬菜生育之長短。氣候之關係。與工作之便利。使皆適合。以分其類。

一長期栽培

甲耐寒性薄弱者。

1須播種於溫床者　茄、甘藷、蕃茄、蕃椒、胡瓜。

2直播或可播種於溫床者、菜豆、(硬莢種、軟莢種)甜瓜、西瓜、南瓜。

乙耐寒性強烈者。(可直播於露地)

1球莖類　葱、葱頭、韭葱、薤。

2根菜類　人參、防風、波羅門參、山萮菜。

3宿根類　石刁柏。

二短期栽培(均能耐寒)

甲早春播種成熟速者。

1根菜類　萊菔、蕪菁甘藍、甜菜。

2春季葉菜類　萵苣、菠薐菜。

3塊莖類　早生馬鈴薯。

4鱗莖類　春之葱頭。

5豆類　豌豆、蠶豆。

乙通常播種於溫床早春移植於本地者。　早生甘藍、早生花椰菜。

丙早春播種於本地夏期收獲者。

1夏季葉菜類　菠薐菜、萵苣、旱芹。

2豆類　菜豆。

3雜類　玉蜀黍。

丁播種於冷床秋期收穫者。　晚生甘藍、晚生花椰菜、抱子花椰菜。

(二)以蔬菜生育期間所要之溫度爲基礎而分其類。

第三章　蔬菜之分類

(一)

溫暖蔬菜……瓜類、薑、里芋、茄、蕃茄、蕃椒、菜豆、玉蜀黍、蘘荷、菊芋、薯蕷、大豆。

耐寒蔬菜
- 抵抗低溫度之力强者　萊菔、蕪菁、亞美利加防風、土當歸、蒿菜。
- 抵抗低溫度之力弱者　菠薐菜、葱頭、葱、馬鈴薯、胡蘿蔔、萵苣、塘蒿、豌豆、蠶豆。

(二)以栽培蔬菜之目的爲基礎而分其類。

(三)

營利用
- 距都會近者　茄、胡瓜、生薑、結球生白菜、野蜀葵、葱。
- 距都會遠者　西瓜、南瓜、牛蒡、薯蕷、慈姑、蓮、甘藍、葱頭。

家庭用
- 春季蔬菜(收穫期自三月上旬至六月上旬)　萊菔、小蕪菁、馬鈴薯、甘籃、旱芹菜、芥菜、款冬、野蜀葵、葱頭、石刁柏、豌豆、蠶豆、莓。
- 夏季蔬菜(收穫期自六月中旬至八月)　茄、蕃茄、胡瓜、甜瓜、越瓜、南瓜、冬瓜、扁蒲、西瓜、絲瓜、蕃椒、菜豆、玉蜀黍、蘘荷、紫蘇、薤。
- 秋季蔬菜(收穫期自八月下旬至十一月下旬)　秋萊菔、蕪菁、甘藷、里芋、百合、萵苣、白菜、漬菜、塘蒿、花椰菜、食用菊、鵲豆、刀豆。

冬季蔬菜（收穫期十二月上旬至二月下旬）葱、京菜、小松菜、菠薐菜、牛蒡、胡蘿蔔、蓮藕、蘋、慈姑。

（四）依輪作之次序自然分類者。

（四）
- 十字花科　萊菔、蕪菁、甘藍類。
- 豆科　豆類。
- 繖形科　亞美利加防風、胡蘿蔔、塘蒿。
- 茄科　甘藷、蕃茄。
- 菊科　朝鮮薊、萵苣。
- 百合科　石刁柏、葱頭。
- 雜類　食用大黃、甜菜、菠薐菜、西瓜、甜瓜。

第四章　蔬菜栽培之要素

經營菜園宜注意之事項甚多。就中最切要者。厥惟栽培之要素。以下試約言之。

栽培之要素
- 天然　氣候　土質　水分
- 資本　農具　肥料　種子
- 運用　連作　輪作　施肥

第四章 蔬菜栽培之要素

第一節 氣候

種類之選擇。栽培之準備。先宜考察氣候之適否。氣候不適。卽培養得法。結果亦難滿足。近來園藝學發達。玻璃窗油紙窗利用釀熱物及火力等。以人工而禦自然。然爲費多而管理不易。且僅限於溫室栽培促成栽培上用之。至於露地栽培。仍須賴天然之氣候。故山東白菜特別肥嫩。甘藍、葱頭在南方溫暖地。不易結球。甘藷、里芋在北方嚴寒地。不易生育。故人力究難制服自然力也。高溫與多濕。雖易罹病虫害。而作物生育上則甚適宜。但過於濕潤。香味淡泊。纖維增多。且品種易變惡劣。我國東南沿海各省。夏季過於濕潤。終難得良質之蔬菜。如葱頭、甘藍、蕃茄、旱芹、塘蒿及其他東西洋良種。三四年後。須向歐美特產地購寄良種斯可矣。總之蔬菜生育日期、短縮者多。欲其成長而得優美之品質。必四時溫暖。好雨時行爲要。雖然。是亦不可以不辨。葉菜類採用其莖葉爲目的。故需潤濕之氣候。瓜類則以採果爲目的。甘藷、薯蕷則以根部之發達爲目的。若遇過度之濕氣。則莖葉繁茂。根果反不發育。利害適相反。對芽菜類則於春暖之候。易產良品。由是觀之。選擇適當之氣候。爲栽培蔬菜之要務。今表列諸菜類所適當之氣候於次。

1 好高溫度者　蕃茄、胡瓜、西瓜、甜瓜、茄、甘藷。
2 好低溫度者　萊菔、波羅門參、菠薐菜、塘蒿、萵苣、豌豆、山萮菜、水田芥。
3 好中庸之溫暖者　菊芋、胡蘿蔔、薤、韭菜、朝鮮薊、甜菜、洋芹、石刁柏、苦苣、大黃。
4 濕氣多品質少受害者　山萮菜、萊菔、蕪菁、胡蘿蔔、韭菜、薤、甘藷、菠薐菜、塘蒿、洋芹、大黃、苦苣、石刁柏、水田芥。
5 濕氣多品質大受害者　胡瓜、馬鈴薯、甜菜。
6 發熱作用間要乾燥者　豌豆、葱、甜菜。
7 濕氣多易罹病虫害者　胡瓜、馬鈴薯、胡蘿蔔、豌豆、葱、甘藍、塘蒿、萵苣。
8 好乾燥者　西瓜、甜瓜、茄、蕃茄、甘藷、波羅門參、菊芋、朝鮮薊。
9 好濕氣者　萊菔、蕪菁、山萮菜、胡蘿蔔、馬鈴薯、韭菜、薤、甘藍、塘蒿、菠薐菜、萵苣、水田芥、豌豆、甜菜、葱、洋芹、食用大黃、苦苣、石刁柏。

他如易罹霜害者。及抵抗力强與弱者。請參看前章第二節由實用上之分類法。

第二節　土質

第四章　蔬菜栽培之要素

選擇土質爲栽倍蔬菜至要之事。設如石礫之地。過於磽确。黏質之土。過於堅實。均不宜栽培蔬菜。有斷然者。顧土質種類不一。有砂質、有黏質、有富於石灰質者。有多含有機物者。其詳當讓諸土壤學中講述。茲之所言。其大略耳。

(一)壤土　壤土一名肥土。由黏土、細砂、塵埃、泡沸石等混合而成。其保水力吸肥力等理學性質。在乎砂土、黏土之間。因此氣水易通。乾燥適度。以之栽培蔬菜。甚爲適宜。

(二)黏土　由純黏土及他細土粒混成。吸肥保水力皆强大。雖少乾燥之患。然空氣不易流通。肥料之分解遲緩。以之栽培蔬菜。非經改良至於膨軟不可。凡黏土更有定積與運積之分。定積黏土以含粗粒多者爲佳。因其收縮力不甚强大也。

(三)砂土　百分中含砂在八十以上。粗黏土二十以下者。總稱之爲砂土。含砂愈多。其土愈劣。而砂更有一時的與永久的之別。一時的砂（由長石角閃石等混成）所含養分。似較永久的（由石英混成）爲勝。以其組織鬆而吸力弱。分解肥料甚速也。

(四)礫土　由石礫混成。吸肥保水力均薄弱。如含有肥沃細土。或為底土基礎。則宜種甘藷及桑、菸、果木等品。

(五)腐植土　含腐植質百分之二十以上。色澤黑褐。組織粗鬆。乾則為粉狀。遇水則漲大。若含石灰石、黏土砂等礦質多者。其質更佳。以之植蔬菜。則先行排水為要。蓋蔬菜中除蓮、慈姑等水生植物外。類忌卑溼。經營菜園者。不可不注意也。

附改良土壤法　黃白宜種禾。黑墳宜種麥。蒼赤宜種菽。汙泉宜種稻。栽培蔬菜。辨別土宜。不待言矣。然土壤之生成。出於天然。其性質善否。養分多少。有不能盡如人願者。則改良之術尚焉。試略言於左。

(甲)排水法　排水分明渠暗渠二種。明渠之大小深淺。因地形土質而異。深約三四尺。排除之水。引入河流。此法手續簡單。然截斷場圃。縮減地積。於經濟上不甚合宜。故除主溝外。不若概用暗渠較為便利。暗渠之通水路。或用竹木或用石礫。雖易經營。然數年後土塊沈澱。溝中水路閉塞。重事建築。所費亦屬不貲。矯正

第四章　蔬菜栽培之要素

此弊。莫如以素燒瓦管。爲排水之裝置。斯水易滲入土塊。亦不致沈積。一勞永逸。利莫大焉。瓦管有大小。選適宜者用之。支管以長一尺二三寸。直徑二三寸爲適度。兩管接合部。套以素燒之鍔。免致漏洩。設置支溝。以土地之廣狹卑溼之程度爲標準。設置主溝。以支溝之數及水量之大小爲標準。主溝有用土管者。有用普通溝渠者。相地制宜。未可執一。以下言排水之效。

（一）蓄水排出。土易崩碎。植物之根得蔓延自如。生育自然良好。

（二）排水之地。比不排水者。溫熱嘗增高五六度。（攝氏表）於植物發芽及生長上。關係至大。不論寒地暖地。均宜施行。

（三）水經排除則土碎。土碎則空氣及氫等。易於吸入。旱時能增加毛管引力。保乾溼適度之狀態。雨時無水蓄不流之虞。又能增高地溫。多吸肥效。減輕凍結力。促進土壤分解。

（乙）客土法　客土卽僱土法。以他處之土。運於此處。使改良化學成分及理學性質。其效力較施肥爲耐久。設如砂性多。則失之輕鬆。宜加黏土以實之。黏力重則失之堅實。宜和砂土以鬆之。以減輕粘重。改良之效。有足觀矣。

(丙)翻鋤底土　普通菜園。表土深不過二尺。故其土中養分。易於消耗。今如耕起下層之土。使空氣透入。成種種作用。以助蔬菜發育。其功不在客土下。惟深淺之度。當視土質與植物之性質而定。大抵固結之土宜深耕。蔬鬆之土貴淺耙。根菜類大抵均宜深耕。如過於輕鬆。常使水分不足者。不適於蔬菜。總之辨別物性。審愼將事。學者不可不察焉。

(丁)燒土　取表土和植物質燒之。曰燒土。燒土施於重黏土。有膨軟分子之功。施於腐植土。有分解有害酸類之力。又能變化燐酸加里爲可溶性。并能殺滅蟲卵菌胞及雜草種子。廢物利用。莫善於此。經營園圃者。不可不注意焉。

今將各種蔬菜所嗜好之土質。條列如次。

1　肥沃砂質壤土　百合、胡瓜、南瓜、越瓜、西瓜、冬瓜、菘類、大芥。

2　各種土質均可　豌豆、刀豆、蠶豆、胡麻、紫蘇、草石蠶、菊芋、扁蒲、薤。

3　稍含濕氣之砂質壤土　花椰菜、韭、波羅門參、食用大黃。

4 稍乾燥肥沃壤土 菠薐菜、野蜀葵、塘蒿、小松菜、甜菜、青芋、蘘荷。
5 稍乾燥之深砂質壤土 馬鈴薯、甘藷、石刁柏、亞美利加防風、蕃茄。
6 表土深之肥沃壤土 茄、菜豆、豌豆、甘藍、牛蒡、胡蘿蔔、萊菔、蕪菁。
7 乾燥肥沃粘質壤土 葱頭、筍、慈姑、蓮根、款冬。
8 稍含濕氣肥沃壤土 萵苣、朝鮮薊。

第三節 水分

多數蔬菜酷好水分。僅恃天然之供給。不足資其消費。則灌溉尙矣。無論土中成分。非水不易分解。卽植物養液。亦必有水而后可以運輸吸收。水固植物生命之大關鍵也。故菜園中必備灌溉器具。以便隨時灌水。栽培葱頭、石刁柏、甘藍、花椰菜等。需水尤多。用水以雨水爲最佳。河水次之。池水井水泉水又次之。水溫低降時。又當晒諸日光。或先時儲藏以待灌溉。至用水之量。播種時僅溼地面卽可。惟生長期中。必使之需足。否則於蔬菜發育上均有妨害。灌水期間。冬春之季。日中行之。夏季酷熱。蒸發甚速。當於日歿行之。秋季則在午前爲宜。

第四節　肥料

作物以肥料為生活。完全肥料具有氬、燐鉀三要素。然此三要素。存於土中者分量甚少。故必施用肥料以補其不足。茲就蔬菜所需之肥料。略言之如次。

肥料之種類頗多。或富氬質。或富燐、養鉀質。查肥料分析表自知。用時宜視蔬菜種類斟酌行之。不可任意設施。

化學肥料價格雖高。效力頗著。我國原有肥料。含燐養鉀質之量甚少。惟含氬質量則甚富。普通農家多用之。氬質肥料最適於葉菜類。如瓜果類宜多施燐養、鉀質。若多施氬肥。反不能得良好結果。以二者採取之目的不同。施肥亦因之而異。今就肥料之主要者述之於次。

(一)人糞尿　人糞、尿係含多量之氬質肥料。此種肥料施用時。見效甚速。然新鮮者。必不可用。因此種肥料新鮮時含酸性甚富。於植物有損無益。故務使其醱酵腐敗。方可用之。人糞尿暴露大氣中數日後。漸變青色。此時黴菌繁殖。起分解作用。生炭酸。氬酸性變為「亞爾加里」性。欲使起此變化。則以木桶瓦缸等埋於地中。將人

第四章　蔬菜栽培之要素

糞尿傾入之上面必有所蓋。以防雨雪侵入。又糞尿中加以二三倍之水稀釋之。再投雜草藁灰等。以防「氫」之發散。在夏日溫度高時。約一週間卽可醱酵腐敗。若冬期則須三四週。施此肥料。不宜在日中及降雨前後。且不必多施。多施則作物不能盡吸其養分。徒然消耗耳。

(一)廐肥　廐肥卽家畜類之排泄物。經堆積腐熟後。爲各種肥料之基礎。無論何種作物。莫不相宜。馬糞敷藁等。皆爲貴重肥料。牛糞較馬糞奏效稍遲。亦不失爲良好之肥料、

廐肥不可暴於露地。必備屋舍貯藏之。貯藏之處。宜以石灰塞門德等爲之。且須有傾斜適宜之度。低部設以溜槽。便液汁流注。如此貯藏。利益有三。(一)防氫質發散。(二)防養分因雨雲而流失。(三)肥料堆積。自能釀熱腐熟。

堆肥卽牛馬之排泄物。與敷藁、雜草塵芥等混合而堆積之。使其醱酵腐熟者也。此等肥料。混以油粕、米糠、過燐酸石灰等用之。亦爲良好之肥料。

(三)鳥糞　鳥糞中惟鷄糞鳩糞含養分最多。實爲貴重肥料。且發熱力甚强。施於

寒地、尤爲適宜。然新鮮時用之。不僅有害植物。抑且有養分流失之弊。當混堆肥、人糞尿用之。方能顯其功效。

(四)蠶渣　蠶渣者、蠶糞與桑葉之混合物也。多含氮質、燐養。醱酵速。性似鳥糞。施用之方法及效力。亦與鳥糞無異。

(五)油粕類　蕓苔、胡麻、棉實、麻種、荏種、大豆、醬油等糟粕。皆屬此類。富於氮質之肥料也。此等肥料。臭氣少。處置便。單用或與堆肥混用均可。醬油粕、燒酒粕施於黏土。能使土質膨軟。

(六)魚肥類　乾魚、卽生魚而使之乾燥也。魚粕、卽魚類沸煑後壓榨之糟粕也。俱爲貴重肥料。富於氮質、燐養。施用時混以人糞尿或木灰等加里性肥料。其效果更佳。亦有溶解於水。待腐熟後用之者。其奏效更爲迅速。

(七)植物肥料　植物肥料卽綠肥、落葉、水草、藁稈等之總稱。如紫雲英、蠶豆、大豆等荳科植物。犂入土中。卽爲綠肥。又荳科植物因寄生菌之作用。攝取空中氮氣。其根深入下層土。故莖根富有養分。麥稈蕎麥莖等。亦可作肥料用。不過分解遲緩。養分較少耳。至水草、落葉等。皆含養分甚富。適於作肥。製爲堆肥而後用之。亦良好之肥料也。

(八)動物肥料　動物肥料卽骨、肉粉、骨灰、骨炭等之總稱。含燐養多量。然骨粉奏效稍遲。施用時宜與木炭或石灰等堆積之。上覆以土。注以尿。經醱酵而後用。或混於廄肥中。製爲堆肥亦可。

(九)過燐酸石灰、及重過燐酸石灰　過燐酸石灰者、不溶解性之燐酸石灰中注以硫養。變爲可溶性。卽燐酸二石灰與硫酸石灰之混合物也。百分中含十五至二十分之燐養。爲最貴重之肥料。施於蔬菜園中。其適量每一畝約用二十七斤左右。混以乾燥土壤。撒布之可也。

重過燐養石灰比過燐酸石灰含燐酸量更多。百分中有三十五至四十。少量施之。甚爲有效。每一畝約用十七斤左右。

(十)木灰及藁灰　木灰藁灰均爲加里性肥料。不含氫質。可製爲堆肥或混於水肥中用之。

(十一)氬鹽類、及硝酸鹽類　硇砂、(卽鹽化氬)硫酸氬、硝酸加留謨、硝酸氬等。皆爲氰質肥料。普通硇砂。百分中約含氰質二十四分。硫酸百分中約含二十分。惟此等氰質肥料。爲費較鉅。用之者少。

(十二)鉀鹽類　炭酸鉀爲使用最廣之鹽類。鉀之量亦多。百分中約有五十分。其他如硝酸鉀、硫酸鉀、鹽酸鉀等。亦鉀性之肥料也。

(十三)石灰　石灰、可謂一種間接肥料。用之適度。能變地中不溶解性之養分爲溶解性。有强固莖幹驅除害病之效。若用之過度。則有消耗地力之弊。

上所述肥料。分類時以人糞尿、廐肥、鳥糞等爲氰質肥料。骨粉骨炭等屬燐養肥料。木灰、藁灰等屬鉀質肥料。皆爲有機質肥料也。如礦物質肥料中。氰質肥料有硝酸氬、硫酸氬等。燐酸肥料有過燐養石灰、重過燐酸石灰等。加里肥料有硝酸鉀、鹽酸鉀等。凡三要素中。偏於某某成分者。卽屬於某種肥料。

又有稱完全肥料者。卽混合種種肥料而調製之。如氰質肥料中混以燐養鉀質。其爲完全肥料可知。至三要素之比率。由製造方法而異。是不可以不注意。

施用肥料。不可不知肥料之成分。茲揭分析表於下。

質肥料（千分中）	水分	有機物	氮質	燐養	鉀質
人糞（混有少量之尿者）	八八六・〇	九六・〇	一〇・四	三・六	三・四
人尿	九七一・〇	一四・〇	四・三	〇・五	二・八
人糞尿混合	九五一・〇	三四・〇	五・七	一・三	二・七
馬糞（新鮮者）	七五七・〇	二一一・〇	四・四	三・五	三・五
牛糞（同上）	八三八・〇	一四五・〇	二・九	一・七	一・〇
豕糞（同上）	八二〇・〇	一五〇・〇	六・〇	四・一	二・六
廐肥（同上）	七一〇・〇	二四六・〇	四・五	二・一	五・二
同上（完全腐熟者）	七九〇・〇	一四五・〇	五・八	三・〇	五・〇
雞糞	五〇〇・〇	二五五・〇	一六・三	一五・四	八・五
鳩糞	五一九・〇	三〇八・〇	一七・六	一七・八	一〇・〇
蠶渣	六〇〇・〇	—	一四・四	二・五	一・一
茶種粕	一一三・〇	八三〇・〇	五〇・五	二〇・〇	一三・〇

	水分	有機物	氮質	燐養	鉀質
大豆粕	一二二·〇	八三〇·〇	八二·四	六·五	二二·五
棉實粕	一一二·〇	八二三·〇	六二·一	三〇·五	一五·八
醬油粕	五三六·〇	三九六·七	二〇·八	二·三	八·八
米糠	一一三·〇	七六二·〇	二〇·八	三七·八	一四·〇
鰮粕	一二三·〇	七四四·〇	九七·〇	四〇·〇	五·〇
鯡粕	一〇五·〇	七二一·六	八三·〇	五六·〇	七·〇
紫雲英(生草)	八二〇·〇	一七〇·〇	四·八	〇·九	三·七
大豆(青刈)	八〇〇·〇	一八三·〇	五·八	〇·八	七·三
同上(莖)	一四〇·〇	八二八·〇	一三·一	三·一	五·〇
大麥桿	一四三·〇	八一二·〇	六·四	一·九	一〇·七
蕎麥桿	一六〇·〇	七八九·〇	一三·〇	六·二	二四·二
燐養肥料(百分中)					
骨粉	六·〇〇	三〇·〇〇	三·八〇	二三·二〇	〇·二〇
骨炭	八·〇〇	—	〇·七六	二九·〇〇	〇·一〇

骨灰	六・〇〇	—	—	三五・四〇	〇・四〇
動物肥料	九・〇四	—	六・〇六	一四・九五	〇・四八
肉骨粉(馬)	—	—	八・〇六	九・九八	—
動物肥料(牛)	—	—	七・五二	一一・四二	—

	氰質	燐養
普通過燐酸石灰	—	一五・〇—一六・〇
特製過燐酸石灰	—	一八・五—一九・五
骨粉	三・五—四・〇	二一・〇—二三・〇
特製過燐酸石灰	—	一八・〇
普通燐酸肥料	五，〇	一一・〇

	全燐養	不溶解於水之燐養	不溶解於氰之燐養
重過燐酸石灰(德國梅羅克公司製)	四六・五七	四〇・八四	五・四〇
同上(英國亞爾塔爾脫公司製)	四二・三一	三六・四四	—

督麥斯燐肥(德國製)		一六・七六	—	四・二三

鉀質肥料(百分中)	水分	有機物	燐養	加里
藁灰	三・一〇	五・八〇	二・一〇	四・五〇
木灰	四・一〇	一・二〇	三・九〇	一一・七〇
木葉灰(落葉相)	五・〇〇	五・〇〇	三・五〇	一〇・〇〇
同上(針葉相)	—	五・〇〇	二・五〇	六・〇〇

完全肥料(百分中)	氮質	燐養	鉀質
普通完全肥料	六・〇—六・五	五・五—六・〇	—
特製完全肥料(第二號)	八・〇	六・〇	五・〇
同上(第十號)	五・〇	五・〇	五・〇

據右表。可知各種肥料中所含之要素之數量。施用時斟酌配合。自無患失之弊。人造肥料。大概含養分甚富。施用時宜以土壤或其他肥料混合之。使增其量而后散布。又其効

力甚速者。不宜作基肥。蔬菜生長期中。以小量分數回施之爲得。今再舉各蔬菜慣用肥料。列表於左。

種類	肥料
萊菔	堆肥、人糞尿、米糠、豆粕、過燐酸石灰。
蕪菁	油粕、尿、過燐酸石灰、廐肥。
胡蘿蔔	堆肥、人糞尿、豆粕、糠灰、過燐酸石灰。
牛蒡	堆肥、人糞尿、糠、草灰。
亞美利加防風	堆肥、木灰、魚肥。
草石蠶、防風	堆肥、人糞尿。
菊芋	堆肥、塵芥。
波羅門參	堆肥、人糞尿、豆粕、草灰。
百合	堆肥、油粕。
里芋	堆肥、木灰、糠。
萵苣 苦苣	堆肥、人糞尿、過燐酸石灰。

種類	肥料
菘類	堆肥、人糞尿、過燐酸石灰。
朝鮮薊	堆肥、水肥。
土當歸	堆肥、人糞尿、糠。
西瓜 甜瓜	堆肥、油粕、糠、人糞尿。
越瓜、苦瓜、冬瓜	堆肥、糠、油粕、人糞尿、木灰、過燐酸石灰。
慈姑	人糞尿、魚肥。
蓮藕	人糞尿、魚肥、豆粕。
葱頭	堆肥、人糞尿、魚肥、灰、豆粕、過燐酸石灰。
菊牛蒡	堆肥、糠。

孟宗竹	堆肥、塵芥、落葉、人糞尿。
紫蘇、大黃、石刁柏、野蜀葵。	堆肥、人糞尿。
蘘荷	糞土、塵芥、草肥。
甘藍	堆肥、人糞尿、木灰、豆粕、雞糞。
塘蒿	堆肥、魚肥、人糞尿。
葱韭薤	人糞尿、灰、糞草。
豌豆	堆肥、人糞尿、糠、木灰。
豆類	木灰、糠。
茄	灰、過燐酸石灰、人糞尿、油粕、糠。
蕃茄	過燐酸石灰、油粕、人糞尿、糠。
蕃椒	堆肥、人糞尿、木灰。
薑	堆肥、魚肥。

第五節　農具

農具、大概冶金、斵木、削竹、鑿石爲之。凡農家所用之一切器具皆屬焉。種類繁多。不可枚舉。茲就蔬菜園中應用之範圍。舉東西各國所通行。用之便利者。揭之如次。

（一）鍬、中外俱有多種。開渠殺草。耕墾土地。無所不宜。其形或圓、或方、或楯、或半圓。亦有作刃形或車輪形者。日本有作鍬。刃約一尺五寸。柄約五尺。有小鍬。刃九寸。柄約三尺。均爲耕鋤圃地。及收穫根菜類等用。有唐鍬。亦稱備中鍬。刃八寸。柄三尺。穿堅土用。有萬能鍬。亦曰熊手鍬。柄長約五尺。爲攪拌堆肥用。(二)斯配特鋤。有大小種種。大者排水掘溝用。小者取土塊反鋤土壤用。(三)犂墾地器也。我國之製發明甚古。日本採歐美各國之製而變通之。有一頭犂、二頭犂、三頭犂諸式、賴馬牛之力運用。稱利器焉。在小地有所謂(四)園藝用犂者。人力可以運用。形式雖小。效用則一。(五)耕作器。大田廣土中。除草耕耙用器也。(六)破碎器、入土較深。耕耙後用此。土塊既碎。泥壤亦熟。(七)黏土用鋤。形似斯配特鋤。柄稍短。刃薄而尖。彎曲向前方。爲取土塊、堆肥砂礫等用。中外皆有多種。(八)草耙、爲疏田之具。搜集草桿土塊等。最稱便利。其製法我國方木作程。斲孔入齒。齒以鐵木爲之。有方形、人字形之別。故有方耙、人字耙之稱。勞亦耙之屬。爲我國所特有。西洋所製。其柄或以鐵、或以木爲之。形有扁方者、曰馬耙。有作Z字形者。曰連齒曲耙。(九)鍬耙、西洋及日本製。一面爲鍬。一面爲耙。係一物兩用者也。(十)鐵叉、集堆肥、搜雜草稾桿等用。有三本至五本之齒。東西各國均有之。日本馬鈴薯掘取器。其製與鐵叉無異。惟齒與柄爲直角彎曲形耳。(十一)掘穴器、有兩刃。可開閉。便於穿穴。東西各國皆有之。我國向不備。(十二)鏝、有多種。由苗床移植作物時用之。東西各國皆有備。(十三)畦播器、有大小數種播種用。我國有此器最早。泰西各國近三百年始有之。日本至今無此製。偶有之、亦惟二三大農家購自他國者。下示之圖係歐西製。非我國製也。我國製形式稍拙。茲不載。(十四)搬運車、爲搬運蔬菜及肥料之用。東西有各別之製。(十五)噴水器、注射藥液防除病害之具也。(十六)背囊注射器、效用同前。便於攜帶。(十七)瓦鉢、蓋、爲貴重蔬菜嫩苗蔽日光避雨雪之具也。(十八)捲繩筒、整地劃畦之具也。(十九)籃類、爲搬運蔬菜及堆肥等之用具也。有多種。甲、運菜籃。乙、洗芋籃。丙、有蓋籃。丁、蜜柑籃。戊、運送籃。(二十)籮類、爲載蔬菜子實、土壤、肥料等之用具也。亦有多種。己、杯狀籮。庚、方底籮。辛、一斗籮。取水以桶。選種以箕。別砂土以篩。防霜露以薦。擇用置辦。惟期利便。不備載焉。

一　鍬

二　斯配特鋤

三 犂

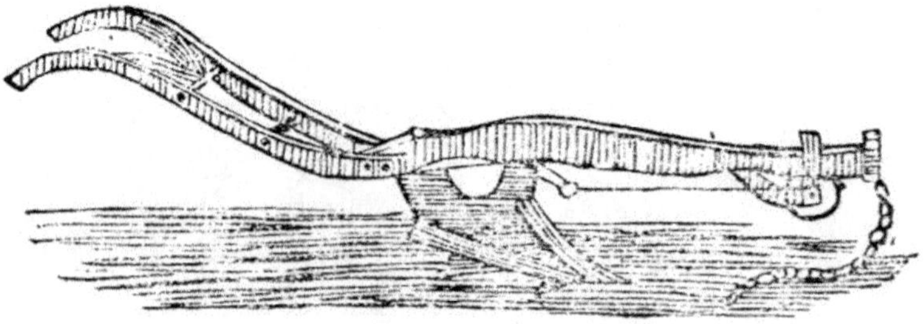

四 園藝用犂

五 耕作器

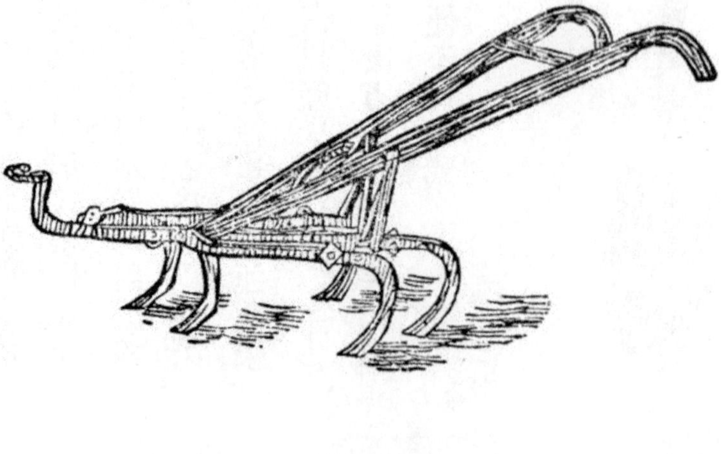

(六) 破碎器

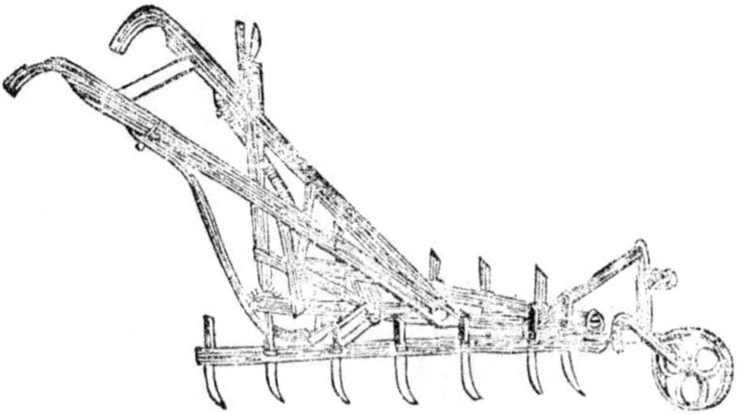

(八) 草耙

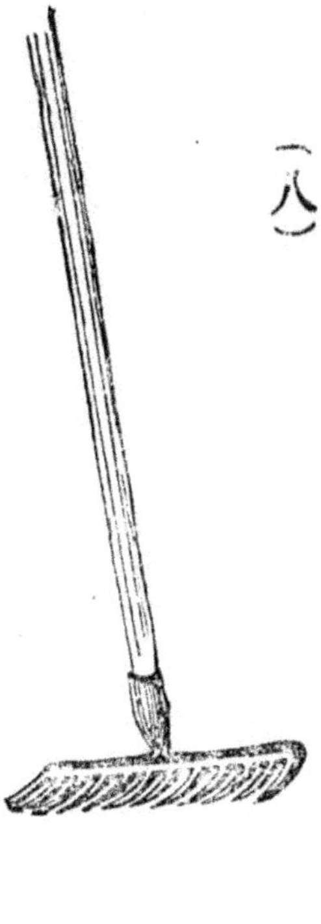

(七) 黏土用鋤

(九) 鍬耙

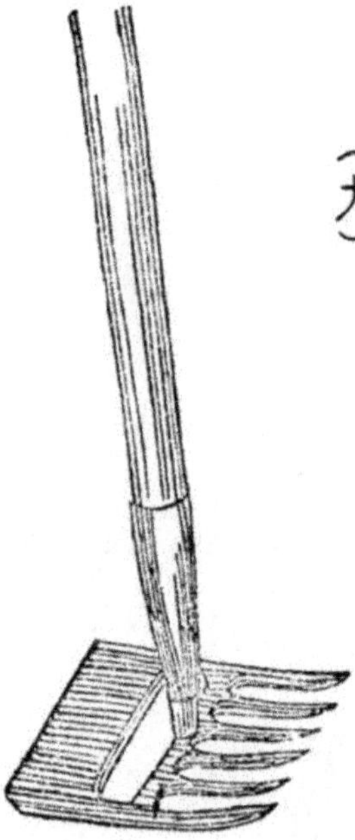

(十) 鐵叉

(十一) 掘穴器

（十二）鏝

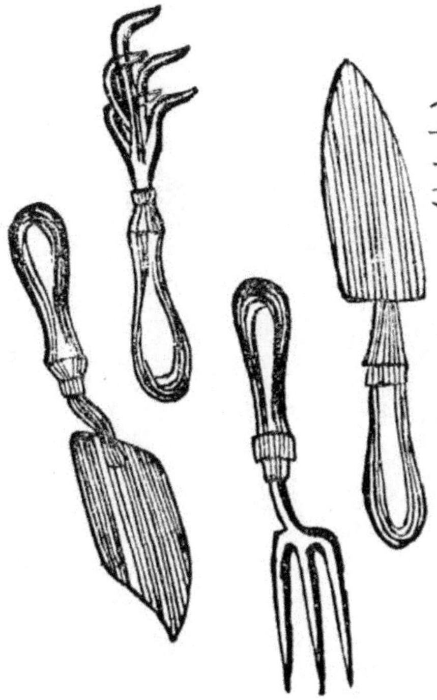

（十三）畦播器

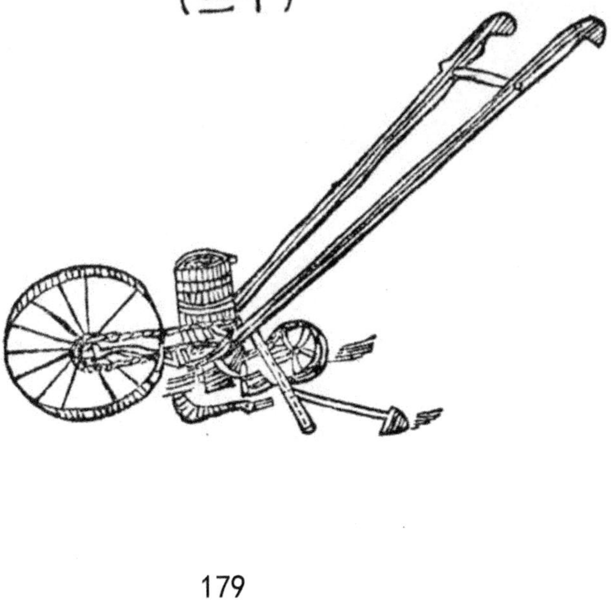

撥運車

(十四)

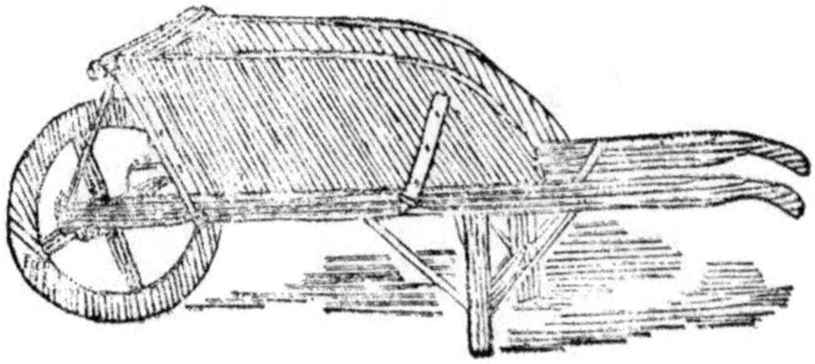

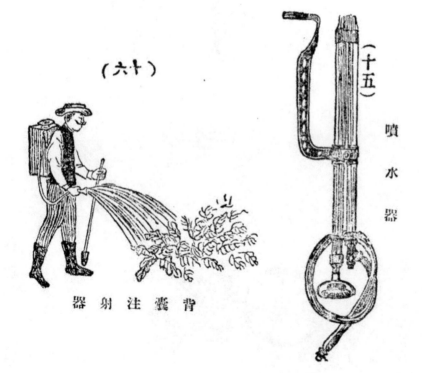

(十五)

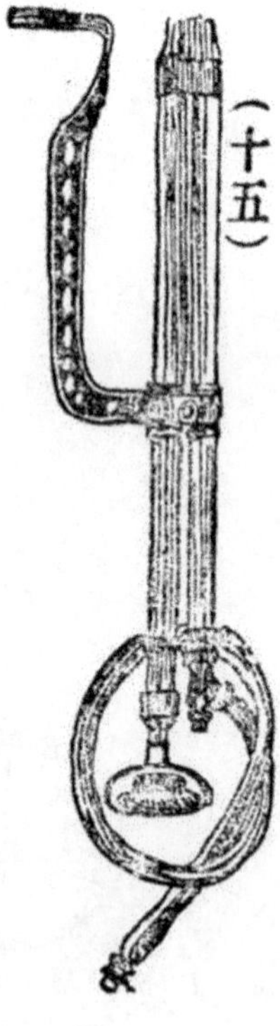

噴水器

(十六)

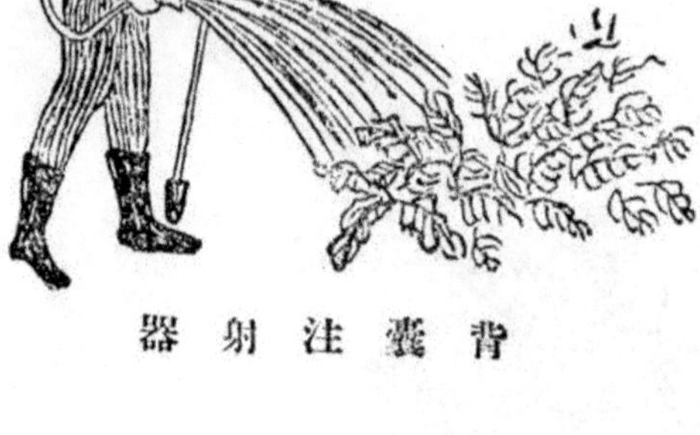

背囊注射器

(十八)

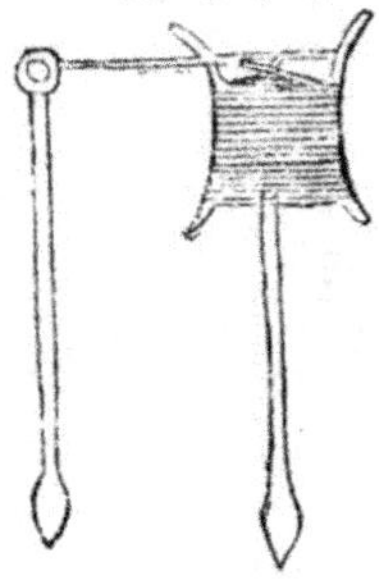

捲繩筒

(十七)

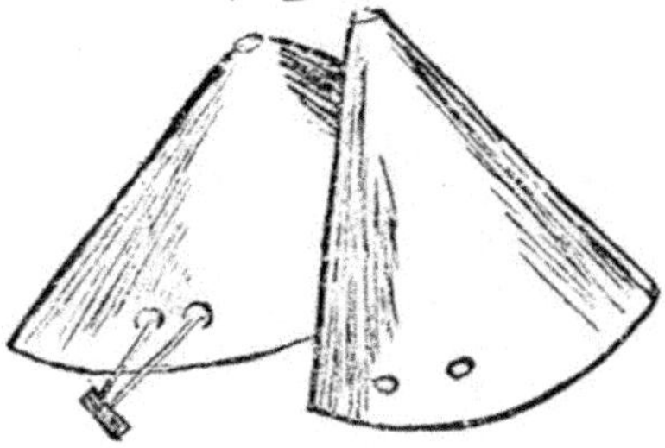

瓦鉢蓋

十九 籃類

(甲)

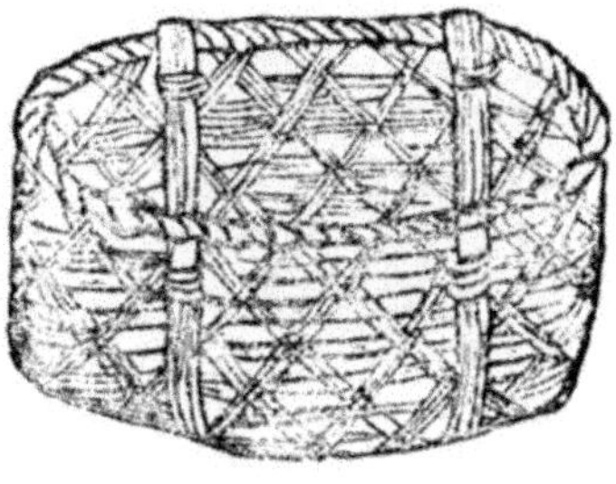

運菜籃

(乙)

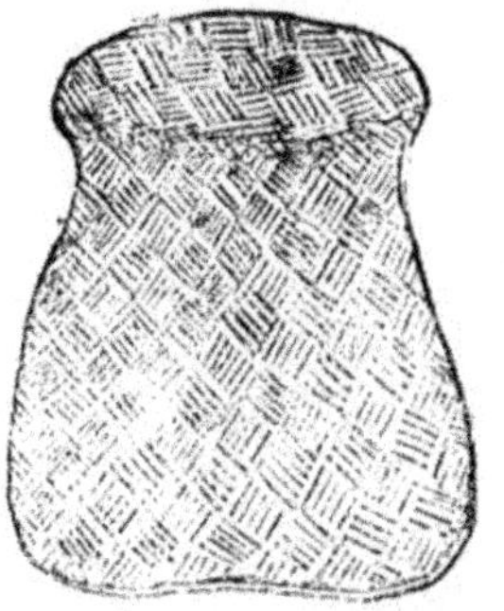

洗芋籃

(丙)

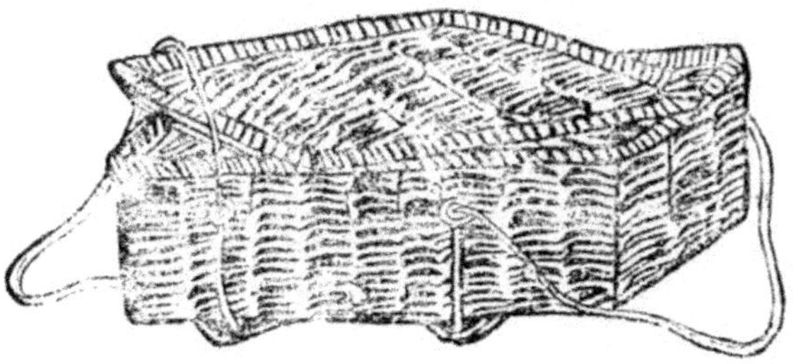

有蓋籃

二十　籮類

(己)

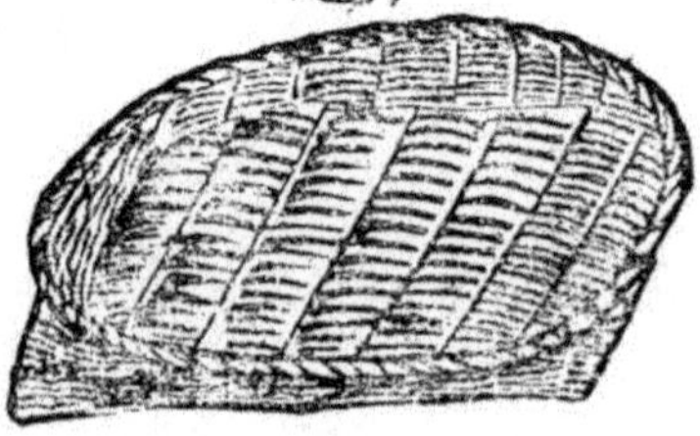

杯狀籮

(庚)

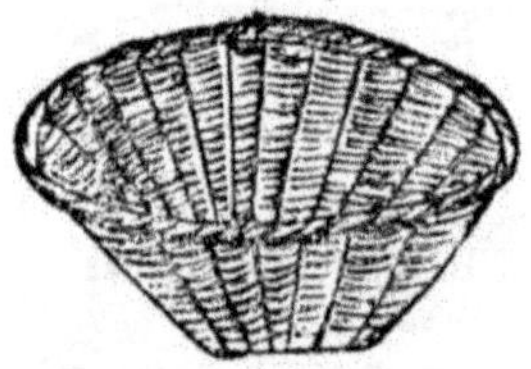

方底籮

(辛)

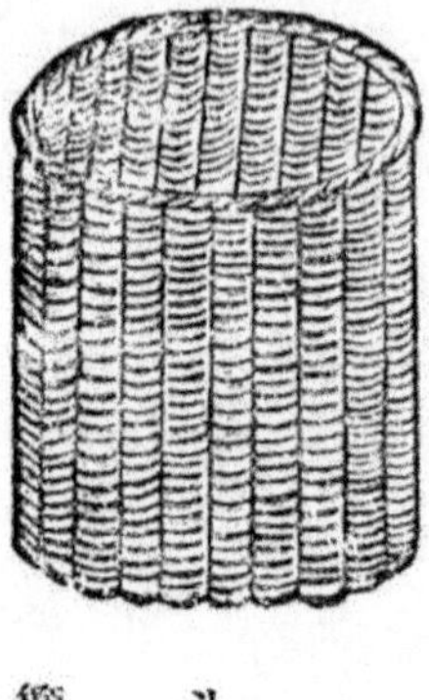

一斗籮

(丁)

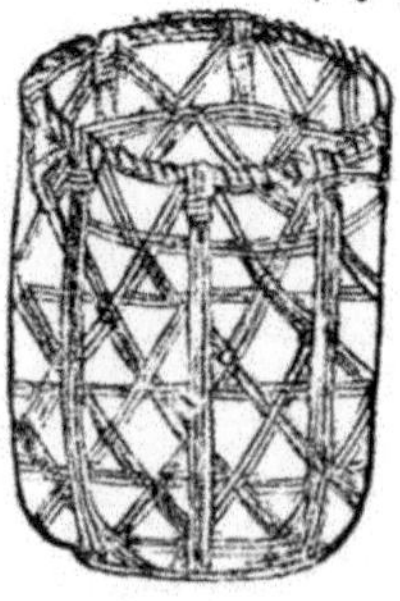

密柑籃

(戊)

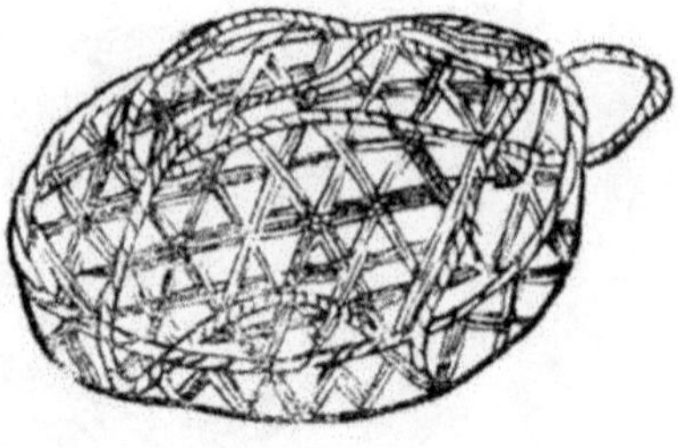

運送籃

第五章　蔬菜園之設施

蔬菜園藝、亦厚利之業務也。其工作與其他農耕無大差異。普通農人。若能安心從事。經濟自能充裕。從來一毛作、二毛作之地。行蔬菜園藝。至少可得三四毛作以上。若少加注意。五六毛作亦不難。蔬菜園藝之利益如此。乃農家視爲餘業。年年因循墨守舊法。殊爲可惜。夫出則花間菜畦。逍遙顧盼。入則滿室春風。家庭團圞。人生第一幸福也。凡吾同志。欲求此美滿幸福。請從事於園藝之術。今將蔬菜園之設施。分述於后。

第一節　菜園之位置

菜園之位置。第一須求販賣生產物之便利。第二須求勞力與肥料之易得。都會近處。運輸便利。建設菜園。甚爲合宜。因人烟稠密。蔬菜之普通肥料。如人糞尿、工廠滓粕、及塵芥、垃圾等。容易購得。裝運亦便。且市場之需要額甚大。可用種種栽培法。如促成軟化及施用苗床。使長期變短期。晚生變早生。長時間供給於市場。獲利未可限量也。

蔬菜類富於水分。不堪貯藏。若距離市場遼遠。不但運費多。且將新鮮良好之生產物。變爲乾劣陳腐。即不然、其香味與品質。亦必受損。故菜園之離都會者。當默察市場之趨勢。

應以迅速機敏之手段。應可免損失、博巨利。

現在交通事業積極進行。運輸之便利。與年俱進。建設菜園。雖在鄉村。若能察地度勢。亦可得良好之位置。至於蔬菜種類與菜園位置。亦大有關係。栽培蔬菜者。應注意下列二點。一、市場之需要何種蔬菜。隨地而異。務使供求適合。二、蔬菜之耐久性與裝運手續。不可忽視。俾免意外損失。今將近市場之合宜蔬菜。約書數種如下。廿日萊菔、石刁柏、莓茄、瓜類、莢菜豆、莢豌豆、花椰菜、球莖甘藍、萵苣、野蜀葵、葱、蕹、蒜、茼蒿、芹、菠薐、紫蘇等。其離市場較遠之合宜蔬菜。如根菜類、菘類、豆類、款冬、促成晚生之品種等。

第二節　菜園之地勢

建設菜園。如不能覓得良好之平地。則宜擇北方負山。南方或東南緩徐傾斜之地為宜。惟如塘蒿、甘藍、花椰菜、萵苣、菠薐菜等。則宜傾斜於北方。若陽光照射之暖地。因急於結實品質易至惡劣。然此乃極少數之蔬菜為然。大多數均宜向陽通氣之地。北方傾斜地栽培究屬困難。且北斜地、一年僅能收穫一回。南方傾斜地。可得二回。故菜園之傾斜方位。與蔬菜之種類。與生育上有至大之關係。人工技術。究難打勝自然之力。是以方位之選擇一誤。雖施以精巧技術以培養之、亦有所不能。茲述對於東西南北各方位。與氣候之關係如下。東方傾斜地。受日光時間較他方面爲早。蔬菜之發育迅速。但夕陽早移。溫度急降。一日間氣候之變化顯著。易患晚霜。西方傾斜地。受旭日之直射爲遲。午前受光量少。午後受熱量多。較東方傾斜地吸熱爲盛。霜害之患可少。南方傾斜地受日光最長較他方爲溫暖。故蔬菜之發芽生育。亦較他方爲迅速。惟有晚霜侵襲之虞。北方傾斜地受陽光最少。寒風吹迫。土地陰濕。發芽生育最遲。

傾斜之土地。建設菜園。頗不相宜。傾斜之度愈激。耕植愈不便。且一下雨。養分有流失之患。通常傾斜度。可區分左之六種。

一　平地　傾斜度五度以下。

二　緩斜地　傾斜度五度至十度。

三　斜地　傾斜度十度至二十度。

四　急斜地　傾斜度二十度至三十度。

五　嶮地　傾斜度三十度至四十五度。

六　急嶮地　傾斜度四十五度以上。

以上六種傾斜地中。適於農耕者爲平地至斜地。斜地以上卽不能行牛馬耕。嶮地僅可植樹木。至於四十度以上之急嶮地。卽栽植樹木亦所不宜。總之、蔬菜園須選平地與緩斜地也。菜園既選得適度之地。北方植果樹。以爲防風之備。其樹蔭處有妨蔬菜之生育。宜培養好陰濕之蔬菜、斯可矣。

第三節　菜園之配置及形式

蔬菜園之配置及形式。由栽培之目的。園地之廣狹。及地勢之方位而異。大概以正方形或長方形爲便利。中設縱橫二尺闊之通路。開設通路。影響於土地之乾濕。至大園地高燥。通路宜低。園地濕潤。通路宜高。而通路形式。平不如凸。菜園之周邊及通路。植以果樹。既得投影園內。又可防禦惡風。且增菜地無限之幽趣。歐美習慣。均植以短幹整枝之果樹。而通路之植果樹。大抵在中央園路。否則且有妨菜園之工作。中央園路、普通闊五尺至八尺。若植果樹、(大抵圓錐整枝)須闊一丈。我國農人。若能仿效之。栽以柿、杏、李、梅等之果樹。則其收入。可償付地租與雜費而有餘。

設立家庭菜園。先依家庭之人數。而定需用生產物之數量。一方又當考量管理者之人數與餘暇時間。以定園地之廣狹。乃可着手設施菜園矣。

菜園比諸花園果園。美觀固稍缺。若設施合法則亦饒有趣味。其地點在稍離住宅處。從事或極便。若過遠。則管理上施業上均感困難。大概前庭栽植花與果樹。後庭栽培蔬菜。住宅正面築草庭。傍設花園。靠近應接室之窗。宅後設菜園與果園。又或果園圍繞住宅。行種種牆壁誘引法。使鋒形之檜葉美麗之花朵。充滿院牆。隔望菜園。一片翠綠。興味無窮。彼穢濁之娛樂場。相差不啻天壤。

茲就菜園之配置。設計四種方法如左。

一 家庭菜園

二十一

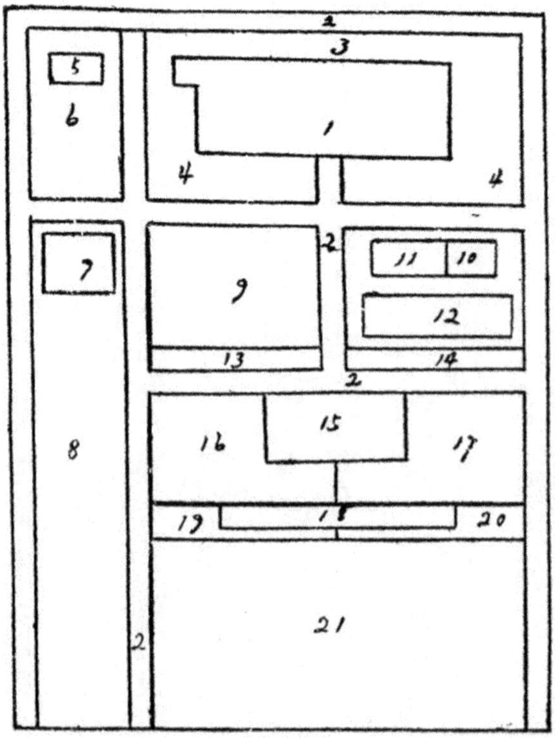

1住宅 2通路 3竹 4庭園栽花卉 5家禽舍 6家禽運動場 7家畜舍 8家畜運動場 9菘 10冷床 11溫床 12苗床 13香料類 14旱芹 15茄子 16甜瓜 17南瓜 18甘藷 19葱頭 20萊菔 21馬鈴薯菜豆球根甘藍等 22園周栽果樹

二　營利菜園

二十二

營利菜園

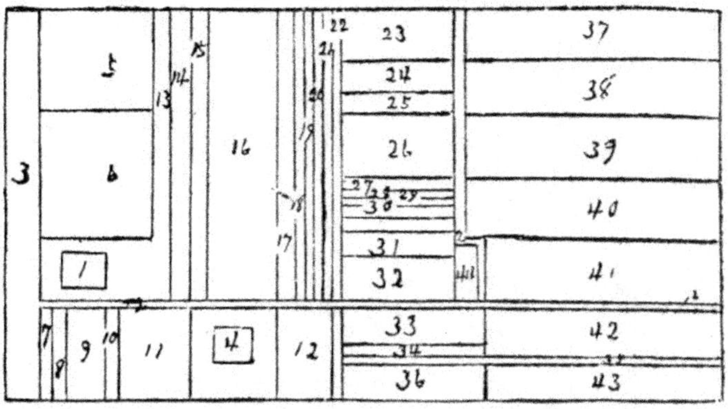

1 農舍　2 通路　3 大路　4 畜舍　5 懸鈎子　6 莓　7 須具利　8 草花　9 香料類　10 洋莓　11 甜瓜　12 洋莓　13 葡萄　14 須具利　15 葡萄園　16 洋莓蕎麥玉蜀黍　17 甘藍　18 甜菜　19 甘藍　20 葱頭　21 馬鈴薯　22 明渠　23 石刁柏　24 葱頭　25 蕃茄　26 石刁柏　27 萊菔　28 須具利　29 葱之採種地　30 葱頭　31 萊菔　32 豌豆及菠薐菜　33 蕃茄　34 塘蒿　35 甘藍　36 Purple Corn　37 玉蜀黍　38 馬鈴薯　39 玉蜀黍　40 馬鈴薯　41 洋莓　42 蕃茄　43 須具利　44 冷床

上圖爲西洋農家之設計。蔬菜種類我國不能全行仿照。須視市場之需要。園地之位置。

與氣候土質之適否而異其品種改其形式茲不過示外人經營菜園之配置形式以作吾人之參攷而已。

三　長方形菜園

二十三

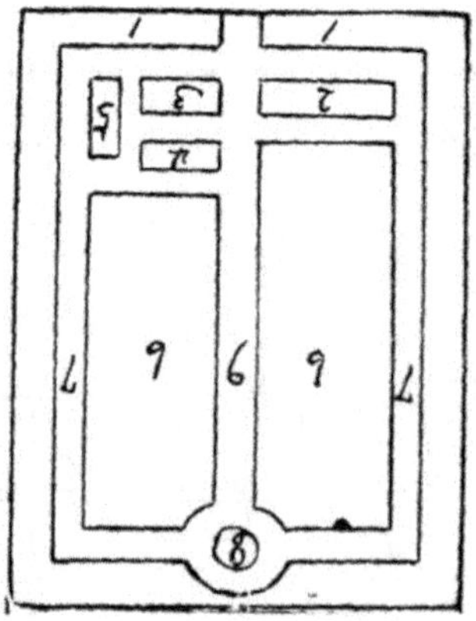

1外園闊一丈　2石刁柏之床地　3冷床　4溫床　5農具室　6菜園　7通路闊三尺　8草庭上覆葡萄旁植樹木管理菜園者之休憩所也。9中央園路闊四五尺。

上圖亦爲西洋農家之設計。

四　兼備果樹園之菜園。實則合庭園果園菜園三者或可稱爲私園。以我國之情形。設計私園。爲最合宜。不特經濟漸能充裕。且有絕大之趣味。一般熱心談農村生活者。曷起而實行之。茲將造設私園之步驟。述之如次。

(1)造設私園。先宜預定緻密之配置與形式。何處花園。何處菜園。何處果園。他如高丘、明年果園。繼續進行。務使完成美滿之農業家庭。

(2)須利用天然景致之適所。若置之不顧。景趣減色。如古樹、青苔、小丘、細流。皆造私園之絕好景物。至竣工後。若何點綴。亦須計及。

(3)住宅、爲私園眼目。最好位於全園之中央。或稍後。先察園地之廣狹。地勢之平斜。及天然景物之可適用與否。以定住宅之位置。若得園以池沼。尤生幽趣。家屋雖不必使其如何壯觀。而一樹之影。一草之花。則須在在注意。蓋農家居住安適。則工作庶不倦矣。

二十四

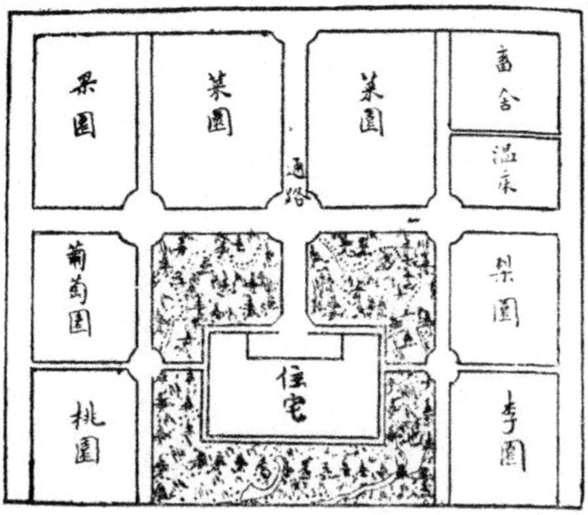

(4)前庭須廣大。設花壇。植灌木。既綺麗。又清幽。宅旁與中央園路。多栽綠樹。庭前遙望。如入勝景。神清氣爽。樂趣無窮。

(5)賞觀樹木及花卉園　花卉園須接近住宅。設備宜求文雅。品種與顏色。須審慎選擇。時季與配色。更宜注意。賞觀樹木以灌木爲主。大抵植於花園之後。紅綠相映。愈顯綺麗。人居其中。自然心神怡悅。又庭園或農園等之區劃。要建設境界線。凡植灌木若一株株離植。則反不美。須二株三株四五株合植之。使成濃綠之大叢團。

(6)籬牆側壁。軒也柱也。纏以蔦蘿等物。更加以精巧之人工。瀟洒幽美。恰如一幅水彩一畫。卽一棟之家。亦能使之美化。

(7)栽植喬木。不但可除暴風與烈日。幷添雄大之景致。故須密圍栽植。任其伸長。

(8)園路之開設。朝夕餘暇。並肩逍遙。迂迴曲折。幽趣無窮。若園路成一直線。卽少趣味。故園路須利用曲線美以開設之。

(9)菜園與果園。擇適宜之場所。造設菜園與果園。不但得以供給自家用之果物、與蔬菜。且於娛樂上、健康上、衞生上及經濟上。並家庭之風儀上。家庭之團圓上。必要之事也。擇長方形之地。選適宜之品種。分別栽培。或應市場之需要。博相當之餘利。而種類之選擇、輪作、肥培、管理。宜隨時注意。園地之畦。橫長操作較利。

（10）廁舍之位置。不限東西南北。不過求其對於工作上與外觀上。無妨礙卽可。而通光通風。亦宜注意。大約建設於南向爲適。廁舍難免有一種不快臭氣。蠅蚊亦易孳生。故設於住宅與花園近傍。賞觀上諸多不便。

第三節　菜園栽植之配置

利用土地。栽植蔬菜。一年中不可間斷。故欲討論菜園栽植之配置。先當查知蔬菜之生育時期。茲將各種蔬菜之生育時期。列表於左。

種類	生育期間	種類	生育期間
萊菔	八月下旬至十二月上旬	牛蒡	四月中旬至十二月上旬
細根萊菔	三月下旬至五月中旬 十月上旬至四月下旬	夏牛蒡	九月中旬至六月下旬
夏萊菔	四月下旬致七月下旬	秋甜菜	九月上旬至十二月下旬
蕪菁	九月上旬至十一月下旬	甘藷	四月上旬至十一月上旬
夏蕪菁	四月下旬至七月中旬	馬鈴薯	八月上旬至十二月下旬 四月中旬至七月下旬
胡蘿蔔	五月下旬至十二月上旬	里芋	五月中旬至十一月下旬

草石蠶	三月中旬至八月中旬
葱頭(赤)	三月中旬至十月中旬
葱頭(白)	九月中旬至六月下旬
薑	五月上旬至十月中旬
新薑	十二月上旬至十月下旬
百合	三月上旬至十月下旬
慈姑	四月下旬至十一月下旬
蓮藕	五月下旬至八月下旬
甘藍	九月上旬至七月中旬
花椰菜夏收	三月中旬至八月中旬
縮緬萵苣	三月中旬至六月下旬
立萵苣	九月中旬至六月下旬
春球萵苣	十月中旬至七月上旬
苦苣	六月中旬至十一月中旬
野苣	八月上旬至十一月下旬
菠薐菜	三月上旬至五月中旬 九月上旬至三月下旬
野蜀葵	四月下旬至十一月下旬
茼蒿	三月中旬至五月中旬 十月上旬至二月下旬
體菜	九月上旬至十一月下旬
山東白菜	九月上旬至十一月下旬
白菜	九月上旬至十二月下旬
京菜	十月上旬至二月下旬
芥菜	十月中旬至四月中旬
大芥菜	九月下旬至五月中旬
紫蘇	四月下旬至七月上旬
石刁柏	四月上旬至六月上旬
葱	四月上旬至二月中旬
土當歸	四月上旬至三月上旬

寒土當歸	三月中旬至二月上旬
食用菊	五月上旬至十月中旬
促成款冬	十二月上旬至三月下旬
胡瓜	四月上旬至八月中旬
促成胡瓜	十二月上旬至二月中旬
西瓜	五月上旬至九月上旬
甜瓜	四月上旬至八月下旬
越瓜	四月上旬至八月上旬
南瓜	四月上旬至八月下旬
冬瓜	四月上旬至十月上旬
苦瓜	五月上旬至八月上旬
絲瓜	五月上旬至十月上旬
番茄	四月上旬至八月下旬
番椒	四月下旬至九月下旬
豌豆	十月下旬至六月上旬
促成豌豆	十二月上旬至二月中旬
菜豆	五月上旬至八月下旬
促成菜豆	十二月上旬至二月中旬
豇豆	五月中旬至九月中旬
鵲豆	四月下旬至十月下旬
刀豆	四月上旬至八月下旬
蠶豆	十月下旬至五月下旬
茄	四月上旬至十一月上旬
促成茄子	十二月上旬至三月下旬

以一定地積之菜園。欲得多大之收量。須用巧妙之輪作法。以利用土地。輪作法參觀第八章第四節。茲將家庭菜園栽植之配置。圖示於下。

石刁柏		大黃	朝鮮薊	6尺
亞美利加防風	波羅門參	胡瓜之後晚熟菠薐菜		6尺
豌豆				4尺
早熟馬鈴薯又豌豆之後	塘蒿			4尺
早熟甘藍及花椰菜				3尺
甜菜　蕪菁				3尺
萵苣早熟及晚熟	冬熟萊菔	苦苣	早芹菜	$2\frac{1}{2}$尺
早熟萊菔間葱頭				$2\frac{1}{2}$尺
菜豆				$2\frac{1}{2}$尺
晚熟甘藍				4尺
早熟玉蜀黍及夏熟南瓜				4尺
晚熟玉蜀黍				4尺
蕃茄及菜豆				4尺
胡瓜及西瓜				6尺
晚熟南瓜				8尺
				8尺

今更舉三畝家產菜園所要之種子量於后。（卽由春期至後期繼續播種）

種	類	種子量
菜類	四種	各一溫司
菠稜菜	二種	各八溫司
甘藍	三種	各一溫司
塘蒿	二種	各四溫司
萵苣	三種	各四溫司
西瓜	二種	各二溫司
南瓜	三種	各四溫司
甜瓜	二種	各二溫司
甜菜	三種	各八溫司
蕃茄	三種	各四溫司
萊菔	三種	各四溫司
亞美利加防風	一種	四溫司
胡蘿蔔	二種	各四溫司
胡瓜	二種	各八溫司

註 一溫司 Ounce 合我國 0.03011035 公斤即 0.83385 兩

第四節 一人管理菜園之數量

普通男一人。可管理菜園之數量。由蔬菜之種類。資本之多少。土地之狀況。未可一概論也。茲據餘杭林牧公司之成績。大約一人一年中平均得可管理菜園二畝五分。且行促成栽培。得品質絕好之蔬菜。又若專管理茄與胡瓜。一人可栽培茄五六百株。胡瓜五六百株。若市場近處。販賣亦可任之。由此可考察家婦一人。於處理家政外。培養茄與胡瓜。各二三十株。亦可能事也。

第六章 苗床

微小種子。欲其發芽齊一。生育完全。可設苗床播種。苗床中栽培。因技術之精良與否。與將來之結果。影響甚大。

苗床有冷溫之別。利用天然溫度者爲冷床。以人工釀熱者爲溫床。茲分述其効用如次。

第一節 冷床

由冷床養成之種子。其利益如下。

一 直播種子於圃地。往往有誤發芽。先由冷床養成之。則無此弊。

二 圃地中乾濕無常。嫩苗因之彫萎。冷床中乾濕適度。自無此弊。

三 冷床之範圍必較圃地狹小。因狹小之故。管理易於周到。苗之生育良佳。

四 冷床之用不特可養成幼苗。若以之栽培蔬菜。一年中可得數次收穫。

五　蔬菜收穫愈早。則穫利愈多。以冷床栽培蔬菜。可以達此目的。於小地積中。期多額之生產。是宜利用冷床爲得。凡都會附近。土地之價格過高。此法行之最爲便利。冷床之構造。以幅三四尺長適度之地。劃爲區。耕碎其土塊。堅踏其底。然後與以充分之水。盛以微細之土。上部施以完熟之堆肥。厚納三四寸。再灌以人糞尿。更用微細砂質壤土爲表土。斯得之矣。

移播種子於冷床後。宜被以薄層細砂。至發芽再以藁桿覆之。若表土乾燥。須時時灌水。斯發芽不致有誤。於此有當研究者。播種之時。被以細砂。所以固定種子。法亦善矣。然不若用乾燥馬糞尤爲適宜。蓋馬糞除防種子露出外。更可爲發芽後之肥料。且有常保濕氣之效。

種子在冷床內。發芽後。如畏日光直射。則以高一尺之棚。覆簾蓆類或茅等庇之。夜間撤去。使觸外氣。若値小雨或陰天時。亦撤去之。令受濕氣。床地乾燥。卽灌以水。作物逐漸生長。棚亦隨之增高。

第二節　溫床

溫床借釀熱物之力以補氣溫之不足。使作物發芽生長者也。如茄、胡瓜、蕃茄、甘藷等。栽培溫床中最佳。卽他之蓏果類蕃椒等。亦宜利用此法。溫床得保攝氏十八度以上之溫度。凡露地不宜播種之時。置諸溫床。亦得促成發芽。其利益比冷床爲多。試述之如左。

一 以人工溫熱作用。發芽速。而生長佳良。

二 播種溫床中。收穫之期早。而穫利多。

三 因溫熱而速其發芽。種子存於地中不久。發芽自無不良。

四 溫床不特於地質上之經濟有利益。卽培養上亦較容易。

設置溫床。先宜鑒定適當之地。以乾燥溫暖者爲佳。如有森林邱陵等處。於其南面設置之。最爲合宜。不然。則設於屋舍或牆壁之南。令日光通透。所謂向陽花木易回春也。

日本所用溫床。高不過一尺內外。地下僅掘深四五寸。床地高出地面尚有五六寸。如此構造。溫熱易於放散。雖曰溫床。實與冷床無甚差異。歐美所用溫床。其構造甚爲完全。深掘地中。多入釀熱物。上面並備有開閉自由之玻璃窗。不但床內溫度無放散之虞。卽氣候十分寒冷。亦能使作物發芽、生長、開花、結實。無如照此構造。需費孔多。經濟之栽培家。

往往實行爲難。就日本原有之構造法改良之。結果亦佳。略述如次。以備學者之參考焉。床寬約五六尺。長度臨時酌定之。深約一尺二寸至二尺。底部使成凸形。（底平釀熱物生熱時。其溫度中央高而周圍低。頗不平均。凸形所以預防此弊也。）布以樹之小枝。再入落葉或草稈等踐實之。厚約四五寸。上部更加馬糞數囊等。厚亦四五寸。最上層用肥沃細土。厚約五寸內外。所用之土。大抵以含有機質多者爲佳。否則以他土壤與塵芥等共同堆積之。使其充分腐熟。篩而用之亦可。如前年苗床中所存者則不可用。恐有病菌之胞子或害虫之卵子伏於其間也。又溫床周圍。未免雨水浸入。當繞以原八分至一寸之。板高度南面五寸。北面八九寸。

此種溫床。經過三四日。溫熱漸升。適於播種。上覆麥稈、稻藁等。以防溫熱放散。蔬菜種類不同。發芽亦有遲早。早則五六日。遲則二週間。發芽後天晴則撤去被覆。使受日光。雨天及夜間被以蘆簀。以防寒氣侵迫。土壤乾燥時。以與床地同溫之水灌溉之。此水應豫先汲儲。經曝於日光者。

灌水時間。以午前十時至午後三時間爲宜。春分前氣候尚冷。宜在日中施之。春分後以午後三四時爲適當時間。過早過遲。恐苗根易感寒氣。均於生機有害。又灌水宜近根際。不可注於葉上。

以上略述溫床之構造及處置方法。茲述釀熱物之配合及使用方法。釀熱物當於使用前三日預備之。先加水攪拌。用時漸漸投入床內。再灌水踐踏。馬糞、敷藁、糠、乾草、稻藁等。均爲釀熱良好之材料。配合如次。

一　馬糞三分。木葉一分。使充分濕潤。塡充五寸至一尺。

二　含濕之馬糞敷藁二分。木葉一分。塡充約八寸厚。

三　下層入木葉五寸。上層覆馬糞敷藁等約四寸。

四　下層布稻藁五寸。上層覆馬糞、敷藁、糠等。再加藁約二寸。

五　入含水分極多之乾草。

以上五種釀熱物。性質各異。因之所發熱度。亦不無高低。欲得適當之熱度。視時期與種子之種類。斟酌定之。但水分切不可缺乏。各種作物。各需一定之溫度。學者不可不察。茲舉其主要者如次。

作物名稱	適當溫度(攝氏)
甘藷	二二・
蕃茄	二〇・
茄	二五・
南瓜	二〇・

作物名稱	適當溫度(攝氏)
胡瓜	二〇・
豌豆	一八・
冬瓜	二五・
蕃椒	二二・

試以上之溫度爲標準。考究溫床之構造。則知發熱物之量。自有等差。設需十八度溫熱者。發熱物之厚以八寸至一尺爲適量。需二十五度者。厚一尺至一尺五寸。餘準此類推可也。雖然。此等分量。不過就大體言之耳。若水分之多少。材料之種類。及位置氣候時期等。尙不免有多少差異。此時當從各方面調節。使其與前表溫度。不相上下。斯得之矣。

第七章　種子

凡生物均有性遺傳之本能。性良者遺傳於子孫亦良。性劣者遺傳於子孫亦劣。故蔬菜種子。宜選其有善良系統者。因系統善良之種子。其苗兒亦必良好。至於由外界之刺激。

將固有之性質劣變。是可勿論。

第一節　種子之選定

選定種子。先宜嚴格選其母本。次選其最良之子粒。種子品質之標徵。在乎純正、清潔、容量、重量、形狀、色彩、光澤、臭氣、年齡、發芽力及成熟度等。尤以純正、清潔、發芽力三者。爲鑑定種子之必要點。

種子由自家採取。易陷於粗惡。向種子商購入。較有利益。惟商人有善惡。奸僞者惟利是圖。或焙以火。或混以砂。或以針減殺發芽力。又或古陳腐敗。落油以增光彩。欺蒙農人。是宜注意。故除購新品種及補不足者外。農家均自行採種。既可免上述之患。且可明菜種之系統。而純正與清潔。尤爲市場所不及。

第二節　種子之鑑定

就種子鑑定之方法。記述其一般於左。

(一)純正。品種純粹。產地精確。無與他種交接及混雜者。爲良植物種子。均有固有之性質。無特大特小、及顏色有異者。

(二)清潔、無夾雜物之謂也。與純正不同。夾雜物有無機物有機物二種。無機物、若土壤岩石及假造種子等是。有機物更有無生物有生物之別。稃、莢、梗及失生活力之種子等爲無生物。雜草、寄生物之種子及細胞等爲有生物。無機物得由肉眼鑑別或以篩等選別之。而有機物往往含有有害物。選別稍稍困難。

(三)容量。種子宜選形狀肥大。以長厚幅比較定之。惟過長者不取。蓋種子肥厚者。發芽力強。生育及結果亦良好。如大小混合時。選其大者用之。大小標準如左。

一合種子之粒數。

甘藍	三五〇〇〇粒	南瓜	三〇〇	紫蘇	一五〇〇〇
萵苣	五五〇〇〇	西瓜	六〇〇	芹	六九〇〇〇
甜菜	二〇〇〇〇	甜瓜	六〇〇〇	豌豆	四〇〇
萊菔	二二〇〇〇	越瓜	四五〇〇〇	蠶豆	一五〇
蕪菁	三五〇〇〇	絲瓜	七〇〇	菜豆	四〇〇
胡蘿蔔	一一〇〇〇	茄	一五〇〇〇	豇豆	一〇〇〇

牛蒡	八〇〇〇	葱	三六〇〇〇	刀豆	五〇
胡瓜	三〇〇〇	蕃椒	一四〇〇〇		

(四)重量。種子之重大者。大概良好。輕者非內部不充實。卽混有不良之種子。其標準重量如左。

一升種子之重量。(以兩爲單位)

甘藍	三三	南瓜	一七	胡瓜	二五	牛蒡	二四
西瓜	一九	芹	二五	紫蘇	二七	蕃椒	二三
豌豆	四〇	萊菔	三〇	甜菜	一二	萵苣	一八
蕪菁	三二	絲瓜	二二	越瓜	二二	甜瓜	二五
茄	二七	缸豆	三五	菜豆	三五	蠶豆	三二
刀豆	二七	胡蘿蔔	四五	葱	一九	芥菜	二八

(五)色澤。種子以新鮮呈其固有色澤者爲佳。若經潮濕。或觸日光。或閱時已久者。其固有之色澤必失。又或生微生蟲者。其內部必壞。均不宜入選。

（六）發芽力。種子之發芽力試驗有種種。其中最簡單而容易試驗者。述之於下。

大粒種子百粒。條播於盛土之木箱內。箱深三四寸。上被以土。給以濕氣。使之發芽。小粒種子、用二個大小不同之器皿。如圖。以薄布浸水。布以不着色而能保濕氣者爲佳。空氣之流通。亦須便當。麻布甚爲合宜。亦有用手帕與新聞紙者。將此濕布折疊置於大皿。取百粒種子。排列於其上。一方使空氣充分流通。一方防濕氣之蒸發。乃取小皿覆於其上。與前法同樣安置室內。以檢其發芽之成績。如百粒中有九十粒發芽者爲善良種子。九十粒以下爲惡劣種子。今將美國著名農家之試驗成績。列表於左。

二十五

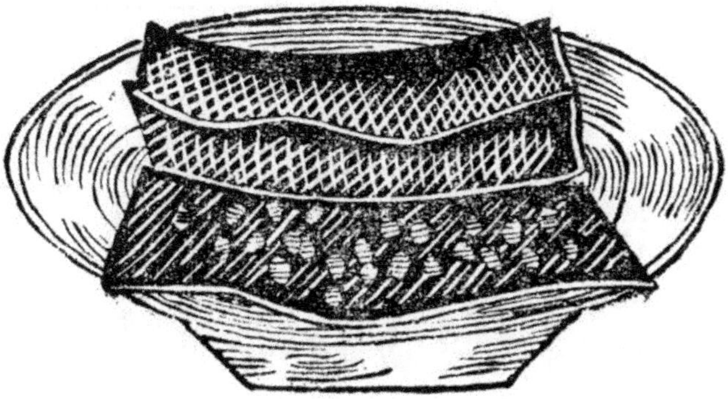

種類	發芽百分率	種類	發芽百分率	種類	發芽百分率
萊菔	九〇—九五	人參	八〇—八五	茄	七五—八〇
蕪菁	九〇—九五	花椰菜	八〇—八五	玉葱	八〇—八五
萵苣	八五—九〇	塘蒿	六〇—六五	旱芹菜	七〇—七五
石刁柏	八〇—八五	胡瓜	八五—九〇	蕃椒	八〇—八五
菜豆	九〇—九五	西瓜	八五—九〇	南瓜	八五—九〇
豌豆	九〇—九五	甜瓜	八五—九〇	蕃茄	八五—九〇
甘藍	九〇—九五				

上表不過示其各種蔬菜發芽之難易。茲更揭示蔬菜之發芽日數於左。

種類	發芽日數	種類	發芽日數	種類	發芽日數	種類	發芽日數
萊菔	三—六日	人參	三—一八	胡瓜	六—一〇	蕃椒	九—一四
蕪菁	四—八日	豌豆	五—一〇	蕃茄	六—一三		
甘藍	五—一〇	花椰菜	五—一〇	萵苣	六—八		
菜豆	五—一〇	塘蒿	一〇—二〇	葱頭	七—一〇		

第三節　採種地之選擇及種子交換

採種地以氣候稍寒冷土質稍惡劣之地爲良。氣候關於作物。其影響頗微妙。寒地種移於暖地。其作物早熟。暖地種移於寒地。則變成晚熟。又土質肥厚地之種子。移於瘦瘠地。則生育不良。

種子宜互相交換。因蔬菜之種子易劣變。故須由特產地。時時購入種子以交換之。總之、種苗在同一地方。同一環境之下。苟非該品種特別適應之處。常有惡化之虞。故通例由山間至海濱。由海濱至山間。或由北地至南地。以交換種子。

種苗交換。雖有種種利益。惟使用交換種子之際。其選種宜行嚴格之手段。其他栽培與管理。亦宜格外注意。以免失敗。

第四節　採種法及藏種注意點

植物皆具固有之特徵。葉莖形態色澤、均基於良好之母本。母本優良。子本亦良。故選擇母本爲必要之事。最好另定採種場。培養於特殊地方。既選定母本。乃去除其殘廢者。欲得良種。甯多費手續。蓋採種時有一分注意。將來即有一分成効。譬如年年採取早熟之種子。卽變成早熟種。年年採取遲熟之種子。卽變成晚熟種。故欲求品質不變。宜採取適期之種子。

品種雜交。能出新品種。但貴重品種。有劣變退化之處。如萊菔、蕪菁、甘藍等之十字科作物。胡瓜、越瓜、西瓜、甜瓜等之葫蘆科植物。性質甚易雜交。同科作物培養接近。不可採取。故欲爲求品種之嚴正計。有罩蚊帳覆鐵網者。以妨蜜蜂之來往。此法可行於甘藍之採種。

採種方法。由蔬菜之種類不同。今述數種蔬菜之採種法於次。

胡蘿蔔　秋季播種於二尺闊之畦。距離一尺。施以液肥。待開繖形之花。留其中央。餘均摘去。成熟打落。曝日三日。風選放冷後。乃貯藏之。

亞美利加防風　與胡蘿蔔同。

牛蒡　四月末、設四尺闊之畦。距三尺。播種後充分施肥。結實採收。打落子實。曝日二日。放冷後貯之。

甜菜　移植形正之根。除去花梗之中央。採種後晒乾。貯藏之。

葱頭　選秋蒔種。擇形正之葱頭。春時栽植。開花結實。將採得之種子。置蓆上曝乾之。以手採落。用扇强搧。使殼片飛散。乃貯藏其子實。

球根甘藍　正形移植。摘去花梗之中心。結實後採取之。

甘藍　具固有球葉之苗移植之。春球上以刀傷作十字紋。使抽花梗結實。又或切去春時所結之球。使殘莖發生嫩芽。秋時開花結實。乃採取之。

葱　採收熟種。操作與葱頭同。種色宜黑。而選取其沈於水中者。

菘類　有固有之葉莖。而稍似瘠形者。移植之。使開花結實。種子掛於日蔭處以乾之。乃採脫而曝於太陽一日。裝入布袋以貯之。

萵苣類　移植秋播種。乃施行採種。

塘蒿　生育良好者移植之。施行採種。

西瓜南瓜冬瓜　取形之正而大者。用水選之。晒乾、裝入布袋。

甜瓜越瓜　與西瓜同。陰乾或日乾均可。

胡瓜苦瓜蕃茄　取第二三次所生之瓜種。水選後日乾或陰乾以貯之。

茄　須採取第二次生之種。茄形正而充分成熟者。水選後、日乾或陰乾均可。

豆莢類　選其粒大形正而無蟲害者。

晒燥之種子。須放冷後貯藏。否則容易發熱而失發芽力。採種合法。貯藏善良。各種子卽能保持其發芽年限。今舉各種子之發芽年限。列表於左。

種類	平均年限	最大年限
萊菔	五年	十年
蕪菁	五年	十年
胡蘿蔔	四年至五年	十年
甘藍	五年	十年
花椰菜	五年	十年
塘蒿	八年	十年
旱芹菜	三年	—
苦苣	十年	—

種類	平均年限	最大年限
野生苦苣	八年	—
野苣	四年	—
萵苣	五年	九年
芹	四年	九年
白菜	四年	八年
石刁柏	五年	—
朝鮮薊	六年	—
亞美利加防風	二年	四年

葱頭	四年	七年	菜芥	三年	五年
菠蘿門參	二年	—	茄	六年	十年
甜菜	六年	十年	蕃茄	四年	九年
菠菜稜	五年	—	蕃椒	四年	七年
韭菜	三年	九年	洋莓	三年	六年
胡瓜	十年	十年	菜豆	四年	八年
西瓜	六年	十年	豌豆	二年	八年
甜瓜	五年	十年	蒲公英	二年	—
南瓜	五年	十年			

種子貯藏法之良否。與發芽力有莫大之關係。今將貯藏種子之注意點。條舉如下。

(一)注意乾燥。(二)不觸空氣。(三)絕對無水濕。(四)保持一定之溫度。大概較空中稍冷之處爲佳。

第八章　蔬菜耕種之主要事項

第一節　整地及成形

土地膨軟。作物之根可自由伸長。多吸養分。泥土細碎。其分子之位置變易。與空氣及水之接觸面擴大。溫度亦高。作物賴之繁茂。此整地之功也。根菜類最喜膨軟細碎之土。經營菜園者。不可不注意。土地有宜深耕者。有宜淺耕者。若原來淺耕之地。不可急於深耕。以逐漸進行爲妥。（如心土混有石礫、砂質及其性質劣等。宜埋堆肥。以期逐年改良。）深耕以七八寸深爲適度。一尺爲極度。耕鋤畢、則整表面。石礫、木片及前作物之根等。去之務盡。依作物之種類。爲立畦穿溝。在學術上謂之成形。立畦之法。因栽培之目的、地勢、土質而異。

瘠地、乾地、畦幅宜低狹。肥地、濕地、幅畦宜高廣。根深之作物。栽培於高畦。葱、塘蒿等之行軟白者。作溝畦爲宜。

各種蔬菜適當之畦幅。表示於左。

種類	畦幅	種類	畦幅
萊菔	二尺至二尺五寸	甘藍	二尺至三尺
胡蘿蔔	二尺至三尺	花椰菜	二尺至三尺
牛蒡	二尺至二尺五寸	石刁柏	一尺五寸至二尺
甘藷	二尺至二尺五寸	款冬	二尺至二尺五寸
馬鈴薯	二尺至二尺五寸	葱	二尺至二尺五寸
芋艿	一尺五寸至二尺五寸	苦苣	二尺至三尺
菊芋	二尺五寸至三尺	萵苣	一尺五寸至二尺
薯芋	二尺至三尺	菠薐菜	一尺五寸至二尺
亞美利加防風	二尺至三尺	蓬蒿	一尺八寸至二尺
百合	二尺至二尺五寸	野蜀葵	一尺五寸至二尺
葱頭	一尺五寸至二尺	土當歸	二尺五寸
甜菜	一尺五寸至二尺	波羅門參	一尺至一尺五寸
蕪菁	二尺至二尺五寸	蓮藕	方六尺約二本

第八章 蔬菜耕種之主要事項

慈姑	二尺五寸至三尺
草石蠶	二尺至二尺三寸
蕹	一尺寸至二尺
菊牛蒡	一尺五寸至二尺
蕪菁甘藍	一尺五寸至三尺
葱類	二尺至二尺五寸
蘘荷	三尺至四尺
孟宗竹	六尺至八尺
西瓜	六尺至八尺
甜瓜	五尺至八尺
水由芥	四尺至五尺
食用菊	二尺至二尺五寸
韮菜	一尺八寸至二尺
朝鮮薊	二尺五寸至三尺
芥菜	二尺至二尺三寸
京菜	三尺至四尺
菜豆	一尺五寸至二尺
豌豆	二尺至二尺三寸
蠶至	二尺至二尺三寸
豇豆	二尺至二尺三寸
刀豆	二尺至二尺三寸
胡瓜	二尺至二尺三寸
南瓜	六尺至八尺
越瓜	五尺至八尺
苦瓜	四尺至六尺
冬瓜	六尺至八尺
扁蒲	六尺至八尺
茄	二尺至四尺

蕃茄	二尺至三尺	薑	二尺至四尺
鵲豆	二尺至二尺三寸	山薺菜	二尺至三尺
落花生	四尺至五尺	洋芹	一尺五寸至二尺
蕃椒	一尺五寸至二尺	防風	一尺二寸至一尺五寸

第二節 播種法

播種、因作物之種類及地方之習慣。有撒播、條播、點播諸法。不立畦、任意撒種子於地上者。爲之撒播。此法最粗放。蔬菜培養家少用之。惟苗床中、通例用撒播法。立畦劃線。依線下種。是曰條播。立畦劃線。依線作穴。按穴播種。是曰點播。

種蔬菜多用條點二法。然近時園藝發達。利用苗床之範圍頗廣。除荳菽、類根菜類等直接播種於本圃外。類多先培養於苗床。再移植於本圃。用此法不特利益較多。卽霜害、蟲害亦易趨避。

蔬菜類種子微細者多。下種時易陷密播之弊。當以篩過之砂土伴之。則容量多而播下

第八章　蔬菜耕種之主要事項

易。播種後宜覆土。覆土深度。因種子大小及土質而異。大概砂土宜深。黏土宜淺。大粒種宜深。小粒種宜淺。覆土以防風雨鳥啄之害爲限。深覆甚非所宜。故微細之種子。宜以長寸許之草藁或細砂覆之。茲表示主要蔬菜覆土深淺之度。條列如次。

種類	覆土深	種類	覆土深
萊菔	一寸至一寸五分	甜菜	五分至一寸
蕪菁	五分至一寸五分	甘藍	五分至一寸
胡羅蔔	五分	菘類	五分至一寸
西瓜	一寸至一寸五分	葱	五分
胡瓜	一寸	紫蘇	五分
南瓜	一寸至一寸五分	萵苣	五分至一寸
牛蒡	一寸至一寸五分	越瓜	一寸
甘藷	五分至一寸	茄	五分至一寸
里芋	二寸至三寸	蕃椒	三分至五分
馬鈴薯	一寸至五分二寸	甜瓜	一寸

蕃茄	五寸
菜豆	一寸五分至二寸
豌豆	一寸至二寸
蠶豆	一寸至一寸五分
刀豆	一寸至二寸

播種期有習慣者、從其習慣。習慣從多數經驗而得。有不易之理。在無習慣者、由作物品種。氣候土質及其他之事情。考察定之。大概春播者暖地比寒地早。秋播者寒地比暖地早。至灌排無礙之地。一般以早播爲宜。播種有期亦有量。以下表示之。

種類	播種期	播種量
萊菔	八九月	七合——一升
廿日萊菔	自春至夏	同
蕪菁	八九月	五勺——九勺
胡蘿蔔	六月至八月	九合——二升五勺
牛蒡	三月下旬至四月又八月	七勺——一合
里芋	四月	一斗左右一百二三十斤
波羅門參	三月中旬	三兩
蓮藕	四月	根分
草石蠶	三四月	根分
慈姑	四五月	根分
菊芋	三四月	十一二斤
薯蕷	三月中旬	根分苗植

第八章 蔬菜耕種之主要事項

亞美利加防風	五月——八月	二合五勺三合五勺
百合（卷丹）	九十月	根分
葱頭	三四月九十月	八勺——一合
薑	四月	根分
葱	三四月九十月	七勺——九勺
茼蒿	三四月——十十一月	二合半三合半
菠薐菜	九月——十一月	八九合
萵苣	三四月——十十一月	二三合
山葵	春秋二季	根分
菊牛蒡	四月	三四升
蕪菁甘藍	八九月	六七合
甘藍	三四月九月	二勺半三勺半
石刁柏	四月	四五合
款冬	五月下旬六月上旬	株分

食用菊	四五月	株分
甜菜	四月——六月	八勺——一合五勺
朝鮮薊	三四月——十月	株分
芥菜	十十一月	六七勺
京菜	九十月	二三勺
菘類	八月——十月	四勺——六勺
塘蒿	三四月	二勺
野蜀葵	四五月	二合半三合半
土當歸	四五月	株分二合半三合半
水田芥	四季	株分
水芹	九月中旬	四五合
紫蘇	三四月	二勺——三勺
胡瓜	三四月	四五勺
南瓜	同	五勺——八勺

越瓜	四月下旬五月上旬	五六勺
苦瓜	三月中旬五月下旬	五勺——七勺
冬瓜	三月中旬四月中旬	同
扁蒲	同上	同
蘘荷	三四月	株分
孟宗竹	五六月	株分
西瓜	四月下旬至五月上旬	四五勺
甜瓜	同	五——六勺
蠶豆	十月	一升——一升二合
豇豆	四月下旬七月上旬	四五合——七八合
刀豆	同上	六七合
鵲豆	同上	同上
落花生	同上	剝實四合
蕃椒	三月底至四月	九勺——一合
茄	三月下旬四月中旬	七合
蕃茄	同	同
菜豆	四月下旬五月上旬	四合——七合
豌豆	十月	同
薑	四五月	種根一百五十斤至二百斤
山萮菜	四五月九十月	根分
山萮菜大根	三四月	根分
洋芹	四月	二合
防風	四五月	八九合

以上每一分地計算

第三節　移植及分植

將栽培於苗床之苗。移種本圃。是曰移植。移植者、取新陳代謝之理。使植物生機暢茂之法也。植物之根。以吸收養分爲本能。其莖葉以蒸發水分爲能事。機能各有作用。不可偏失。移植時若傷其一部。生機立竭。凡移植植物而致死傷者。均未知植物之生理。移植之方法故也。

植物細根。有多寡之別。多者便於移植。寡者反是。其理由以移植之際。損傷細根。勢所難免。以少數之根。重受損傷。使吸收養分作用。不能完全。生活難以維持。若葱頭、胡瓜、甘藍等類。可移植者也。甜菜、萊菔、牛蒡等類。不可移植者也。其餘可否移植。品種正多。不遑枚舉。學者於實物上求之自得、

移植有溝植與穴植二法。僅作畦條。使苗斜臥。覆土其上。是曰溝植。法極粗放。栽培蔬菜鮮用之。穴植爲精細之移植法。於移植處預爲穿穴。令苗直立。是也。移植時應注意之事項甚多。茲撮其要者。述之如次。

一　掘取幼苗。毋使宿土脫落。其理由以宿土脫落。根暴風光。水分易乾。苗致病焉、

二　移植宜於朝夕。不宜於日中。宜於陰晦。不宜於晴明。因植物甫經移植。細根吸收之力嘗弱。日中晴明。驕陽暖烘。莖葉蒸發正速。蒸發吸收。應供不濟。植物之本體病矣。

三　風能助蒸發作用。與高溫同。故有風之日。亦不宜移植。雨前行之雖佳。惜吾人不能預知降雨之期。雨後一二日。似乎適宜。然氣候變幻無常。學者善自體察之可也。

四　未移植之二三小時前。苗床內應灌以適量之水。斯宿土不致脫落。作業利便。蒸發雖速。亦可無慮。

五　傾斜不整之苗。移植時宜深埋土中。使其直立。又苗心過長者。亦須深植。

六　植物移植後。宜固定其根部。使勿動搖。如過炎日烈風。則稍去其莖葉。更以樹枝或藁、麥桿等遮蔽之。免致枯萎。

植物不以種子蕃殖者。則行分植法。蔬菜中如百合、慈姑、馬鈴薯、薯蕷等。皆屬此類。百合分其鱗莖。慈姑分其球莖。馬鈴薯分其塊莖。薯蕷分其珠芽。分植後、管理培養之法。與移植略同。茲不贅。

第四節　輪作及連作

某地種某物。年復年而不變者。是爲連作。反是則爲輪作。植物宜連作或輪作。有利害相應者。有利害相反者。若不攷察土地之性質。經濟之狀況。作物之品種。諸事頗難論定。茲述輪作連作各自之利益如次。

（甲）輪作　輪作之利益。節養料。免病害。便操作。其大較也。蔬菜之根有深淺。攝取養分之量有多寡。不均平其多寡之量。則生機。竭不易其深淺之位。則地力竭。寡者多之。多者寡之。淺者深之。深者淺之。輪作之用也。故栽培胡瓜。翌年不種蓏果類。栽培牛蒡。來歲不植胡蘿蔔。因胡瓜與他之蓏果類。性質相似。攝取養分同也。牛蒡與胡蘿蔔。根部發達。深入地中同也。

蔬菜生根之深淺。可爲輪作之標準。試概別之如次。

1 根之最淺者。茄、胡瓜、南瓜、西瓜等。

2 根之稍深者。馬鈴薯、百合、葱、豌豆、菜豆等。

3 根之最深者。萊菔、胡蘿蔔、牛蒡、蕪菁等。

知以上區別而行輪作之法。雖甚便利。然有當考察之事二。圃地化學的狀態。一也。蔬菜化學的成分。二也。不明於此。仍不可與言輪作。茲將主要蔬菜化學成分之量分析列表如左。

蔬菜成分分析表（百分中）

蔬菜種類	水分	窒素	燐酸	加里	灰分
甘藍	九〇·〇〇	〇·三〇	〇·一一	〇·四三	〇·九六
花椰菜	九〇·四〇	〇·四〇	〇·一六	〇·三六	〇·八〇
塘蒿	八四·一〇	〇·二四	〇·二二	〇·七六	一·七六
石刁柏	九三·三〇	〇·三二	〇·九〇	〇·一二	〇·五〇
胡蘿蔔	八五·〇〇	〇·二二	〇·一〇	〇·二八	〇·七八
萊菔	九四·〇〇	〇·一七	〇·〇五	〇·一七	〇·四七
蕪菁	九三·一〇	〇·二三	〇·〇四	〇·二六	〇·六五
牛蒡	七五·八〇	〇·五六	〇·〇九	〇·四三	一·〇五
甘藷	七五·〇〇	〇·三〇	〇·〇五	〇·五〇	〇·九五
薯蕷	八〇·七〇	〇·三六	〇·〇七	〇·四〇	〇·七〇
葱頭	八六·〇〇	〇·二七	〇·一三	〇·二五	〇·七四
百合	七一·五〇	〇·七二	〇·一一	〇·六一	一·一四

亞美利加防風	七九・三〇	〇・五四	〇・二七	〇・五四	一・〇〇
里芋	八一・二〇	〇・三一	〇・〇五	〇・五九	〇・八二
蓮藕	八五・八〇	〇・一七	〇・一〇	〇・三〇	〇・七一
胡瓜	九五，六〇	〇・一一	〇・一二	〇・二四	〇・五八
南瓜	九〇・〇〇	〇・一二	〇・一六	〇・〇九	〇・四四
茄	九三・五〇	—	〇・〇五	〇・〇九	〇・三八
刀豆	一四・〇〇	三・六一	一・一八	一・三一	三・六五
豇豆	一二・〇〇	三・一五	一・一八	二・二九	四・三五
菜豆	八七・一〇	二・八六	〇・一〇	〇・四九	一・〇二

（乙）連作法　輪作之利益。已如前述。以下言連作之利益。

一、作物性質之利益　蔬菜之性質。有不可不連作者。當無代此利益之品物時。連作卽利益也。

二、品質上進之利益　甘薯因連作之故。雖稍減其生產量。而品質上進。形狀更佳。其一例也。

蔬菜有宜連作者。有不宜連作者。茲分別述之如左。

一　宜連作而品質上進者。萊菔、甘薯、胡蘿蔔、葱、生薑等。

二　不妨連作者。蕪菁、萵苣、菠薐菜、秋播及冬播之菘類。

三　不宜連作者。蓏瓜類、(除南瓜)茄、馬鈴薯、芋類及豆科植物。

由前之說。輪作連作。各有所取。輪作雖較勝。而完全組織爲難。吾願研究蔬菜園藝學者。注意於改良品種。防除病蟲害諸事。不爲連作輪作諸問題所束縛也可。

普通菜園輪作之設計。即豌豆之後。栽培甘藍、菜豆、蕃茄等。甘藍之後。栽培春期菠薐菜等。菠薐菜之間。更栽培豌豆等。試舉一二例如次。供參考焉。

第九章 管理

一號

1 葡萄	2 懸鈎子
3 苗圃	4 馬鈴薯
5 玉蜀黍	6 南瓜
7 甜瓜 西瓜	8 胡瓜
9 甘藍	10 菜豆
11 豌豆	12 葱 葱頭
13 胡蘿蔔 牛蒡	14 白菜
15 萵苣	16 果樹

二號

1 果樹	2 南瓜
3 西瓜	4 胡瓜
5 甜瓜	6 蕃茄
7 菜豆	8 豌豆
9 蠶豆	10 甘藍
11 萊菔	12 花椰菜
13 萵苣	14 馬鈴薯
15 甘藷	16 玉蜀黍

第九章 管理

蔬菜經播種或移植後。如欲收獲多量品質良好。責在管理。管理最應注意之事項如次。

第一節 間拔

蔬菜種子。不易選別良否。故祇觀其幼稚之作物。以區別其形質之優劣。惟作物間亦有利於密生者。如幼稚之植物。彼此互相依扶。實足以防禦寒風。且遇冰箭不致遽被扛起。

但長此密植。若有雜種混和其間。任其自由生長。則良莠不齊。且地無餘隙。空氣難以流通。光線無從注射。其結果苗株纖弱。形狀惡劣。欲矯正此弊。有間拔法。間拔者、拔去密生之種苗、或雜種。使疏密適宜。生育良好。兼以補選種之不足者也。或曰疏整。茲舉其要旨如左。

(一)間拔、寓汰冗伐異之意。凡密生之苗。雜生之草。務宜拔去惟盡。

(二)間拔、因前項事實之發生。一經識別。宜迅速行之。久則難圖。且作物病已深中。行無益矣。

(三)間拔應分數次行之。因苗幼時。善惡難以區別。且一次盡行間拔。恐所留之苗一經夭折。有過疏之處。而夏季則日光直逼苗之根部。或起旱魃。均於細根有損。黏土爲害尤烈。

施行間拔法。不可不定距離。距離之標準。以作物與作物之葉不相遮蔽爲度。茲分列各種株間距離於左。

種類	株間之距離
萊菔	八寸—一尺半
胡蘿蔔	七寸—一尺
蕪菁	四寸—九寸
牛蒡	七寸—一尺
甘藷	七寸—一尺三寸
馬鈴薯	七寸—一尺六寸
里芋 菊芋	一尺二寸—一尺八寸
薯蕷	一尺—一尺八寸
亞美利加防風	五寸—七寸
百合	七寸—一尺一寸
葱頭	三寸—四寸
薤	七寸—九寸
菊牛蒡	條播或二寸

種類	株間之距離
蕪菁甘藍	七寸—一尺三寸
甘藍	一尺三寸—二尺五寸
花椰菜	一尺三寸—一尺八寸
石刁柏	一尺六寸—二尺二寸
款冬	七寸—九寸
葱	二寸
茼蒿	條播
萵苣	七寸—九寸
菠薐菜	條播
草石蠶	四寸—五寸
甜菜	九寸
野蜀葵	條播
土當歸	九寸—一尺三寸

菘類	條播
蘘荷	四寸——九寸
孟宗竹	五尺——七尺
西瓜	二尺五寸——四尺五寸
甜瓜	一尺八寸——二尺七寸
胡瓜	九寸——一尺八寸
南瓜	二尺五寸——三尺五寸
越瓜	一尺八寸——二尺七寸
苦瓜	一尺八寸——三尺五寸
冬瓜	二尺五寸——三尺五寸
塘蒿	七寸——九寸
水芹菜	二寸
波羅門參	條播或二寸——四寸
蓮藕	每方步約二株

慈姑	一尺八寸——二尺二寸
紫蘇 韮菜	四寸——九寸
食用菊	四寸——九寸
朝鮮薊	一尺八寸——二尺二寸
芥菜	條播
白菜	八寸——一尺二寸
扁蒲	二尺五寸——三尺五寸
菜豆	八寸——一尺二寸
豌豆	八寸——一尺二寸
豇豆	一尺二寸——一尺八寸
鵲豆	一尺二寸——一尺八寸
蠶豆	八寸——一尺五寸
刀豆	八寸——一尺五寸
落花生	一尺二寸——二尺

第九章 管理

蕃椒	五寸——八寸
蘘	八寸——一尺二寸
茄	一尺二寸——二尺五寸
蕃播	一尺二寸——二尺五寸
山蔬菜	八寸——一尺五寸
山蔬菜大根	五寸——八寸
洋芹	一尺
防風	條茄

第二節 除草

雜草種子。有留存於土中者。有乘風飛來者。有混入於鳥糞而落下者。更有混於肥料中與不清潔之種子中者。皆賴天然之氣候良好之土壤而得以萌生者。其根及埋於地下之莖。亦恆能自生自長。凡此雜草。皆宜芟除之。茲將雜草之害列舉如次。

一 野生植物多頑健。本優勝劣敗生存競爭之結果。作物受其侵害。終至枯死。

二 雜草繁茂。遮斷光線之供給。作物即感陽光缺乏。漸呈萎弱。

三 光線既感不足。溫度遂亦遞減。

四 害大者。係養料之被奪。頑强雜草。爭奪作物之養料。故養料愈多。雜草愈盛。

五 雜草繁茂。作物之生活地。即爲佔奪。

六　雜草繁茂。卽需多量之雨水。菜地易罹旱魃。

七　此外動物性植物性之寄生物。以雜草爲家巢。故雜草蔓延。病虫害亦增加。

雜草之害如此。故培養家勤勉除草。使之淨盡。除草之効乃顯。惟雜草之性。有越年與宿根之別。其形態有直立莖地下莖與纏繞性之分。除草法亦當由雜草之性質。適宜行之。由根莖等而繁殖者。務宜連根拔起而燒除之。不宜用除草器。有纏繞性如兔絲子類等。不易分離。宜併作物拔起。園地四周及田畦之近傍雜草。亦宜除盡。以免藉風力與動物力之蔓延。

特殊之除草法。或排水或施用石灰。平常則或用手拔。或用器械。至除草時間。當在晴天。剷除之草。曝於强烈之陽光。使之凋枯而死。又雜草之未充分生育者。須一併除盡之。若待長成後。則雖經剷死。而結下種子。至次年、反更受其大害矣。

第三節　中耕

中耕者、蔬菜栽植後。耕耡條間之土壤。使土塊膨軟疎鬆之謂也。中耕之利益如左。

(一)防地中水濕之化散。得以少減旱魃之患。蓋表土分子間空隙加大。則毛細管之吸微小。土中水分。卽不易上昇化散。觀圃地足跡之濕潤。其明證也。（二）防傍根之徒長與彌蔓。可促進蔬菜之成熟。（三）增加水分。保留養料。因地面硬固。則雨水之侵入土中者自少。水流於表面。則養料之遺失者必多。施以耕耡。可免此患。（四）能除去雜草。且防其萌生。因時時攪拌表土。既生者已斷根拔本。因而枯死。將萌發者亦多被燥殺或埋滅也。（五）促進土壤之風化。令其所食之養料効益加多。

中耕利益如此。故農人不可忽視。今更述其注意點於左。

（一）中耕次數要多。然亦由作物之種類而異。如匍匐於地下之瓜圃。難行中耕。惟於初時耕鋤一二次卽可。又如茄與菘類。次數宜多。須每十日中耕一次。中耕後加肥。成績更優。普通蔬菜。亦須中耕二三回。（二）中耕深淺。亦隨蔬菜之種類而異。生長期間長之蔬菜。初時宜淺。長後宜深。充分生長時。根之蔓延廣。又宜淺耕。反之。生長期間短之蔬菜。初時宜深。以後漸淺。而將成熟之時。則均不宜耕耡。（三）蔬菜之滋殖盛時。可舉行切根。能使莖葉嫩綠。且可免成熟落後之患。（四）中耕時間。宜於晴天午時。不宜於陰雨寒冷之時。總之。土塊容易粉碎之時爲適。若行於陰濕時。則不但操作困難。且一至乾燥。土塊固如瓦石矣。(五)多數蔬菜。如山東菜、白菜等。於中根時可行堆培法。將兩側翻起之土。堆於根邊。以作肥培。且可防根之露出或動搖也。

第四節　摘芽及摘心(附摘葉摘花翻蔓)

摘芽摘心。應用作物體內液汁循環之原理。抑制作物之生長。以整其形。以促結實。行之果菜類。可得肥大多數之果實。

摘芽、助花芽之發育。普通施於茄子之初與蕃茄、越瓜、胡瓜、西瓜等。而南瓜、里芋。亦可適宜用之。摘心法一般蔓性之蔬菜行之。蕃茄亦可適用。凡果菜類則不可少之手續也。

西瓜之摘心法。在初時行之。發芽後生六七葉。蔓稍傾斜時。留其四五葉。而更摘其尖端。新出腋芽亦摘除之。而留其強壯者二枚。更摘他之腋芽。使成二枝。蔓其所附花芽。至開花時順次摘除其他腋芽。乃得大顆之瓜。南瓜本葉生五六片時。殘留四五葉。而摘其心。則可自葉軸發生側枝。此時更留二三葉。而仍摘其心。大概每隔雌蕾三葉處摘之。胡瓜、越瓜、甜瓜之類。與此同樣。當本葉發生三四片時。但留其二三葉。餘皆除去。使成二枝。二枝又各發生三四葉時。再留二葉。使成二枝。如此再三再四反覆行之。最後則令在尖端之一葉腋發生一芽。(其詳參看後編各論中)如此、一株能得三十至四十之大豐收。然摘心回數。因蔬菜之種類。其手續稍有不同。譬如越瓜、甜瓜等。花芽少者。摘心之回數宜減是也。

摘葉、如蕃茄以葉隱果。受日光少。豆類莖葉繁茂徒長。易罹倒臥。須摘去冗葉。使葉汁多移於果實。

摘花摘果、因花與果之密生。果形恐不端正。且結果必小。摘之并可防品質之粗惡。蕃茄、西瓜最宜摘其過密之花。以求肥大之果實。如菊芋及藕等。至開花期。即宜全行摘去。百合、當花蕾發生之時。欲使根塊發育完全。亦當摘除。以上各種方法。普通以手行之。亦有用小刀鋏刀者。

翻蔓、與摘芽摘心同一目的。甘藷與南瓜之蔓。匍匐於地面。易生新根。宜隨時翻轉。以防固着。而促成熟。

第五節 結束

甘藍、白菜、山東菜、球萵苣等之結球蔬菜。栽培苟得其法。自能成爲圓形。或善抱合。但有時不十分發育。或竟不結球。究屬管理粗略。當用結束法。助其結球。通常取柔軟之打藁等物。搓軟之。結束於葉之周圍。使之抱合。如山東菜結束合法。其結果必良好也。又行堆培法。若不注意土質。菜着於土。葉染污色之斑點。惟砂質地則無此患。故行堆培法。土質亦宜關心也。

第六節　病害及其防除法

植物害病。起因有二。外界勢力之迫壓一也。寄生生物之叢挫二也。

第一　外界勢力。如溫度、光線、土壤、濕氣等是。苟失其當。則植物病矣。以下詳述之。

(一)低溫　低溫爲植物害病之由。熱帶植物。溫度降至攝氏零度時。卽不能生活。溫帶植物。雖至零下二十度。尙有不凍死者。然已頻於危險之境。其不病亦幸事矣。當溫度變化急劇時。枝頭芽葉花蕾等。易於凍傷或寒傷。一遇降霜。爲害尤烈。霜害每在春秋二季。此時氣候日中往往和暖。故枝葉含水分甚多。夜間遽爾寒冷。水分凍結。病亦生矣。霜害在河川沼澤之傍甚少。在普通地方甚多。補救此弊。冬間以草幹、落葉等被於作物。春間則用燃煙法。(燃煙法積含濕之木屑、塵芥、草幹、落葉等。於園圃周圍。點火燃之。使煙氣朦朧。免致地熱發散。此法一村一區。同時舉行。最有效。益燃料之配合。以木屑二分。哥兒他兒一分。斯發煙易而收效速)

(二)高溫　溫熱過度。根部所吸水分。不足供葉端之蒸發。害及器官。枯萎之病因以生。植物幼稚時代。罹此病更易。

(三)光線不足　光線不足。葉綠粒不能發育。因此細胞膜薄弱。植物易罹疾病。密播種子。弊與此同。

(四)光熱過度　光熱過度。分解葉綠素。障礙同化作用。害及組織全部。嘗見夏日植物。其花葉或傾斜。或閉合。若有不勝而萎縮者。是皆光熱過度之故也。

(五)養分水分不足　鐵質缺乏。則葉綠粒不發育。而葉呈黃色。窒素缺乏。則莖葉不暢茂。此卽養分不足之徵。花蕾未開而彫落。根莖多肉。根硬化而矮小。是皆水分不足之徵。

(六)養分水分過多　養分過多。則植物之發育旺。而生長期亦長。於是有時期已至。未能收穫。氣候遷移。結果卒歸劣敗者。此其弊也。若花之變葉病。根莖之破裂病等。係植物受乾燥後。驟得多量水分之故。

第二　寄生生物之菌最有害於作物。其種類繁多。寄主各異。有好十字科植物者。有好茄科植物者。胞子甚夥。增殖極易。風水二物。其媒介也。以下言菌類之防除法。（各種特別防除法。詳見各論。）

（一）勤力排水　土地潮濕。則作物含水分多。莖葉之部。易爲菌類寄生。胞子發芽。勢更迅速。故排水亦爲防除菌類之一法。

（二）注意選種　種子由他處運來時。應先驗其有無病毒。有則施以殺菌法。

（三）愼用廐肥　廐肥中常含有各種菌胞。蔓延病毒。用時必十分腐熟。使胞子失其發芽力。

（四）洗滌農具　農具亦能媒介病毒。凡於病害作物用畢之農具。必以水或藥水洗淨後。方用於良好作物上。

（五）刈除雜草　病毒嘗留遺於雜草間。園圃附近之雜草。宜刈除燒却之。

（六）燒棄害物　秋期集作物之被害部（葉莖根）燒之。以絕後患。

(七)實行輪作　不易殲除之菌類胞子。實行輪作三四年。自然消滅淨盡。

(八)除害未然　密生於苗牀之苗病毒最易蔓延。徵候如已發見可除去作物被害之部。或行石灰等之消毒法。

(九)用殺菌藥　殺菌藥者除病毒之藥劑也。有液狀、粉狀、種種。試舉其主要者如左。

第一、樸爾獨合劑（價廉用廣有促進發育之效。）其簡單法、有稱一斗式者。法將硫酸銅先入木桶。（須避金屬器）注溫湯六七升溶解之。別以生石灰。注少量之水。變爲乳劑。漸次入水三四升。與前之硫酸銅液。合爲一斗之量。冷卻後、攪拌濾過。與硫酸銅液混合。石灰之量。甯多毋少。硫酸銅不宜逾量。試驗簡法。以小刀浸之。如有銅附著。即是石灰不足之證。宜再加石灰水。茲述配合量如左。

硫酸銅　十三兩　生石灰　十兩　水　一斗

第二、阿雖累斯脫劑　治馬鈴薯疫病。最見功效。其配合量及製法。有二種、如左。

(一)硫酸銅　二十四兩　强亞厤尼亞液　九合　水一石二斗

法將硫酸銅溶於二斗之水。加强氬液。更加水。合爲一石二斗。

(二)硫酸銅　四十八兩　强氫液　九合　炭酸鈉　(以洗濯用爲宜)　六十兩

水一石二斗五升

法將硫酸銅溶於二斗四五升之水。加强氫液。又加水。合爲二石二斗五升。最後入炭酸鈉攪拌之。

第三、硫化鉀液　法以硫化鉀一錢五分、溶於五六合之水。又以水稀釋。合爲三升餘之全量。

第四、炭酸銅氫液　法以炭酸銅三兩七錢五分。溶於水中爲餬狀。加强氫液九合。更注水。合爲一石二斗。

第五、硫黃　植物之葉。帶濕氣時。菌類容易寄生。宜用粉末狀之硫黃華。或混以石灰粉。撒布之。

以上所述之殺菌劑。不論液狀粉狀。均應施諸莖葉之全面。粉末於風靜之清晨或陰天施之。液體以噴水器自上風施之。

第七節　蟲害及天然防除法

害蟲之種類頗多。與寄生菌同爲植物之害。有幼虫時爲害者。有成虫時爲害者。其防除之法。或由人工。或由天然。茲舉其重要之種類。幷天然防除之法如次。（人工防除法詳見各論中）

(一)烏蠋類　裸虫也。形大。食害植物莖葉。成虫爲蝶蛾。狀大。變態完全。故易發見。不難驅除。如害馬鈴薯、茄等之面形雀。蝕胡蘿蔔、防風等之黄鳳蝶。襲甘藷之蝦殼雀。侵里芋之背條雀等皆是。

(二)螟蛉類　幼虫裸體。狀大小不一。有具短毛者。成虫爲蛾蝶。變態完全。如萊菔、蕪菁、甘藍等之粉蝶。南瓜之煙草螟蛉。萊菔甘藍等之星螟蛉等皆是。

(三)莢蠹虫類　形大不盈寸。變態完全。成虫爲小蛾小蝶。幼虫襲豆科植物。入莢中爲害。菜豆、豇豆等之小豆蠹。菜豆、刀豆、鵲豆等之小灰蝶等皆是。

(四)葉捲蟲及芽虫類　此類形狀亦不甚大。幼虫有裸體者。有具短毛者。食害莖葉。變態完全。成虫爲蝶蛾。鵲豆之雀蝶。卽屬此類。

(五)夜盜虫類　俗云切根虫。幼虫日中潛伏地中。害根部。日沒出地上。食莖葉。於植物爲害甚大。變態完全。蛹伏地中。爲蛾。豌豆、甘藍、萊菔等之豌豆切根虫。甘藍、豌豆、葱頭等之八字夜盜蟲。防風、萵苣等之甘菜夜盜虫。甘藍、胡蘿蔔等之地蠶。葱頭、甘藍等之根切虫皆屬此類。

(六)食葉甲虫類　此類成虫。食植物莖葉。爲害非淺。蝕茄、馬鈴薯、蓏果類等之僞瓢虫類。害十字花科植物之象虫及葉虫類。蓏果類之葉虫類。豆科植物之象虫芫菁金龜子等皆是。

(七)地蚤類　此類變態有完全與不完全之別。變態完全者爲甲虫。善於跳躍。如十字花科之黃條蚤蟲、萊菔蚤虫等皆是。

(八)黑蠋類　幼虫害十字花科植物。小形之昆蟲也。如油蜂等是。

(九)蛆類　幼虫在地中食害蔬菜之根部。成虫爲蠅。萊菔蛆、即其類也。

(十)蚜虫類　是項昆虫之繁殖。分有性、無性二種。叢集於植物嫩葉。吸收汁液。豆科中最多。

(十一)浮塵子類　爲稻麥等之害虫。蔬菜中亦不少。如害馬鈴薯之斑紋浮塵子。萊菔、馬鈴薯之薄翅浮塵子。十字花科植物之大浮塵子等皆是。

(十二)椿象類 惟灰蟲方爲害體似六角形。吸取汁液。衰弱植物。如害十字花科植物及葱等之菜椿象、赤條椿象、紫椿象等皆是也。

(十三)蝗虫類 在地中或地上均爲害。變態不完全。害禾本科植物爲主。蔬菜類亦有被其害者。螻蛄之屬是也。

天然防除之法。如利用氣象之作用。及益蟲、益鳥之力者皆是。益蟲分寄生類、肉食類二種。

(甲)寄生類 (一)寄生蜂類 卵蜂 細蜂 小繭蜂 沒食子蜂 小蜂 姬蜂 (二)寄生蠅類 寄生蠅 長吻蠅

(乙)肉食類 (一)食肉甲蟲 斑螯 螢屬 步行虫 郭公虫 隱翅虫 埋塚虫 瓢虫 (二)食肉蠅 食蚜蠅 長脚蠅 食蟲虻

(三)食肉蜂 琥珀蜂 赤條蜂 細腰蜂 胡蜂屬 (四)脈翅類 蜻蜓 舉尾虫 蛟蜻蜓 擬蝗螂 草蜻蜓 駱駝虫 (五)直翅類

螳螂 螻蠼 (六)半翅類 食虫椿象

益鳥分禁止鳥、保護鳥二種。屬禁止鳥者如左。

鵜、燕（除岩燕）小雀、日雀（青冠小雀）四十雀（黃肩小雀）五十雀（青背小雀）長柄、鷦鷯、菊戴、雪加、食虫鳥（蟲殘）瑠璃、鶲、三光鳥、鶺鴒、杜鵑、郭公、蚊母鳥鵐、鵂、鴞、鳶鷲

（以上全年保護）

屬於保護鳥之鳥名及其保護期間如左。

雉、鷚（三月上旬至十月末禁止捕獲）鶇、白頭翁（椋鳥）天鷚（雲雀）伯勞（鵙）雷鳥、鶉、松鷄、鷸、鳩（除鴿）（自四月中旬至十月中旬禁止捕獲）

大凡有益之鳥類。數額少而繁殖力不強者。則全年保護之。否則僅於其繁殖季節保護之。以繁殖時捕一羽。甚於他時捕數羽也。

以上保護鳥凡三十三種。不許任意捕獵。在外國已懸為例禁。我國農政不修。不知保護益鳥。鳥之不幸。抑亦農界之不幸歟。據日本飯島氏云。鳥類利農。應在保護之列者不止此數。試更列舉於次。（數凡四十二）供學者之研究焉。

虎鶇、赤腹、眉白、黑鶇、駒鳥、赤鬚、野駒、磯鶇、河烏、岩鷚、茅潛、麥蒔、眼黑、葦雀、先入、山雀、木走、連雀、木鷚、田鷚、雨燕、筒鳥、朱鷺、篦鷺、鰺刺、海雀、阿比、鸛、鷗、鶯繡眼兒、山椒、食善知鳥、

以上爲全年保護。

鴿、猩猩、鷺、小鷺、中鷺、大鷺、雁、梟、鵜鳥、秧雞、以上自四月十六日迄十月十四日禁止捕殺。

人皆知荒歉之故。水旱而外。又有蟲害。而謀所以驅除之者。對於害菌則有殺菌劑。如樸爾獨液等。對於害蟲則有誘殺、捕殺、燒殺、藥品、熏蒸、電氣等法。要皆利用人工。勞費多而收效少則何如愛護有益之禽虫以代除害敵之爲愈也。

第十章　促成栽培及軟化法

促成栽培者。利用少許土地。應用科學。促成作物。使短期間成熟之栽培法也。亦可謂之不時栽培。蓋能使嚴寒氣候變爲陽春。隆冬無異盛夏。作物乃感而發育。是以雪花粉飛紅莓綠瓜。任人取食。昔時寒中掘筍。稱爲孝子。今又何難也。惟文化日進。生活程度遞高促成品之需要。隨之增加。津滬各地。已有供不應求之勢。凡我農友不可長此因循。再守陋習。須急起直追。毋落人後。

軟化法者。將作物之莖葉部。置於暗所。以止葉綠素之發育。使莖葉軟白可愛。質地柔脆可口之栽培法也。惟一任放置。不加管理。有時竟生有害之毒素。故從事軟化者。對於溫度濕氣與土質等。不可不注意也。

今將促成栽培與軟化栽培。詳論於次。

第一節 促成栽培之利益

普通栽培。俟作物已至時節。始憑學理而施諸實地。稍一疎忽。未免結果不良。促成栽培。則以特別注意及準備。以迎合社會之需要。結果勝利。可操左券。且促成品因時會關係。風味優美。價值較普通特高。若一家有二人。專充栽培。復以靈敏手腕。審察市場情形。其獲利未可限量。雖初時經營。佈置場地。購備器具。建造促成床。需若干資金。然照歐美農家之成績。一年中可將資金全數回收。今若因用術未精。限以二年。則二年後即可全充積儲。是促成栽培非多趣厚利之副業乎。今據專家之四十框收支報告。列表於次。

收入項下		
款目	備註	銀額
茄	四十框三百八十個每個八分	一二〇〇．〇〇〇元
胡瓜	三十框二百本每本一角	六〇〇．〇〇〇
合計		一八〇〇．〇〇〇

支出項下		
款目	備註	銀額
廐肥		三八五．〇〇〇元
苗用廐肥		二一〇．〇〇〇
肥料與藥品		一二〇．〇〇〇
購置		一九九．〇〇〇
修繕		五〇．〇〇〇
折舊	促成床40框資本洋1520元保存十年	一五二．〇〇〇
工資	二人五個月	三六〇．〇〇〇
純利益		三二四．〇〇〇
合計		一八〇〇．〇〇〇

若以副業計算。則用後肥料。次年尚可施於普通園地。照原價折半。計三六七元。而工資一項。亦可剔除。則純利益爲一〇五一元。苟栽培合法。管理得宜。其收入尚不止此。

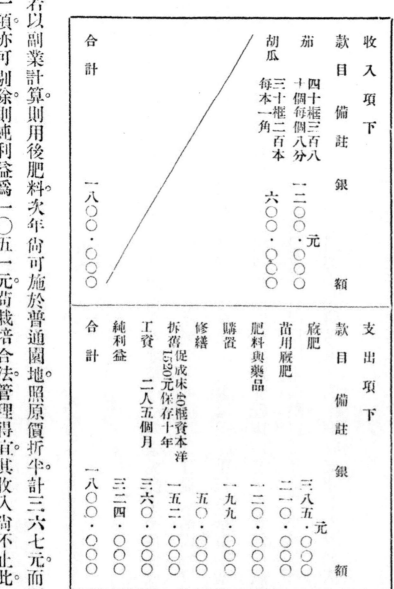

農家以農事閑散之時。擇適宜之地。試用一框。作小規模之促成園。待經驗有素。逐漸推廣。既可娛樂。又得補充經濟。有心人曷試諸。

第二節 促成栽培事業之要點

促成園之位置、須注意下列數點。

(一)位置須溫暖。同一地方。最高最低氣溫。有時相差遠甚。管理因之困難。故宜擇冬期溫暖。且氣候無激變之地。

(二)園近住宅。利用南向傾斜地。排水便利。住宅附近。朝夕管理。自然周到。而防除寒風。更爲得計。

(三)太陽須充分照射。西北方以樹木、高丘或住宅。避除寒風。東西南三方。太陽充分照射。內以常綠樹爲生垣。圍繞園塲。既雅觀。又可永久。

(四)水利宜便。促成栽培管理較普通栽培周詳。灌水亦多。故宜擇水利極便之處。但地下水宜高。低濕之地。不可建設。

(五)促成園之廣狹。若建設一二框。則造設防風牆。極不經濟。十框以上。卽不致有損。

至於數框位於住宅南方。避免北風。設備簡易。亦良得也。

(六)市場宜近。轉運須便。促成事業。較諸普通農業不同。似近乎商業、兼工業也。經營不能隔離商場。以免失敗。

(釀熱材料之經濟、) 堆肥、出自農家手工。且勿論焉。新鮮廐肥與紡績屑、藁類等。須多量預備。廉價時購入之。收益匪淺。高價時、不但支出加大。且亦不易購得。兵房養蠶地與水利地方。釀熱材料容易辦到。至於塵芥。亦係發熱之源。宜隨時多量掃集。

(栽培物之種類、) 栽培物種類隨地不同。須考察市場之情形。審愼取舍。不可一概論也。玆舉其大要。以資參照。

胡瓜、爲普通促成品。需要頗大。五月出賣極利。若二月則栽培不易。出賣亦難。

茄、四五月時需要孔多。五月後難賣矣。

菜豆、較前二者需要更大。由十二月至三四月。甚爲有利。

蕃茄、冬瓜、南瓜。亦有相當需要。且獲利最厚。產出之適期。在三月至五月末。而蕃茄與冬瓜。則至六月中旬。亦能維持相當市價。

莓、一月至三月。最受人歡迎。

交品類、如芽紫蘇穗紫蘇與山椒之類。以一月至三月。較爲有利。

軟化品、土當歸野蜀葵。需要最多。利益亦厚。土當歸以第三年三月間。爲最適期。

總之、促成栽培。第一須占地利。次注意作物之性質。再加以緻密之管理。斯可矣。

第三節　各種促成床之構造

促成床、促成栽培所用之溫床也。有簡易床、單覆床、兩覆床、木框床、煉瓦或石製床。種種不同。今述其構造如左。

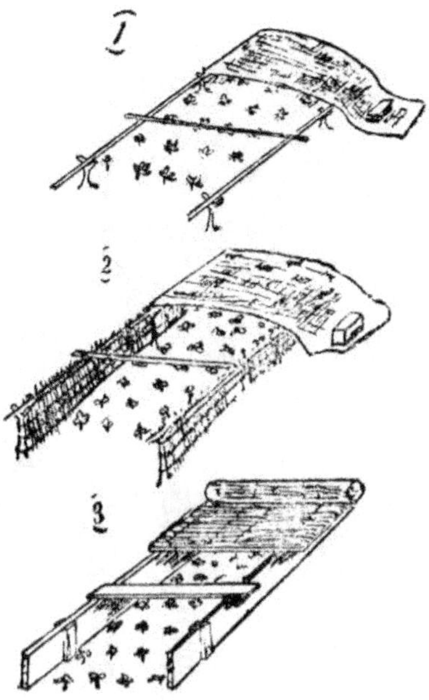

二十六

(一)簡易床、或曰藁圍高設溫床。每以常綠樹會外垣。內垣有種種不同。如上圖。或打樁架竹(1)或編竹爲圍(2)或橫豎木板(3)上覆竹葦或蘆簟。構造簡易。効力亦微。甘藷之發芽。土當歸之促成。野蜀葵之軟化等用之。

第十章　促成栽培及軟化法

(二)單覆床、或曰六尺床。菜瓜莢豆等類之促成多用之。每隔九尺打樁。籬垣北高五尺。南高三尺。以幅六七寸之板插入南北兩側。內部入馬糞、敷藁、塵芥等發熱物。踐踏之。灌水酣足。更引板四五寸於地上。再入發熱物。灌水踐踏如前。最後以少量之發熱物附實之。東西亦插板。整地爲長方形。其積厚至二尺五、六寸。追發熱。其積嘗減縮至二尺左右。整地畢。以藁圍四周。下部橫貫以竹。堅結於支柱。亦用藁附其上。屋背用蘆簀。使可開捲。晴天捲縮。卑受日光。雨天及夜間開展。以防寒氣。後面更用二重蘆簀。嚴防寒氣。內部注意束藁與格子。上蔽油紙。以防溫熱散失。或日光直射。裝置畢。入腐土三寸許。灌以水。播種後、被藁於其上。床地建設完竣。酷寒時約八九日。早春時約一週間。已可釀成適於播種移植之溫熱。此種床地。可栽培胡瓜、甜瓜、茄等之果菜類。菜豆、

二十七

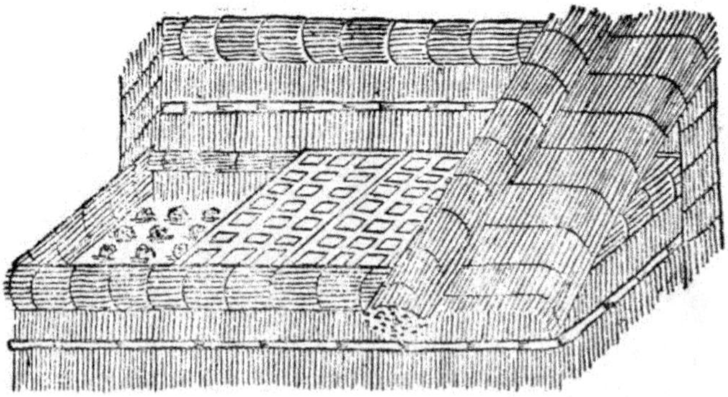

豌豆等之莢豆類。在冬季播種。應移植數回、以防苗之徒長。是爲矮性培養。結果較早。每於三月下旬。可以收採。爾後繼續作業。至達露地栽培之收獲期而止。此種床地。又可爲普通苗床。播種於此。至四五月。卽移植於露地。比普通床地培養者。收獲較早。

二十八

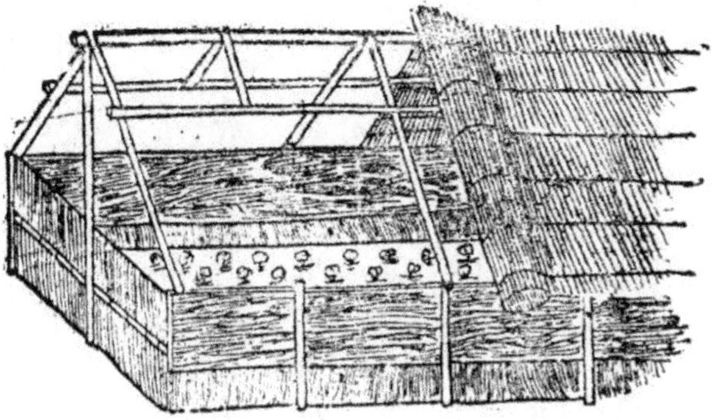

(三)兩覆床、或曰八尺床。茄等之促成用之。幅八尺。長任意。形如屋蓋。中央橫竹爲棟。豎木作樁。樁隔六七尺。高三尺五寸。兩側之樁高二尺五寸。架以竹。覆以葭簀。茭白草或油紙等。使加減其溫度。樁下插幅五六寸之板。然後入鳥糞、敷藁、塵芥等。厚約五寸。踐踏之。將板引上。再入同厚之塵芥。灌以水。凡四次。厚至二尺。設備已畢。南北兩面上部用板。下部與東西兩側。用藁、茭白草等圍之。

又法。於外垣西北面高丈餘之木材或竹桿上。結同高之草蓆。離地四尺許之一部。則固定於木材或竹桿上。

其餘一部。則結繩附環。使可舒捲。東西南三方。垣高二尺五寸。結以草桿。苗床位置。距南垣約四尺。其他三面均可二尺五寸。整地在十二月與一月間。劃幅八尺長六尺之地。入人糞尿四擔。乾燥後掘地深五寸。加藁約二寸許。施馬糞於其上。更入肥土二寸許。加塵芥、木灰、與肥土混和。乾後踏平。床地周圍。圍以狹板。南方傾斜。上覆油紙。播種時並列礫石。以防水分蒸發。

(四)木框床。是項促成床。爲歐美農家所盛行。日本現亦極力仿效。其結構極良。自秋季開始栽培。以迄晚春。能得多量利益。近時園藝家。莫不採用。其構造法。以木爲框。普通框闊四尺。長十二尺。前高八寸。後高一尺四寸。兩側準此。上設闊三尺長四尺二寸之玻窗。四窗木材。以耐濕氣者爲良。四周圍以厚八分或一寸之板。四隅及中央。附以二寸大之足。六足高一尺。框上設幅一寸五分厚一寸二分之橫檔三條。以支受玻璃窗。並使適合。以免雨水侵入檔中。掘小淺之溝。以便雨水之外流。製法須可活動。木框不用時。預備折卸收藏。故最好不宜固定。玻璃窗闊三尺。長四尺二寸。內設支柱二條。玻璃即嵌於此。玻窗四角。包以鐵皮。每窗玻璃十二方。縱四方。橫三方。玻璃過大易碎。

二十九

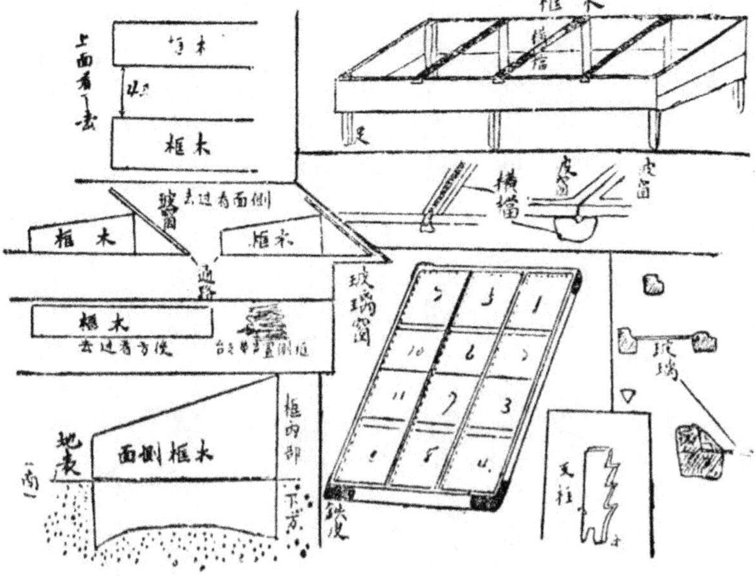

過小則多影。更須平滑。其凹凸不平及有氣泡者不可用。插入玻璃。宜從下方（卽前方）須次嵌上。雨水自然落於外部。玻窗框邊伸下。使合於木框而有餘。玻璃邊釘二三小釘。卽可。木框塗防腐劑。以免腐蝕。更設支柱。以便換氣與調節濕氣。支柱長一尺二寸。闊二三寸。厚一寸餘。其木框可起落。苗成長高達玻璃窗時。當拔起之。若有間隙。塞以蘆藁等物。如此。計一框工料費共約二三十元。使用年限七年至十年。

設置木框。須南向。兩框前後相距約四尺。通路一尺。過狹恐損玻璃。晴天日中。

當灌以水。玻窗上覆以蘆藁。以爲防寒設備。每朝除去。置於框側。木框內部。掘深一二尺。中高南北低。而南部更須掘深。框內需高溫。釀熱材料宜多量踏入。

玻璃之代用品爲紙類。雖効用不大。而資本極輕。現在農工界。多利用紙器。木框床亦可代以油紙。或皮紙塗油與明礬水。過大雨時。上覆藁苫。美國有用白布作天幕式者。亦得良好之結果。

（五）煉瓦或石製床。或曰萬年溫床。其框以石材製之也。前後積疊煉瓦。高低約與前述之床同。最初掘闊三丈、長一丈半、深二尺五寸之溝。下部或裝置鉄管。乃積瓦橫石。佐以塞門德。硬化後、堅固如鉄。較其他之促成床。耐用多多矣。

前述之各種促成床。一得一失。各有利弊。採用何種。須由園地之廣狹。經濟之充否。以及作物之種類與時期等而定。今之農家。多稱木框床爲最活用。然保存力弱。爲其大缺點。故近世多用煉瓦或石製。以補此缺。若藁圍高設溫床。費用雖輕。而保溫力極小。茄與蕃茄。或有因寒致枯之虞。

第四節　釀熱材料與踏入法

釀熱材料、促成栽培必需熱源。釀熱材料雖有用火蒸氣與電氣者。然普通多以新鮮之廐肥、馬糞、藁稈、落葉、塵芥、紡績屑等爲主要原料。以人糞、尿、米糠、麥稈等爲補助原料。以其價廉而易得也。今各述其効用於次。廐肥馬糞易於釀熱。優良材料也。若一時釀發高溫。有妨作物之生育。可混落葉以加減之。落葉以櫟栗等闊葉樹之落葉爲良。此外欲使早早發熱。可加用米糠與藁類。又欲保持熱度。可用紡績屑塵芥類。因成分極雜。有熱度急出之缺點。人糞尿能早出高溫。但不能持久。須與紡績屑切藁混用。欲繼續發出最高溫度。可加用新鮮廐肥。總之各種釀熱材料中。以紡績屑切藁混用或廐肥單用。効用最顯著。今將專門家之試驗成績列表於次。以資參攷。

框區	釀熱材料	踏入量及價格 貫（圓）	所要水量 貫	十日內平均溫度 1—10日 度	11—20日 度	21—30日 度	31—40日 度	41—50日 度	五十日總平均溫度 度
第一	廐肥	一七〇（二·五五）	三〇	二九·二	二九·四	二四·七	二二·二	一八·一	二四·七
第二	廐肥 木葉	一六〇（二·四〇） 一二（〇·四二）	四〇	三〇·〇	二五·八	二三·六	一九·六	一七·二	二三·二
第三	切藁 米糠	四五（一·二六） 一二（一·〇〇）	一二〇	二九·二	二四·六	二〇·七	一八·〇	一五·三	二一·六

第四	紡績屑 切藁	四〇(〇・四八) 三五(〇・九〇)	一五〇	二五・六	二四・三	二二・〇	二一・二	二五・三	二一・七
第五	牛野舍肥	二三〇(一・七三)	—	二八・一	二五・四	二五・九	二三・四	一九・四	二四・四
第六	牛野舍肥 木葉	二〇〇(一・五〇) 一二(〇・四二)	一〇	一九・九	二六・四	二四・四	二一・一	一七・一	二一・八

又一試驗表示於左。

框區	釀熱材料	踏入量及價格（貫）	所要水量（貫）		十日內平均溫度 1—10（度）	11—20（度）	21—30（度）	31—40（度）	41—50（度）	五十日內平均溫度（度）
第一	廄肥	一二五・(三・三〇)	七三・六七	午前	一六・七	二六・五	二二・二	二二・九	二二・三	二二・三
				午後	七二・〇	二七・二	二六・六	二五・二	二四・九	二五・一
第二	廄肥 切藁	六〇・ 二六・(三・一四)	七三・六七	午前	二二・一	二七・〇	二一・七	一九・三	二二・五	二二・七
				午後	二七・〇	二八・五	二七・二	二六・九	二二・二	二六・四
第三	廄肥 切藁 人糞尿	六〇・ 二六・ 八・三(三・六一)	六三・一五	午前	二一・六	二四・八	二三・七	二二・三	二一・三	二二・七
				午後	二五・六	二六・一	二三・九	二三・六	二二・八	二四・二
第四	廄肥 紡績屑	一〇〇・ 三〇・(三・二五)	八四・二〇	午前	二八・四	二六・四	二五・五	二四・五	二二・六	二五・五
				午後	三二・四	二五・九	二七・三	二六・四	二二・九	二七・二
第五	紡績屑 切藁	四〇・ 四〇・(三・三三)	一一五・三〇	午前	二一・五	二三・六	一八・六	一六・八	二五・七	一九・二
				午後	二六・八	二三・五	二一・六	二一・二	一九・三	二二・三

（註）日本一貫合我國六・二八三三斤

觀上二表。則各種材料之釀熱力。可大略判定矣。

踏入法、　溫床栽培雖易。其釀熱物之踏入法。則甚祕巧。難以筆述。蓋釀熱之成績。全在踐踏之强弱。與水之打入法也。故技術不精。不但多費材料。且釀熱亦無良好之結果。最初於木框之底。敷設粗大切藁。或和以杉櫟等葉。乃入釀熱物。以足充分踐踏。稍堅爲止。四角與周圍。踏法更須均勻。次更打水踐踏。至水分全體酣浸。再入釀熱物而踐踏之。如此納入全數材料。反復踐踏數回。最後加入植土或培養土四五寸。平勻覆於釀熱物之上。踏入工作。乃告終了。一框踏入量。由材料之種類。作物之種類。氣溫之高低。與經濟上之關係。不能一定。然大體可照前表決定。普通一二月嚴寒時。用新鮮廐肥七五〇斤至九四〇斤。紡績屑二百斤左右。切藁亦約二百斤。灌水分量。雖由氣候土質與釀熱物而異。大略可照表加減之。如此踏入約達一尺三寸之厚。乃掛玻窗。上覆以菰或蘆藁等物。經二三日、開始發熱。惟其發熱狀態。極不規則。數日後、乃有一定之狀態。大概溫度不離前表所列。今將踏入之要點。表示於次。

(一)踏入强壓過度。釀熱物堅實。發熱時間要多。且地溫之昇。不能充分。

(二)踐踏過於軟鬆。則發熱早速。但以後下降。溫度不能持久。

(三)釀熱物粗細。不同各部分之發熱。因之而異。地溫亦不一定。

(四)打水不勻。各部發熱狀態。遂亦不同。床之周圍。乾燥容易。故灌水須多。又上層宜多。中層次之。下層宜少、反之則溫度易急。且有諸種不良之影響。

(五)須高溫之作物。釀熱材料宜多。

(六)新鮮廄肥。比古舊廄肥發熱高。

其他對於床地使用之目的。其踏入法亦有多少差異。如播種床、溫度不需持久。掘孔宜淺。床土要高。日光之照射。尤須充分。假植床、介乎播種床與定植床之間。所需熱量。亦在二者之中。床土與播種床同。高過溫與通氣不良。及日光缺少。則苗秧軟弱。若定植床、須永久保持一定之溫度。釀熱物之踏入。更不可不注意也。

踏入所要之勞力　溫床一框踏入所要之勞力。由移取材料與管理之便否。及踏入之深淺而異。大概廄肥單用。或紡績屑混用。作業比較容易。男三人二時間可以竣工。若切藁混用。則需三時間半。今舉專家踏入成績。列表於左。以資參攷。

深		
一尺	二人	一時間五十五分
一尺二寸	二人	二時間二十分
一尺五寸	三人	一時間五十五分
二尺	二人	二時間五十五分

其踏入之場地與材料。完全同樣。材料用廐肥。踏入者係男人。工作完全終了爲止。不然、則甚有影響於發熱與保溫也。故單求外觀上之踏入完美。而急於從事。反致失敗。

踏入深淺與釀熱材料之關係、　踏入之深淺。與釀熱材料成正比例。而踏入法之巧拙。與材料之乾燥程度。亦有多少差異。今將用廐肥之床地。約記其數量於左。

深	廐肥	水
一尺	五六〇——六二〇斤	約五〇〇斤
一尺二寸	七五〇——八〇〇斤	五三〇斤
一尺五寸	八〇〇——八八〇斤	五六〇斤
二尺	一一三〇——一二五〇斤	六二〇斤

普通深淺多係一尺至一尺二三寸。惟播種床約在八寸左右。若二尺以上之踏入則罕見矣。

培養土之調製、 培養土之預爲調製。爲促成栽培必要之工作。且以培養土之優劣。大有關於新業之成敗也。

培養土因各種作物。有多少差異。大概用輕軟肥沃土。夏秋之間。掘池土與溝土或粘質壤土田土等。風乾日晒。與腐熟廄肥。交互層積。其各層并撒布少量米糠、過燐酸石灰、藁灰等。大約一百八十立方尺。以二擔人糞尿分數回撒布。同時各層撒以少量石灰。使肥料分解迅速。且使酸性土壤中和。實係最良之法。如此、做成之土。不能受雨。宜納於室內。堆如山形。表面覆蘆藁。以待使用。

第五節 軟化法

施行軟化之方法。因作物之種類。氣候之寒暖而異。蔬菜中可行軟化之物。有土當歸、葱、石刁柏、野蜀葵、里芋、塘蒿、苦苣、蘘荷、生薑等。故軟化法亦有多種。有加土根際使之軟化者。有培養於軟化室。使之軟化者。軟化室不特可爲軟化之用。并可貯藏根菜類。又可培養其他植物、凡經營園藝者。不可不設備者也。建軟化室。當選底土堅實。地質乾燥者用之。先掘穴。幅約二尺五寸。深約一丈。從掘下而擴於左右及後方。爲幅九尺。長一丈餘之長方形。平其底面。窖內周圍一尺。中央留一尺五寸爲通路。(踏場)路之左右穿幅二尺七寸深二尺之溝渠各一條。此爲軟化之床地。窖之昇降口。必向南面。幅二尺五寸。自入口達窖口平面距離約六尺五寸。須設七八段之階級。架木材於窖之上部。敷杉板等。盛土於其上。比地平稍高。種芝草(一名結縷草屬禾本科)以防雨水浸入。又昇降口之周圍。架稍高木框。嵌入油紙窗。覆茭白草於其上。如野蜀葵、蘘荷等需光綫時。自油紙窗間接吸受。雨大及夜間。遮蔽以防雨水侵入。及溫度發散。窖內植物直接透射日光。則嫩葉不能抵抗。往往焦枯。故油紙窗切不可輕於撤去。窖內床地須與溫床同入馬糞、木葉等釀熱物。測其適溫而施軟化法。時期非僅限於冬令。夏間如根芋等亦可以此室軟化者也。此種軟化室冬暖夏涼。適於貯藏蔬菜果實等。

施軟化法。因蔬菜之性質。而溫度時日等有高低長短之差。記其一班如左。

土當歸　掘根。以莖短而密植。加發熱物厚六寸至八寸。溫度十六度至十八度。使間接

三十

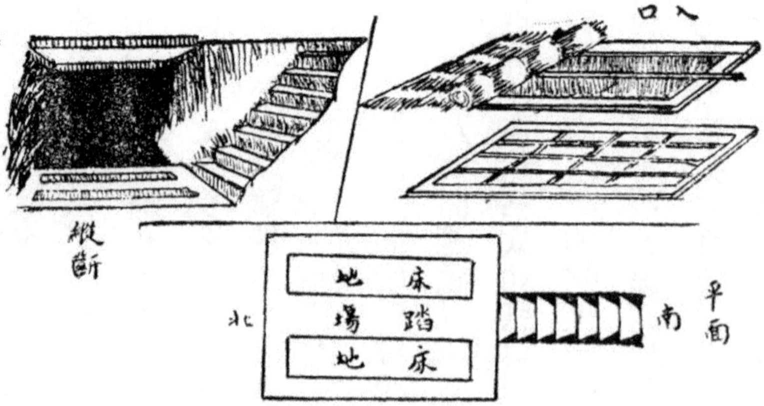

通光。經一月收穫。

石刁柏　利用此法。可得小莖。發熱物一尺至一尺二寸。溫度二十五度至二十八度。遮斷光線。經二三週間採收。

野蜀葵　自根際切莖。爲小束密植。發熱物六寸至八寸。調節溫度十六度至十八度。使稍觸間接光線。且屢注微溫之水。經十五日收穫。

根芋　霜降前切莖五寸。斷近芋之根莖而密植之。發熱物厚約一尺。溫度二十五度內外。遮斷光綫。經二十日軟化。

蘘荷　束根並列。覆土於其上。發熱物約一尺厚。溫度二十度至二十五度。使稍觸光綫。經過十五日至二十日軟化。

生薑　排列根塊。覆赤土於上。發熱物厚一尺至一尺二寸。溫度二十五度至二十八度。使稍觸光綫。嫩芽呈紅色。經五週間採收。

防風　切根部帶莖葉三四寸。密植之。覆以細土細砂。加六七寸厚之發熱物。保十六度至十八度之溫度。莖身呈鮮紅色。使觸光綫。約二週間採收。

第十一章　收穫販賣及貯藏法

(甲)收穫　收穫爲蔬菜栽培上最終之業務。應及時收穫。或視市價而分遲早。不可稍有差誤。否則受無形之損失。有不可思議者。試舉例明之。如胡瓜遲收。外皮硬化。子多品劣。南瓜早收。味淡未甜。價値即賤。萊菔過老。空心生絡。便等廢物。西瓜過熟。甜味減却。不滿食慾。由此觀之。收穫雖爲栽培蔬菜最終之業。顧可忽乎哉。茲言蔬菜之收穫期及收穫量於左。供學者之參考焉。

作物名	收穫期	收量（一畝）	作物名	收穫期	收量（一畝）
豌豆	六月中旬	一石五斗	蠶豆	同上	二石

第十一章　收穫販賣及貯藏法

菜豆	七月中旬	同上
刀豆	八月	二石五斗
胡蘿蔔	九月下旬	五百根
牛蒡	十月下旬	同上
茄	七八月	二千五百個
蕃茄	同上	四千個
葱	十一月	二千斤
甘藍	春秋二回	一回千二百斤
花椰菜	同上	同上
萵苣	春秋	一回千五百斤
萊菔	同上	四百根
蕪菁	同上	同上
甘藷	九月	二千斤
馬鈴薯	早七月晚十月	同上
芋	十月	二千斤
甜菜	七八月	千個
西瓜南瓜	同上	五百個
冬瓜	同上	六百個
白瓜	十月	四千斤
菠稜菜	三四月	四百斤
石刁柏	同上	五百斤
土當歸	同上	五百斤
蕃椒	八九月	同上
蘘荷	七月	同上
玉葱	十一月	千斤
蕪菁甘藍	十月	二千個
蕈	同上	二千斤
胡瓜	七八月	二千個

(乙)販賣　販賣蔬菜方法各別有販客察生長品質直接向園圃判賣者有收穫後賣於蔬菜行或託蔬菜自行寄賣者有自行負販或貯藏之以待善價者前二者轉折少而價格低廉大栽培家行之後者手續繁而獲利厚普通農家行之雖然爲販賣之業者不論爲大栽培家或普通農家必考察市場之狀況及供給需要之量善爲調製注意經營其理一也

(丙)貯藏　蔬菜出產各有定期不能爲常年之供給於是取居奇善沽之義有貯藏法蔬菜中瓜果類之貯藏頗難葉菜類根菜類較易貯藏之方法有種種最簡單者即選定乾燥之土地掘穴(約三四尺)而堆積之下面及兩側置礱糠及草稈上面復被草幹及乾燥之土(約一尺以上)處處作換氣口或於房屋附近選定乾燥之處以藁稈作圍約三四尺厚將蔬菜貯藏其中此皆臨時之貯藏法也若爲永久計則選乾燥之地作深約五六尺之穴周圍以板作柵防止濕氣設換氣口以石灰作固層被土一尺以上無使雨水及其他水分侵入一方作出入口蔬菜貯藏於其內可也

貯藏蔬菜時先宜發散其表面之水分(乾燥二三日)然後區別完全者與損傷者分置

於貯藏所內此事最宜注意因水分多或受損傷之物易於腐敗易於播及全體也。

三十一 蔬菜貯藏所

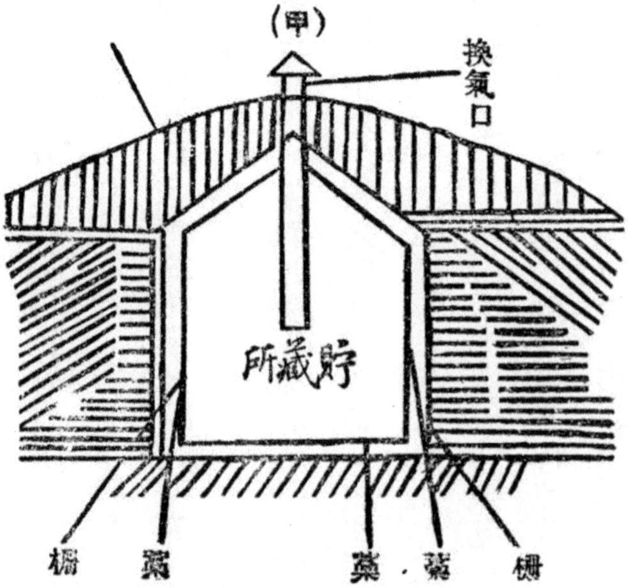

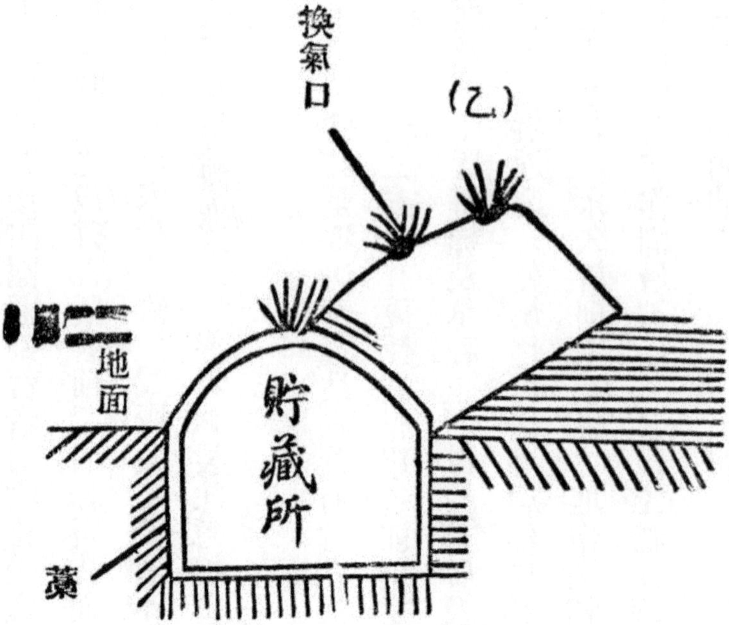

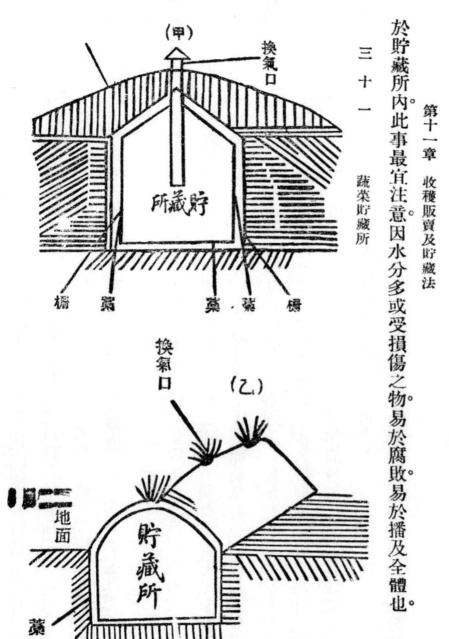

後編 各論

第一章 果菜類（一名蓏果類）

果菜類、爲胡蘆科及茄科之一年生植物。胡蘆科多蔓生。屬熱帶原產。好溫暖氣候。如西瓜、甜瓜。於寒地不能結佳果。其明證也。大形蓏果。需多量之養料及水分。故宜植於肥沃土壤。蔓生植物。如結果碩大者。則任其蔓延地上。否則以棚架或支柱扶植之。有非蔓生而亦與以支柱者。則有茄科之類。惟其例不多見耳。凡茲蓏果。被人類一再淘汰改良。故草勢虛弱。自力扶植爲難。栽培家於選土管理諸事。不可不加之意也。花單性。雌雄同株。呈黃色。間有一二呈白色者。爲數甚少。以虫媒花之誘虫類。多黃色也。

蓏果、果皮分內中外三層。外果皮有硬厚顆皮。爲子房所發達。果肉由內果皮中果皮所成。可供食用。多含種子。但不能如葡萄等之多汁。故稱瓠果。

栽培上應注意事項。移植、施肥、中耕、採收而外。最要者爲摘心分枝。蓋栽培蓏果。其目的在顆實不在莖葉。莖葉過茂。則行抑制。使生長力全向顆實。而獲良好之結果。與果樹之

第一章　果菜類

宜剪定整枝。事異而理同也。

第一　西瓜　學名 Cucurbita Citrullus, L.

英 Water melon 德 Wasselmelone 法 Melon d'eau 日 スヰクハ

性狀及原產地。　西瓜屬胡蘆科蔓性一年生。其原產地在亞非利加熱帶地方。栽培已古。四千年前。埃及人曾紀載之。我國當五代之際。胡嶠征回紇得茲瓜。以入中國。故名西瓜。日本得之於中國。迄今不過三百二十餘年。歐洲除俄國外。栽培者少。美洲既多佳種。栽培亦盛。斑紋之橢圓形種。(西洋種)日趨繁盛。綠色圓形種。(中國種)行見居劣敗之地位矣。莖長。葉綠。粗硬且大。有深缺刻。如複葉然。花小。色黃。雌雄同株而異形。雌花有白色細毛。子房長圓形。受精後。次第膨大。生顆。因品種之不同。其形狀色澤各異。有球形橢圓形者。有濃綠綠白及綠色之蛇紋斑者。大者達十餘斤。種子周圍之顆瓤。味甘可食。顆瓤有淡紅。濃紅及黃色之不同。種子有褐黑赤白之別。種子一錢。平均約二十餘粒。發芽年限。可達六年。氣候好高溫乾燥。土質好砂性砂質壤土。次之壤土。再次之冷濕之黏質土。不宜。海岸砂土地方。栽培西瓜特盛。其故可深思矣。

栽培法　(一)播種。西瓜宜直播。因幼苗時代。細根之發育。不甚完全。草勢虛弱。移植困難故也。恐有種蠅等侵害。則於苗狀養成之。亦可。株間之距離宜廣。普通畦幅六尺。株間五尺。一畝可植二百餘株。不可過狹。狹則莖葉茂大。顆少。非所宜也。前作以大麥為宜。豫留栽植西瓜之位置。而條播之。設如麥之畦幅二尺。每隔二畦。留一畦為植西瓜用。播種前耕整該地。規定株距。掘直徑一尺二三寸。深七八寸之穴。入原肥於其中。使與土混和。更入土二寸許。播種期節。因土質氣候之不同。不無差異。直播者大概在四月下旬為確期。每穴下種五六粒。種之尖端向下。以指插入土中。平勻分佈。深度視濕氣之高下而增減之。約一寸以內為適當。上覆河砂。斷藁等。閱十日左右發芽。再閱十餘日。掘苗之周圍。施液肥。行中耕。葉生六七枚時。復施肥中耕如前。并敷藁幹於地上。使蔓伸長焉。栽培西瓜。亦有用移植法者。則應設溫牀。牀之構造不一。普通所用者。為幅四尺長十二尺之木框。上覆玻璃窗或寒冷紗。設備方法。詳通論中。茲不贅述。溫牀栽培移植時。恐損傷細根。於是有掘水田稻株。埋種其中。然後置之牀土間者。或以直徑五寸之花鉢蒔種子二三粒。覆河砂一二分。埋之牀中者亦有之。(鉢中之苗如已發育。祇留一本。間拔其餘。)移植時期學說不一。如由鉢蒔大抵以生葉六七枚。蔓稍伸爲適可。屆時連鉢於園中。仔細拔取植之根際鋪草幹以防土地乾燥。又建常綠樹之枝。於苗之南面以防日光直射。閱二十餘日施肥中耕及一切設備與直播同(一)摘心。西瓜著花之狀態。因品種及外界之情形而異。大抵自主幹四節處發見雄花。遞至十四節始著雌花一朵。十五節又見雄花。遞至二十節再著雌花一朵。自茲以往。有五雄花間生一雌花之性。支幹自第三節發現雄花。遞至八節著雌花一朵。九節處又見雄花。遞至十四節再著雌花一朵。自茲以往。亦有五雄花間生一雌花之性。與主幹同。(參觀三十二圖)

西瓜結果在主幹(親蔓之本)上者。體大而熟期亦早。故最初之雌花發現後。雖可自三四節先端摘去親蔓。使其結實。然最初雌花易於凋落。往往有弄巧反拙之弊。如能保存無恙。前端又生五個雄花。至第二雌花發現時。則行摘心。葉腋發生側枝。自結果節出者摘去之。自他部發生者不摘。側枝摘心。與親蔓同。是曰二次生成。熟期稍遲。形狀亦稍劣。欲使西瓜結果正確。當行人工授粉法。於朝露已乾。雌花怒放時。拂雄花花粉於小器中。以柔軟毛筆。附紛於柱頭上。或摘取雄花。對雌花輕拂授粉亦可。二法以後者較爲妥便。

（二）施。肥。基肥用堆肥、油粕、人糞尿、米糠、木灰等混合之。其配合法。大凡每地一畝。堆肥五百五十斤。油粕五十五斤。過燐酸石灰十八斤零。藁灰三十六斤。施於待肥之際。（播種或移植時）第一次追肥。施人糞尿三百六十斤。第二次追肥。施人糞尿五百五十斤。有以米糠代過燐酸石灰用者。考米糠一物含燐酸

第三十二

西瓜蔓想像圖

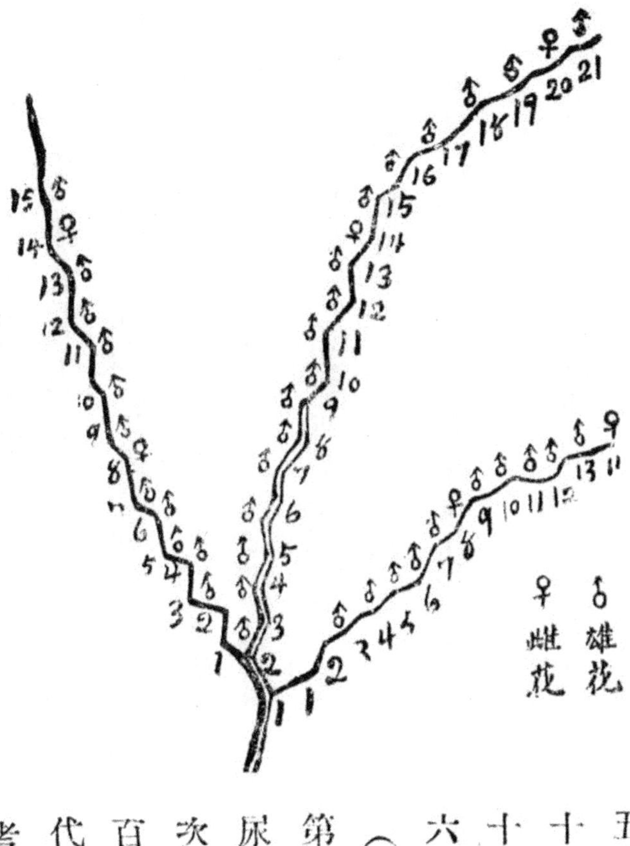

甚富。欲西瓜增進甘味。非燐酸不可。應用米糠。意即在是。惟施用時。先須浸水（攝氏溫

約二三十度）二三日使所含燐酸物質。十分溶解。不然直施土中。不免與他鹽基化合。成不溶解狀態。效益轉少。過燐酸石灰。價值較廉。最利於用。然不可過多。多則纖維粗生。均屬非利。或謂不宜施於西瓜者。殆未知就其適度之量而用之者也。豈通論乎。（四）收穫。西瓜收穫。當視成熟適宜之際。過或不及。均非所宜。成熟有特徵。結果節所出之卷鬚已呈枯形。一也。果與土之接觸面色已變黃。二也。擊之發異響。三也。（音鈍而低。爲成熟之徵）三者鑑定無誤。可判斷其完熟。經驗既多。不難辨矣。

病害　病有露菌病。（胡瓜項下）虫有瓜葉虫（胡瓜項下）地蚕（南瓜項下）僞瓢虫等。其驅除法參照各主害蔬菜項下。

品種　中國西瓜。品類甚多。優劣不一。舶來品中。以美產爲佳。日本次之。茲就著名者揭之於次。

（1）早生黑瓜　形小。表皮濃綠。肉紅。子黑。

（2）早生赤瓜　形小。表皮現淡綠斑紋。肉紅。子赤。

（3）白西瓜　球形。大小不一。外皮白。肉紅。種赤。中生種。

(4)黃肉瓜　晚生種。球形。大小不一。外皮濃綠。現斑紋。肉黃。子赤。

(5)晚生黑瓜　形大如球。外皮濃綠。有斑紋。肉紅。子黑。

(6)冰酪瓜 Ferry's Peerless or Ice Cream.　中生種。形圓或橢圓。中等。外皮濃綠。有細斑紋。中生種。肉紅味甘。

(7)甜心瓜 Sweet Heart.　橢圓。形大。外皮有濃綠斑。紋肉紅。味甘。成熟早。質緻密。爲融解性。

(8)科爾斯早生瓜 Coles Early.　形圓中等。成熟早。外皮綠。有淡斑。紋肉紅。味甘。不耐久藏。

(9)鱗皮瓜 Scaly Bark.　形大。橢圓。外皮深綠。有粗斑紋。稍呈鱗狀。肉紅。味甘。富溶解性。

(10)可爾勃斯堪瓜 Kolbs Gem　形大稍圓。外皮濃綠。肉紅。味美。可貯藏。

(11)台克思瓜 Dixie　形橢圓。外皮色深綠。有斑紋。肉紅。味美。貯藏耐久。

(12)苦蓬菌瓜 Cuban Qneen　形大橢圓有淡綠斑紋。肉紅。味甘。可貯藏。

備考　西瓜一名寒瓜。皮有青綠白黑之異。形有長圓大小之別。瓤有紅黃赤白之分。子有黑白紅黃之殊。瓤紅者味美。子白者種劣。薦福瓜出蘇州。蔣市瓜產太倉。陽溪瓜。秋生冬熟。瓤若胭脂。形扁長。味佳美。貯藏得法。可以隔歲。滇南武定州瓜以正月熟。上元饌瓜。鏤皮爲燈。亦可覘物候之不齊矣。夏小正、五月乃瓜。乃者急辭。八月剝瓜。畜瓜之時。瓜乘果蔬。故授時重之。近世供果最重甜瓜西瓜二種。石湖詩註。西瓜本燕北產。今河南皆種之。事物紀原。載中國初無西瓜。洪忠宣使金。貶遞陰山。得而食之。西瓜之種自此始。五代郃陽令胡嶠陷北記云。嶠於回紇得瓜種。以牛糞種之。實大如斗。名曰西瓜。本草陶弘景註云。永嘉有寒瓜甚大。可藏至來歲之春。卽是西瓜。稽諸古籍。議論紛如。莫衷一是。考據事業之難。可想見矣。據山西通志。西瓜今出楡次中郝東郝西郝三村。一種皮黑瓤黃子絳。一種皮綠瓤紅子黑。有紋。名刺麻瓜。一種皮綠瓤紅子赤。名緒瓜。味甘美。又有一種三白瓜。皮瓤子均白。味絕美。但未熟則淡。既熟卽瓤。（瓜漸腐曰瓤言如絲絡之纏也）種之者少耳。古代江南種瓜者不多見。惟湖廣之襄陽長沙。均有瓜疇。近則交通既便。幾於無處無之矣。西瓜味美性寒。其瓤不易消化。盛暑食之無害。涼天食之易成瀉痢。元方夔詩云。香浮笑語牙生水涼入衣襟骨有風。西瓜固消暑止渴之佳品也。

第二 甜瓜 學名 Cucumis Melo. L.

英 Musk melon 德 Cantaloupe 法 Melon 日マクハウリ

性狀及原產地　原產地有二說。或謂印度。或謂亞非利加。要為熱帶之原產。此定評也。蔓性。一年生。莖葉狀似胡瓜。葉之缺刻有深淺二種。分枝性旺。結顆晚。花黃。單性。雌花中。間有不完全雄蕊。品種不一。顆之形狀大小色澤各異。顆肉柔軟。味甘。英美之出產較佳。但於露地栽培不甚適宜。故有甜瓜室培養之。好黏性之壤土。及砂質壤土。排水宜勤。旱患亦不可不防。

栽培法　(一)播種。有直播移植二法。直播法。在四月下旬行之。法於播種之一來復前。為畦幅四尺。株間三尺之距離。掘直徑一尺五寸。深四五寸之穴。加入原肥。(以手攪拌土與肥料)更加二三寸土。如小丘然。以待播種。此種施肥。名曰待肥。播種期雖各地不同。要以五月上旬為最宜。甜瓜種子。發芽頗難。故每穴須下七八粒。免致徒費而無所得。播種後覆土六七分。如非砂質之地。更須撒河砂一二分。使表土疏鬆。發芽迅速。又以斷藁平鋪或架竹片二條上覆貝殼以促萌芽而防鳥害(二)摘心甜瓜下種後經十日左右發芽芽后第一眞葉始開卽行間拔一穴留二本追肥中耕諸事卽時畢之俟眞葉生至三枚則行第二次間拔一穴留一本行第一次摘心使生二本側枝施肥中耕如前經第一次摘心後支蔓漸次伸長地上應鋪麥桿等物毋使接觸土壤俟所留二本之側枝生葉三四枚時則行第二次摘心摘心須愼重出之否則結果不良甜瓜著花之狀態與西瓜異雄花常生於主幹之三四節處雌花則無定位自第一二節所出側枝著花與主枝同自第三四節所出側枝必續第一及第二節生雌花以上均生雄花因甜瓜有雌花生於側枝第一節之性第二次摘心後所生側枝之第一節未免悉生雌花是項雌花若任其生長微特結果不實亦嫌需日孔多均非栽培之利應自結實枝二三節先端行第三次摘心嗣後視株枝之勢力如前法摘心再行一二次可也(參觀三十三圖及三十四圖)至栽培甜瓜以摘嫩瓜(爲漬物)爲目的者摘心之法異於是甜瓜宜直播因根長而軟易受損傷之故若行移植其利亦有足稱者節省種子一也制限枝蔓繁生二也防除虫害三也促進熟期四也養成移植等法與西瓜同(參看西瓜栽培法)(三)肥料

配合肥料。法有種種。大抵以堆肥一千二百餘斤。油粕六十餘斤。米糠六十斤內外。合爲

第三十三圖

甜瓜蔓想像圖并雌雄花著生狀態

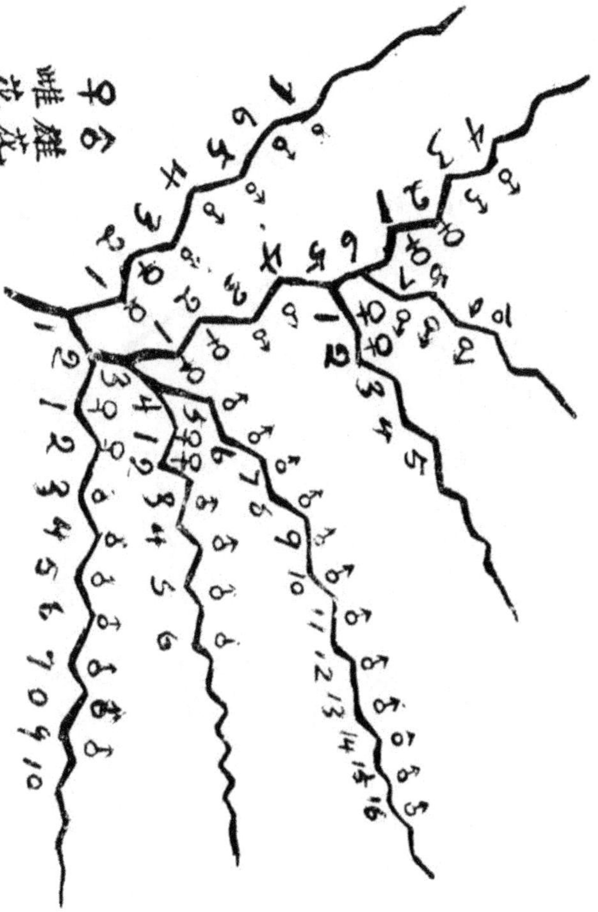

一畝七分三厘基肥。人糞尿一千二百餘斤爲追肥。分二次施之。亦有以過燐酸石灰三十餘斤。廐肥九百四十餘斤。米糠九十四斤。人糞尿一千四百斤。藁灰三十七八斤。合爲基肥。人糞尿一千三百斤爲追肥。分二次施之者。(四)收穫。收穫期大抵在花落後四十日內外。已熟之果軟而生香。未熟則否。此

鑑定方法之大略情形也。收穫後應以水洗淨。放置數日。（曝於微光或陰乾均可。）令營後熟作用。甜瓜種性易變。如爲

三十四　甜瓜摘心想像圖

(1)第一次　(2)第二次　(3)第三次

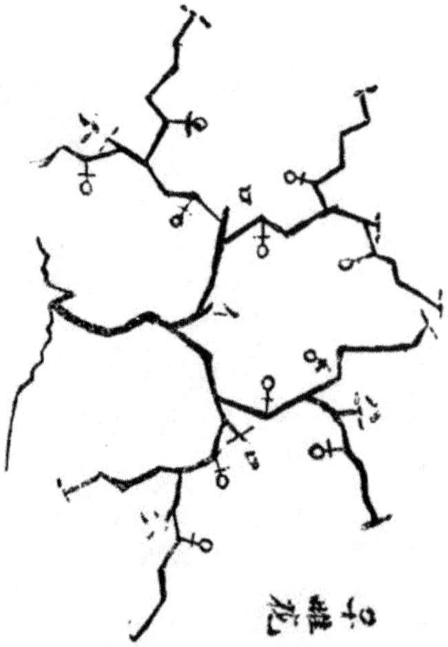

選種計。不可使之與越瓜等雜交。

病害　甜瓜病害、及其防除法。與胡瓜同。詳見胡瓜項下。

品種　有中國日本西洋諸種。中日種適於露地栽培。歐美種則不能。其果皮色澤。且有黃綠斑等之差異。斑紋網狀者。曰網狀種。外皮粗糙者。曰粗皮種。茲舉各種中之著名者如次。

(1)早生甜瓜　形小橢圓。外皮粗。色綠。果肉黃。香氣不足。

(2)銀甜瓜　中國產。一名綠皮甜瓜。形略似早生種。外皮常綠。並有白色縱條紋。果肉淡綠。汁多。味甘。而有香氣。

(3)金甜瓜　中國產。一名黃皮甜瓜。形狀品質同前。成熟時外皮呈黃金色。果肉白。產

量豐。

三十五　早生瓜

三十六　芒天安爾香綠種

(4)梨狀瓜　中國產。一名白皮甜瓜。各處栽培甚廣。形似金甜瓜。頂端粗。柄端稍細。成熟則外皮爲淡綠白色。以有縱淺溝。外觀稍似菜瓜。果肉淡黃白。脆軟而味甘。若秋梨。

(5)茫天安爾香綠瓜 Montreal Green Nutmeg 形似球。頂稍扁。外皮綠色。有縱深溝網狀。肉厚而香氣極佳。

(6)碧玉狀甜瓜 Emerald Gem. 早生種。形小扁圓。外皮深綠。有縱深溝網狀。瓜肉厚。濃橙色。味甘而芬芳。

(7)破羅斯瓜 Paul Rose. 形中等。外皮綠色網狀。肉厚帶黃色。品質稱佳。

(8)囊稜狀瓜 Hackensack 最早生種。形大如球。頂平。外皮有縱深溝網狀。肉黃白。極早生種。

(9)堅潔瓜 Diamond Jnbirey. 早生種。適於促成栽培。形小。皮有美觀之網紋。熟則現黃色。肉綠白。品質純佳。

(10)香蕉狀瓜 Banana 晚生種。豐產。形若王瓜。有達二尺者。外皮白色。或淡黃色。肉赤色。有芳香。

(11)乳酪橡瓜 Miller Cream. 晚生種。形大。正橢圓。皮滑。網狀。肉赤褐。芳味俱佳。

備考 甜瓜名果瓜。亦名甘瓜。北土中州。種之甚多。嘉祐本草始著錄。其味甜。性寒滑。無毒。少食止渴。除煩熱。利小便。通三焦。夏月不中暑。多食動宿冷病。甘肅甜瓜大如枕。肉之甜勝於蜜。浙中有名陰瓜者。種陰地。至秋色黃如金。殆亦甜瓜之類。凡瓜大曰瓜。小曰瓞。子曰瓝。肉曰瓤。跗曰環。蒂曰疐。（附脫瓜處疐繫蔓處）祭法云。夏祠秋祠。皆用瓜。玉藻云。瓜祭上環。（上環橫切之圓如環也）曲禮。削瓜有副（析也）華（中裂之不四析也）以巾。及累（裸也）之疐（去蒂也）之齕之等區別。大河南北。善種瓜。瓜將熟。結廬以守。此詩所以詠彊場有瓜。中田有廬也。據學圃餘疏云。甜瓜以香而小者為第一。今涼州塞外。製乾條作贈品。其味甚甘。當是此種。西湖志。載杭州月塘沙田。土宜瓜。顧吾浙沙地。奚止月塘。宜瓜之處。有未易以道里計者。瓜田每每。徒留佳話於東陵。（邵平為亡秦東陵侯貧而種瓜甚美世稱東陵瓜）瓜瓞綿綿。誰繼休風於西伯。此學圃者所輟耕三歎也。

第三　胡瓜　學名 Cucumis Sativus. L.

英 Cucumber 德 Gurke 法 Concumbre 日キウリ

性狀及原產地　原產地在印度。栽培越四千年。西歷紀元前二百年。傳入中國。栽培甚廣。最普通之蔬菜也。蔓性。草本。一年生。高八九尺。草勢旺。生長期短。以結果早。故栽培尚非難事。莖四角粗糙。葉互生濃綠。外國種有黃綠色者。葉腋發生卷鬚尤易蔓延。形圓筒狀。有頂端稍尖。與長紡錘形之種。種色澤深綠或黃白。顆皮有針刺。或無之。嘗生一二雄花。及雌花。花謝旬餘。適於收採。若完全成熟之期。則在二三十日之後。胡瓜不交配。亦能結實。如以採種爲目的者。非行人工交配不可。又在發育旺盛時。自下部數葉之葉腋發生側枝。其一二葉處。必有雌花發生。若任其完全發育。豐產之種。每株可獲十七八顆。大顆種。亦可獲十餘顆。肉質固緊多汁。稍帶苦味。因含有一種亞爾加里性故也。然同一胡瓜。顆梗部苦味較多。同株之瓜。草勢衰弱時。苦味更足。此何故歟。曰前者因日光直射顆面濃綠所由生也。後者因養分缺乏。瘠地栽培所由生也。此種苦味。得以水浸出之。生食煑食。各饒風味。如爲鹽藏。則以小形有刺者爲佳。誠夏季唯一之蔬菜也。種子紡錘形。暗白色。每重一錢。約有百三十粒至二百五十粒。胡瓜發育甚速。土地之乾濕。肥料之多少。於苗株生活之結果。影響甚大。雖忌有水停滯之土質。然不可不選含有相當之濕氣。及膨軟而富有機質者。若過於乾燥。發育卽時停滯。加以潤濕。復行發育。乾燥無常。其結果呈粗細曲屈不完之狀態。栽培者不可不注意焉。

栽培法　（一）播種。直播移植均可。惟行直播。生育雖則良好。然不免有莖葉繁茂。結果減色之弊。斟酌損益。不若行移植法。移植苗床於三月上中旬準備。卽時撒播種子。覆土三分內外。更撒布河砂或切藁等於其上。大概六方尺床地。約用種子六勺。一來復前後發芽。發芽後若生葉過密。則行間拔。與以適當位置。幼苗以短肥者爲佳。當苗之第一眞葉既開。第二眞葉將放時。更移植於假植床。（床之附近建設木框是爲假植床。）移植時毋使酷烈之日光偪射。又夜間及寒冷或酷熱之日。應覆蘆席以防凍斃或熱斃。假植方五寸一本。普通以畦幅五寸。株間三寸內外爲常。俟第二眞葉既開。第三眞葉將放時。方定植於園地。園地每於五月上中旬。耕耙整理。定畦幅二尺五寸。株間一尺二三寸。掘穴施元肥。與土混和。再以土塡之。然後用鏝掘原穴下苗。兩側輕掩其根。撒斷藁於其上。以防根際乾燥。併置常綠樹之枝葉於苗之南側。防禦光線直射。定植後經五六日。掘苗之周圍。施肥料。行中耕。又經十日左右。施追肥。行中耕培土。立竹枝木幹。爲延蔓之準備。準備方法有種種。有以隔兩三株。立高四尺之竹幹。結繩二三。條爲之者。有以敷麥幹於地上。（敷麥幹於地上一以防土與瓜果接觸。一以防表土水分蒸發。一舉而兩善備焉。

）任其自由蔓延者。此法不特培養上較便利。即形態上亦較整齊。然普通以前者爲常法。(二)摘心。胡瓜任其自然生長。結果甞少。欲多所得。則行摘心。除節成胡瓜。結果於各節。不必摘心外。（如短期間欲得多量之瓜。亦以摘心爲得。）普通品種至着葉三四枚時行之。其法即摘去根部之心。使出二本枝蔓。此二枝蔓。間開雌花時。再止其蔓端。使出數枝。如此行之三次即可。多回行之。結果亦多。性與甜瓜相似。(三)施肥。胡瓜發育甚速。用肥料甯多毋少。其適量大概每地一畝。施腐熟堆肥五百五十斤至七百五十斤。木灰二十餘斤。人糞尿三百六十餘斤爲基肥。第一次追肥。施人糞尿二百斤。過燐酸石灰二十餘斤。第二次追肥。僅施人糞尿二百斤。亦有僅用人糞尿與堆肥二物。過燐酸石灰等付之缺如者。就學理言。究屬未妥。不足則也。(四)收穫。胡瓜無一定之熟度。因無一定之收穫期。如採收幼果。則在花萎後數日。久之則爲熟果。作業者視市場之好惡。隨時收穫之可也。若爲留種用。應選第二三次成熟之顆。狀態端好者。採而置諸屋中約六七日。將果肉與種子分離。以水洗淨。乾而藏之可也。蓏果類種子。若貯藏得法。生活力可達四五年。且結果期較新種子爲早。惟芽與苗。發育之勢稍弱耳。

秋期栽培法。此法於八月間行之。培養一切事功。與普通栽培無異。能獲利倍蓰。與促成栽培同一居奇之意也。

病害 露菌病 （病原菌 Plasmopara cubensis, [Berk et Curt] Humphrey ）此病釀於葉腋。現褐斑於葉面。葉之腹面生粗綿毛。呈暗褐色（葉之腹面本有細毛。粗而呈暗褐色者。寄生菌之害象也。）病漸進。則葉萎縮憔悴。其質變粗。不久全部枯死矣。胡蘆科植物。十之八九有此病。不特胡瓜然也。防除法有二(一)施波爾他合劑。(二)摘燒被害之葉。

虫害 瓜葉虫 Vulacophora migripennis, Mots 與黑色瓜葉虫 Aulacophora Femolalis. Mots 皆爲甲虫。蝕害胡瓜之葉。體大約二分五厘。有光澤。黃褐色。翅現斑點。形狀稍成方稜。爲害特甚。後者體略小。形似之。鞘翅呈黑藍色。二者均於七月間繁殖爲害。驅除法見後菸類害虫之甲虫項下。地蚤亦爲胡瓜之害虫。驅除法見後南瓜害虫項下。

品種 胡瓜品種不一。由形態而分者。有長短之別。由色澤而分者。有黃綠之殊。由顆面而分者。有有刺無刺之異。惟刺之有無。爲比較上之區別。與品性無甚關係。蓋針刺爲自衞之具。如經人工保護改良。其針刺自然減少。至於滅迹。

(1)節成胡瓜　日本早生種。產量極豐。各節皆生雌花結實。故有節成之名、莖葉濃綠肥大抵抗病虫害之力甚强。以容易栽培之故。殆爲胡瓜類基礎的品種。形如圓筒而小。顆皮未熟時。呈濃綠色。近頂端有淺縱溝。又有粗刺。成熟後表皮呈黃褐色。生多數裂條。結顆頗早。適於促成栽培。

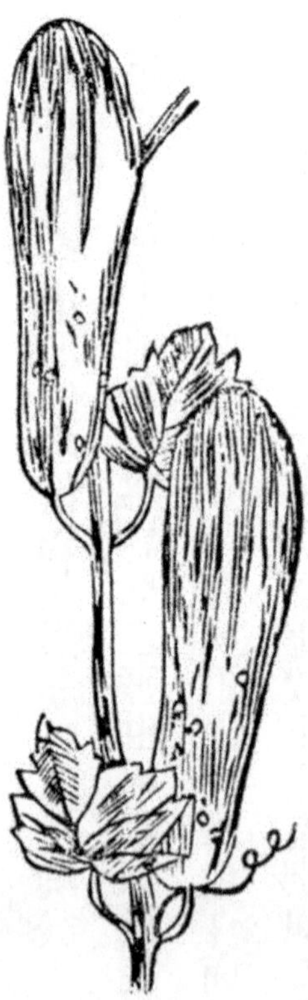
三十七　節成胡瓜

(2)大胡瓜　晚生種。分枝力强。草勢强盛。形比節成瓜大。顆梗部稍細。頂端肥大。平滑無針刺。顆皮色稍呈淡綠。肉質柔軟。顆肉部太薄。此其缺點。

(3)中國種大胡瓜　栽培甚廣。品質優美。中日戰爭後。始輸入日本。最著者推盛京種與開原種。盛京種長圓錐形。頂端粗。顆梗部細。無縱溝及針刺。開原種長圓筒形。甚大。有長過二尺。重越二十兩者。係英國改良種之原種。

(4)長胡瓜　形長大豐產。外皮鮮綠色。果肉軟而味佳。中熟種也。

(5)八人枕胡瓜　日本熊本原產。形長大味美。

(6)早生俄國種　Early Rwssian.　形小。產豐。每葉腋結實適於促成栽培。

(7)改良白芒種　Improved White Spine.　形長大。外皮常綠。產額頗多。

(8)阿靈吞白芒種　Arlington White Spine.　早生。形肥大。挺直。整齊。色鮮綠。豐產。西洋種中之佳者。

(9)利味斯吞常綠種　Livingston Evergreen.　早生。降霜時結果。形長橢圓。大小適中。

(10)德國長種　Giant German.　形長大。皮白綠色。佳種也。

備考　胡瓜卽黃瓜。本草云。張騫使于西域得種。故名。拾遺錄云。大業四年。避諱。改爲黃瓜。俗呼王瓜。陳藏器謂石勒諱胡。故改稱爲黃瓜。可食時色正綠。老則色黃如金。不堪生食矣。學圃餘疏謂王瓜出燕京者最佳。北人種之火室中。促生花葉。二月初卽結小實。中官取以上供。利用火溫以促成栽培北人早已知之特其火室之構造不如今日溫室之完備耳　又云。瓜之不堪生食而堪醬食者曰菜瓜。圓者如甜瓜。長者如王瓜。皆一類也。以甜醬漬之。爲蔬中佳味。惟黃瓜生噉醬食均宜。

(1) 三十八 早生俄國種

(2) 改良白芒種

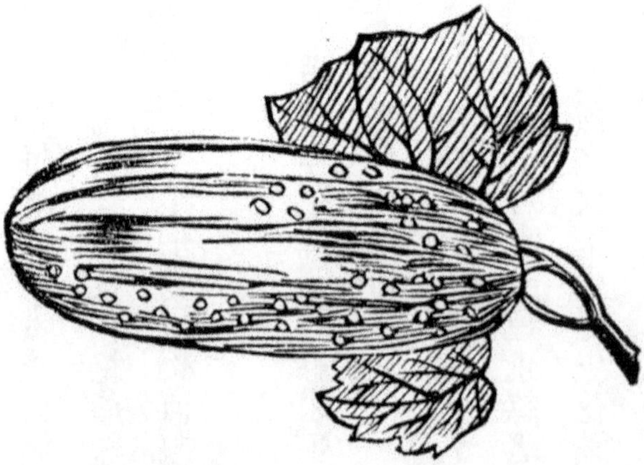

(3) 阿靈乔白芒種

第四　南瓜　學名 Cucurbita Sp.

英 Squash and pumpkin　德 Garten-kurbis und kurbis　法 Courge et potiron　日トウナス

性狀及原產地　原產地在熱帶。分布區域甚廣。栽培亦甚久。雖不可以生食。然與魚鳥猪肉及糖豆等共煮。其味極佳。歐美諸國有用爲飼料者。栽培甚廣。一年生草木。蔓粗硬。呈黑綠或淡綠色。長達數丈。葉廣大濃綠。有沿葉脉現白色斑紋。與全體鮮綠者之二種。心藏形或有葡萄葉狀之缺刻。葉面粗糙。有剛毛。葉柄長中空。多汁而脆。自各葉腋生側枝卷鬚。每晨開筒形黃花。至午後萎縮。花單性。雌者較大。顆大而多肉。狀有圓、扁、長、紡錘等之不同。色有赤、黃、綠、褐、黑等之分別。表皮平滑。亦有呈瘤狀突起及縱溝者。肉色皆黃褐或黃赤。柔軟有甘味。種子甚大。扁平白色。好砂質壤土、壤土、火山灰土等。

栽培法　(一)播種。分直播移植二種。行直播法。發育良好。莖葉繁茂。而結果遲滯。產量不豐。此其弊也。行移植法。可矯正此弊。移植手續。先設苗床於適當之地。入八寸至一尺之釀熱物。保存十八度至二十二度之溫度。播期雖因地而異。普通以四月中旬前後爲

常。寒地每較暖地稍遲。下種後約五六日發芽。發芽後應行間拔及管理諸法。與西瓜（

三十九　南瓜蔓想像圖

參見西瓜項下）同。當 枚眞葉全放。第三葉半開時。卽行定植。（定植之五六日前應施待肥）如處霜害則稍遲之。或設備禦霜之具。定植距離普通畦幅六尺。株間二尺至四尺。定植後俟根與土附着。則掘株之周圍施水肥。俗曰口肥。經十日左右掘株之兩側（距根際一尺內外）稍施濃厚之肥料。行中耕培土。至六月上中旬蔓已伸長。則施第三次追肥。中耕培土如前。此時並作開畦。舖麥草。使蔓不觸土壤。用意與西瓜同(一)摘心。南瓜生花之狀態。如三九圖所示。主幹第十六節枝蔓第七節前後現第一雌花。其先有每隔三個雄花生一雌花之性。若任其自然生長。本蔓發育雖良。而自葉腋所生之枝蔓勢力微弱。難得良好結果。故當眞葉四枚處。應摘去心芽。使生二本至四本側枝。此種側枝發育相同。各爲良好之主蔓。如收穫未熟之果。當使各蔓多生雌花。自四五節先端摘取心芽。使其再出枝蔓可也。南瓜開花期內。若遇大雨。結果必中途脫落。尋繹其故。有可得言。南瓜雌雄異花。受精成熟。惟虫之媒介力是賴。若遇風雨。姑無論雲煙冷滓。虫各伏處。不能爲媒介之事。卽花中花粉亦隨雨水飄流。不克有受精之實。一也。氣質肥料過多。蔓之蔓延過盛。二也。普通受前者之原因居多。補救此弊。則行人工授粉法。（法於花蕊將放之際。每朝以毛筆拂花粉於玻璃製淺皿中。然後黏於雌花柱頭。若過時雨連綿。每在夕陽西下時。週視園圃。見花之將開者。以葉覆之。使不着雨。翌日花放。爲之授粉可也。(三)施肥 施肥過多。蔓葉暢茂。結果不良。應有定量。以免徒費無益。定量每一畝地用堆肥五百五十斤左右。油粕二十餘斤爲基肥。用堆肥三百六十餘斤人糞尿一千四百餘斤爲追肥。(四)收穫 收穫雖因市場之需要。以早爲貴。要以完全成熟者爲佳。外皮綠色微退者次之。若過嫩則味不佳。至爲留種用。則須選形狀端整者。使之完全成熟。採取後復經一二來復。使之營後熟作用。然後去肉取種。洗淨曝乾。收而藏之可也。

疾病　露菌病(防除法參見胡瓜病害項下)核菌病(參見萵苣病害項下)

害虫　(一)地蚤 Sminthurus hortensis Fitch 凡蓏果類及其他蔬菜類。均被其害。善跳躍。蕃殖甚速。羣集嫩葉。吸養分。體長不滿五厘。形圓。色黑紫帶綠。有黃條紋。被灰白短毛。以食鹽撒布園地。得驅除之。除萊菔害虫(地蚤)之方法。亦適用之。(二)煙草螟蛉 Heliothisarmigera, Hiib. 屬蛾類。幼虫夜出蝕葉。如天氣陰霾。雖晝間亦能爲害。每年發生二三次。第一次。六七月頃。第二次八九月頃。翅張度一寸二三分。前翅暗黃。間有綠黃色條紋。

長之幼虫長達一寸二三分。有綠褐等色。頭部黃綠。又綠褐色。運行似尺蠖。觸之屈服如環狀落地。是項害虫之驅除法。有種種。（1）蛾喜甜味。愛燈光。因此可用糖蜜燈火誘殺之。（2）日間潛伏根邊。搜索殺滅之。（3）蛹處表土一二寸之下。遍掘抹殺之。（4）施三四十倍石油乳劑。驅除仔虫。僞瓢虫（害馬鈴薯）瓜葉虫（害胡瓜）等。亦害南瓜。驅除法。詳見各主害作物項下。

品種　其品種甚多。茲舉其著名者如左。

（1）縮緬南瓜　早熟。肉質緻密。味甘。不耐貯藏。果面如瘤狀突起。果梗現深凹。花痕廣大。品質優美。

（2）內藤南瓜　形扁圓。比前種大。果皮稍隆起。有縱溝。深梗端小。狀似菊座。故又名菊座南瓜。晚生種。耐久藏。外皮之硬化亦少。質密味佳。

（3）西京南瓜　晚生。形長。結顆少。梗端稍細。中央狹小。頂端肥大。外觀如不整之瓢狀。外皮有淺溝。及突起之小瘤狀。肉厚。味中等。

（4）壺廬狀大種 Cucurbita Maxima Duch　形多橢圓。兩端尖。表面有淺溝。

(5)壺蘆狀中生種 Hubbard Squash 形圓。兩端尖。外皮暗黃綠色。瓜肉黃。水分少。味甘。

(6)大種 Mammoth. 形甚大。產量多。肉密味佳。

(7)鳳梨狀種 Pine apple 肉皮均乳白色。質緻密。品良。產豐。

(1)四十 壺蘆狀大種

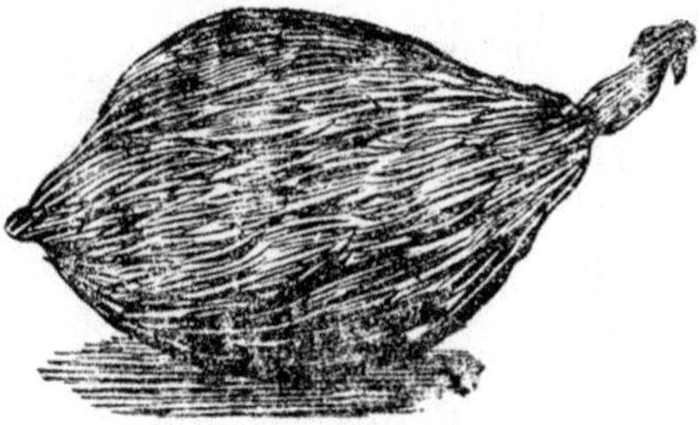

(2) 壺蘆狀中生種

(8)甘瓜 Sugar Pumpkin, 瓜大扁圓。表面有溝。

四十一 龐大種

四十二 鳳梨種

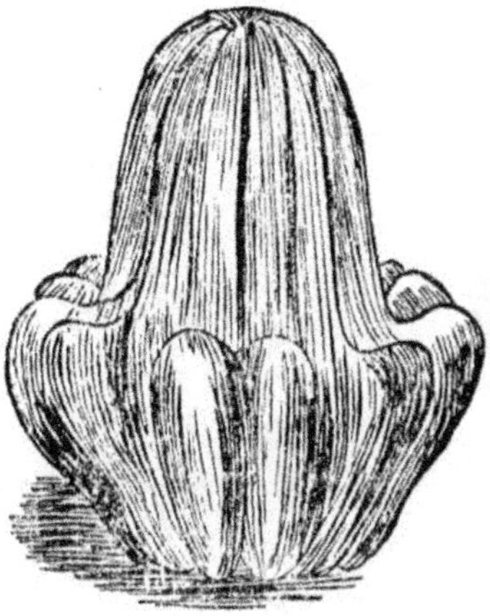

四十三 巨珍種

(9)巨珍種 Mammoth Prize Pumpkin. 形大扁圓。外皮美麗黃金色。其重量有越二百磅者。質緻密。耐久藏。

(10)龐大種 Mammoth Dumpkin 形大肉厚。質密味佳。

備考 南瓜種出南番。本草綱目云 轉入閩浙。燕趙各處亦有之。蔓延數丈。節易生根。莖中空。葉如蜀葵。均有毛。一本可結十幾顆。皮青或紅或黃。收置溫暖處。至春食之如新。農桑通訣 按南瓜可煑食而不可生食。藥用上向無此物。自鴉片流毒深入。有和白糖燒酒煑食之以治烟癮之用。北省志書列東西南北四瓜。東即冬之訛。北瓜比西南瓜小。皮薄瓤紅味甘美。想亦西瓜別種。又有番瓜。類似南瓜。皮黑無稜。曹縣志云近多種此。宜禁之。夫瓜爲副食物之一。人類進化。副食物日見增加。自然之勢也。禁種何爲。意者惡聞番之一字乎。中國近時。洋貨充斥。時髦惡少。非此不用。愛國者思有以禁之。抑外揚中。法良意美。然非所論於因噎廢食。并有用植物而拒絕之。轉爲數典忘祖者所竊笑焉。

第五 冬瓜 學名 Benincasa Cerifera Savi.

英 Zitkawa. 法 Courge'a la Cire. 日カモウリ

性狀及原產地　原產地在中國印度。臺灣琉球等處。所出產之品種尤大。蔓性。一年生。成長力強大。蔓達數丈。莖粗四角形。有粗剛毛。葉偉大。濃綠。有缺刻。稍圓。成五角形。有粗硬針毛。花黃。單性。形小。五瓣。雌花生於主枝十二節至二十節處。顆球形。或長橢圓形。未熟時外皮多透明針毛。成熟後毛失。則分泌白色蠟質。肉厚。純白。粗鬆。多汁。有澹泊風味。顆瓤部空虛。沿顆肉生種子。分列六行。種子白色。扁平。周圍稍隆起。一錢約七十餘粒。一合約十四五錢。經十寒暑。亦能發芽。產豐。成熟期晚。宜鹽漬。煮食。不宜生噉。好肥沃黏土。或黏質壤土。寒冷地不能栽培。需長時期高溫度之植物也。

栽培法　（一）播種。冬瓜栽培法。與西瓜等無甚差異。生育中病害較少。無三十度（攝氏溫）內外之溫度。發芽不能完全。播種用移植法。約在四月上旬。播種後約二來復。發芽。乾溫要適度。否則、蚜蟲繁生。於生育有礙。定植約在五月中旬。其距離以六尺平方為適。（二）摘心。真葉生四枚時。便行摘心。使多生側枝。酌留四本。每本留果四顆。自結顆枝所生側枝。均除去之。免致莖葉繁茂。結果不良。（三）施肥。施肥方法及肥料用量。與栽培南瓜無異。（四）收穫。普通收穫期在開花後三十五日至四十日間。若顆帶暗綠褐色。而被白粉者。是卽成熟之徵。卽行收採可也。果與地面接觸處。應多敷藁幹。以防受溼腐敗。面陽亦廣被草藁。以防酷熱侵偪之害。

品種　冬瓜品種不一。茲舉其著名者如次。

(1)中國種　早生。形小球形。或不正之凹凸形。肉厚而粗。多汁。種子扁平。短紡錘形。甚輕有彈性。包以海綿組織之外皮。葉淡綠。

(2)朝鮮種　最早生。適於促成栽培。草勢强健。產量豐富。一株生二三顆。顆小。長橢圓形。外皮有白色蠟粉。肉厚。味甘。的是佳種。

(3)臺灣種　晚生。顆肥大。圓筒形。長三尺。直徑一尺。未成熟時。外皮多針毛。既熟則針毛盡失。甚平滑。亦無白粉。草勢旺。葉濃綠。有缺刻。

(4)琉球種　中生。草勢性狀似前種。形小。葉淡綠。顆短橢圓形。遙望之狀若牛眠。

(5)日本種　早生。任其自然。當至十二節內外始結球。草勢强。葉濃綠。顆小。肩部似臼。外皮附濃厚白粉。爲本種特徵。

備考　冬瓜性晚生。有至秋季始成熟者。瓜以冬名。義在乎斯。日人或稱氈瓜。以其未熟時。針毛甚多也。農書謂冬瓜初生青綠。經霜則白如塗粉。其中肉及子均白。故亦名白瓜。夫瓜種多矣。獨此瓜初需最高溫度。繼偏經霜始熟。殆亦蓏果類中之松柏耶。或以水芝本草地芝廣志擬之。優美之點。何足喻其萬一。學圃餘疏瓜類中結實大者。莫若冬瓜。淸異錄謂結子衆者。莫若冬瓜。故目瓜爲百子甕。食之能解熱毒。驅瘴氣。退地風。北人常食之瓜練可浣衣服。瓜犀瓜子可潤色澤。固蔬菜而兼藥用上之效力者也。其種法據便民圖纂云。先以濕草灰拌和細泥。鋪地上。鋤成行隴。二月下種。每粒離寸許。以濕灰篩蓋。河水灑之。又用糞澆蓋。乾則澆水。待芽萌而灰頂於上。將灰揭下。搓碎。壅於根傍。以水糞澆之。三月下旬治畦。鋤穴。每穴栽四科。離四尺許。澆灌糞水。此栽培舊法也。核與新學說附合之處甚多。特誌之以資佐證。

第六 絲瓜 學名 Luffa Cylindrica, Roem

英 Luffa. 德 Schwammfi rbis. 法 Faruits Cylindriqué. 日ヘチマ

性狀及原產地　原產地屬印度。栽培歷二千餘年。傳入中國。當在宋元時代。近今東西洋。皆栽植之。日本有此種。不過百餘年。一年生。稍有細莖之蔓生植物也。葉粗濃綠。有缺刻。花單性。瓣如冬瓜。呈黃色。各節生雌花一枚。雄花簇生成羣。顆形大小不一。長紡錘形居多。未熟時肉質柔軟可供蔬菜用。熟則纖維粗生重層錯雜。如腐敗其外皮及肉質部。取其纖維可代海綿。或作靴底及帽心之用。好濕潤之砂質壤土。於河流沿岸設棚培植。最爲適宜。若植燥地。蔓脆弱。瓜短小。纖維質硬。結果不佳。

栽培法　(一)播種。播種法有二。一直播。一培苗。培苗在三月下旬至四月上旬。設溫床下種。俟第三眞葉將開。則行移植。畦幅二尺五寸。株間二尺。直播在五月上中旬。行之。畦幅四尺。株間三尺。以麥類爲前作。每畦條播二行。刈麥後建高四尺五寸之棚。以備蔓延。蔓鬱茂時。使疏散無叠積。俾顆果得飽受光線。(二)摘心。絲瓜着花狀態。與他之蓏果類有別。三四雄花首先開放。後則雌花繼之。不若南瓜西瓜。着雌花一朵。次節卽放雄花。又絲瓜有三四雄花。連續開放於三四雌花後之性質。分寸之間。顆果兩熟者有之。如南瓜西瓜。無此現象。職是之故。絲瓜當衆雌花並放時。不可不於其先端三四節處摘心。去無益之蔓。俾得完全成熟。(三)施肥。直播未下種之十日前。應先施魚粕等窒素肥。然後隨蔓之生長。而施補肥。下種每穴三粒。成品字形。上覆砂與灰。幷鋪以藁。苗根周圍堆草數寸。防葉染泥。配合肥料。每地一畝。大概用堆肥五百五十餘斤。至七百二十餘斤。魚粕粉二十餘斤爲元肥。用人糞尿二百五十斤爲追肥。俟苗與土附着。行第一次中耕。施人糞尿八十餘斤。閱十餘日。再行中耕。用人糞尿一百八十餘斤。此普通法也。亦有分數次施之者。如蔓長五寸。施堆肥爲第一次。蔓長三尺。施堆肥爲第二次。蔓已繞棚。施人糞尿爲第三次。瓜初結。施油粕爲第四次。瓜將熟。施人糞尿爲第五次。設每畝用肥料拾圓。則以二分之一。施於第四次。餘則勻分於各次施之。(四)收穫。收穫時節。因用途而異。供蔬菜者。花落後十日左右採穫之。若製纖維或留種用者。遲至五六十日左右採穫之可也。

品種

(1)中國種　形長大。直徑一二寸。長二三尺。供蔬菜用最宜。纖維質不佳。

(2)達摩種　棍狀形。梗端細。頂端肥大。纖維强韌。有光澤。長達一尺五寸。良種也。

(3)食用種　形細長。纖維發達不完全。未熟時甚柔軟。有一種香氣與苦味。烹調品也。

備考　絲瓜亦名蠻瓜。布瓜。天絲瓜。天羅絮。蔓生。宜高架。喜背陽向陰。形有長短。肥瘠之不同。色深綠。有皺點。瓜頂如鼈首。嫩者滇食。加薑醋鷄鴨猪羊等肉炒食。味甚佳。據本草云。此瓜唐以前尙無聞。今南北皆爲常蔬。而北種較佳。王世懋云老則大如杵。纖維錯雜成網狀。俗名絲瓜絡。除藥用外。更可藉韡履滌釜器。故村人呼爲洗鍋羅。老學庵筆記謂絲瓜洗研。餘漬皆淨。而石不損。趙梅隱謂絲瓜可以代巾。故有虛瘦得來成一捻。剛偎人面染脂香之句。絲瓜纖維有種種效用。我國早經發明。日人本斯旨而加以改良。獲利不少。在明治四十二年間輸往歐美之價額約値十五萬元。祖國反寂焉無聞。良可歎惜。

第七　越瓜　學名 Cncuis me'o, L. Var.　日シロウリ

性狀及原產地　原產地在我國南方與東洋熱帶地方。爲夏季重要蔬菜之一。歐美各國。祗以細長種中之一種。爲觀賞用。未嘗爲食品用也。其性狀類似甜瓜。惟不如甜瓜之可生食。或認爲甜瓜之變種者非也。鹽醬浸漬或切塊乾之以供食用。草勢强盛。顆果長約二尺。外皮呈白色或暗綠色。好稍濕之砂土或壤質砂土。

栽培法　（一）播種。直播或移植。直播易罹病害。是以移植爲宜。惟越瓜根極柔弱。移植時須特別注意。畦幅四尺。株間距離三尺。（二）摘心。在四月上旬播種者。至五月中下旬定植。眞葉生數枚時。卽行摘心。摘心後更有側枝發生時。各留二三葉摘去之。（三）肥料。

用油粕等氰質肥料。自七月始結顆。二三來復后。適於收採。收採期間。較他瓜短。不過七八兩月而已。一畝收量約有二千餘斤。近來有稱餘播者。行秋瓜之栽培。得意外之收益。設如五月下旬播種。其后倣前者施精密管理。至九月收穫。其收量雖少。瓜類缺乏時。價額有足多也。

品種

(1)大越瓜　晚生。顆極長大。顆梗部雖細。其他部分爲長大圓筒形。外皮淡綠黃綠。表觀極美。草勢强健。產量甚豐。

(2)桂瓜　顆比前稍短。然甚粗。外皮色澤濃厚。肉厚甚緊。晚生强健。

(3)早生越瓜　瓜小。先端較粗。外皮淡綠。發生最早。自初夏即可漸次收採。肉軟味佳。

(3)縞瓜　顆最短。圓筒形。頗似甜瓜。外皮濃綠。有白色縱縞。形狀正。肉稍堅。品質雖劣。晚生而强健。

備考　本草綱目。謂此瓜生於越地。故名越瓜。他若菜瓜稍瓜堅瓜醬瓜等。殆皆同種而異名也。夏秋間瓜結青白二種。故有青瓜白瓜之名。形長。有直紋。惟產汴中者其瓜圓。要皆以醬麵糟鹽等藏浸數日。用作食品。若按法精製。亦農產製品中之副產物也。山東多製爲瓜齋。行軍者購用頗多。韓龍圖常於營中品評質味。惜齋譜未聞於世。不然。當與花譜（歐陽永叔作）荔支譜。（蔡君謨作）後先媲美也。

第八 苦瓜 學名 Momordica Charantia, L.

英 Balsam Pear 法 Momordique 日

性狀及原產地 原產地屬東印度。爲纏繞性之一年生植物。莖細。長達數尺。葉掌狀。淡綠色。花單性。形小。色黃。顆形有短紡錘長紡錘二種。顆皮厚表面有瘤狀突起。狀似荔支殼。顆始青綠。次變白色。成熟則爲黃赤色。先端破裂。自內部被紅色顆顆。露出黃褐色種子。種子大扁平或橢圓。表面及周圍有雕刻狀斑紋。除觀賞用外。嫩時可油煎鹽藏。或和糖煮食。亦有切片乾製者。完熟後瓤味甘美。宜於生噉。

栽培法 苦瓜性質。最近野生。風土及栽培法。不必過於審慎。種子三月下旬。播於溫床。五月中旬定植。或四月中旬直播於場圃。種皮成殼。故發芽須十五日內外。畦幅二尺五寸。株間一尺五寸。豎以支柱。使其纏繞。若設棚架。其畦幅以三尺爲宜。

肥料以氣質爲主。燐養鉀質亦並用之。六月中旬放花。七月即依次收採。至降霜期。尙得摘穫。一株收量。不下十數顆。

品種 （1）圓若瓜 橢圓兩端稍尖。產臺灣者形短大。（2）長苦瓜 形細長。達二尺餘。

備考 苦瓜救荒本草。謂之錦荔枝。一曰癩葡萄。元時名紅姑娘。元宮殿記棕毛殿前有野果名紅姑娘外垂蜂囊中含赤子甜酸可食種出南番 閩廣江南及北京等處均有之。據星槎勝覽云。蘇門答臘亦有此瓜。瓤紅似血。調以薑醋。爲蔬和肉煮之亦佳。肥甘之中。稍以苦澀。俗以解暑品視之。然此藥石苦口。則亦謂之諫果可也。

第九 扁蒲 學名 Lagenaria Vulgaris, Ser

英 Calabash 德 Flaschenfurbis, 日 ユウカホ

性狀及原產地 原產地屬印度。及亞非利加。栽培越二千年。形狀有長圓二種。嫩時煮食。味若冬瓜。葫蘆科中之有名蔬菜也。將熟剝外皮。去心部。乾之如瓢。可作器用。扁蒲生活力强。雖在瘠土。亦能發育。葉有淺缺刻。稍似五邊形。花白。單性。朝萎暮放。有夕顏之名。

結顆甚遲。故栽培之地積須廣。顆色青白。大而平滑。

栽培法 （一）播種。直播或移植。移植法。三月下旬下種於溫床。至五月上旬定植。直播法。四月中旬下種。每穴四五粒。發芽后草勢旺盛。即行間拔。留強健者一本。無論移植直播。管理法悉同南瓜。栽培距離。以製大顆乾瓢爲目的者。面積宜廣。定畦幅二十四尺。株間十二尺至十五尺。每地一畝。苗株二十五本左右。若以早生小形供蔬菜爲目的者。定畦幅六尺。株間四尺可也。苗嫩時。恐防瓜葉虫侵食。日間應覆以寒冷紗。（二）摘心。苗長尺餘。葉生七八枚時。則行摘心。摘心後發生側枝。無使重疊。側枝生葉七八枚時。行摘心如主枝。（三）施肥。行直播法者。應以多量堆肥。油粕。過燐酸石灰。及人糞尿等爲原肥。施待肥與南瓜同。經第二次摘心。同時鋪以藁幹。用人糞尿魚粕等壅之。（四）收穫。供蔬菜用者。大小隨時收穫之。若製乾瓢用者。非俟其稍形成熟不可。否則乾後光澤不佳。其確期約花萎後四十日。斯時外皮之毛。由綠轉白。逐漸脫落。若外皮不能爪傷。則是成熟過度。顆肉粗硬。不堪作乾瓢矣。

品種 （1）形長圓而細。（2）形短圓如瓢狀。細腰粗頭。

備攷　匾蒲或名壺(酒器)盧。(飲器)俗名葫(蒜名)蘆(葦屬)者。非。形圓者曰匏。亦曰瓠。因其可以浮水。如泡如漂也。凡蓏屬皆得稱瓜。亦得稱瓠或匏。(古人以壺瓠匏三字義通)故孫愐、唐韻云。瓠音壺。又音護。瓠音。瓢也。陶隱居、本草云。瓠瓤。瓠類也。許慎說文云。瓠。匏也。瓢。瓠也。匏。大腹瓠也。陸璣詩疏云。壺。瓠也。匏。瓠也。後世以形長如越瓜。首尾粗細均一者為瓠。瓠之一頭有腹長柄者。為懸瓠。無柄而形扁圓者為匏。匏有短柄大腹者為壺。壺之細腰有為蒲盧。就外形分為種種名目言乎。性質惟一而已。(據李時珍市)瓠之轉聲為瓢。瓠之疊韻為瓢𤬪。蜀本草引切韻云。瓠。匏也。玉篇云。瓢、瓠瓜。廣韻云。瓠、𤬪瓢也。然則匏也。瓢也。瓠也。瓠𤬪也。實一物也。瓠𤬪或作壺盧。或作瓠瓤。古今注謂壺盧為圓之無柄者。有柄也為懸瓠。本草注謂瓠瓤亦是瓠類。小者名瓢。集韻謂匏而圓者為瓠𤬪。今江淮之間謂細腰者為瓠𤬪。長柄短柄者皆為瓢。燕京人統謂之瓠瓢。以瓠𤬪之已剖者名瓢。此可為中國古今各地方言不同之證。學者勿以名殊。轉而滋惑可矣。案瓠有甘苦二種。瓠甘者葉亦甘。瓠苦者葉亦苦。(北方農人嚼莖葉以定去留)甜者為蔬。(大江南北種之者多)苦者為器。(可解瘴毒)直隸山西有名水壺盧者。(亦名菜壺盧)形似南瓜。供蔬菜外。更可乾製作壺盧條。(農桑撮要)并種種玩具。瓠子在江南亦名匾蒲。苗葉花俱如壺盧。

顆長者一二尺。短者如人臂。夏熟。可煮食。與苦瓠甜瓠。同爲良好之夏蔬也。埤雅云。瓠葉。庶人之菜也。菜無微於瓠葉。然瓠之爲物也。纍然而生。食之無窮。種得其法。品實偉大。小之爲瓢。杓大之爲盆盎。膚瓤可以喂豕。犀瓣足以灌燭。濟世之功大矣。安得以瓠落（廓落也見莊子）自視。而謂其堅而無用耶。（堅瓠爲齊田仲所不取）

第十　茄　學名 Solanum Melongena, L.

英 Egg Plant　德 Eierpflange　法 Aubergine　日ナスビ

性狀及原產地　茄屬茄科。原產地在亞洲。極古時代。印度已栽培之。中世紀傳入非洲。十九世紀中葉傳入歐洲。美洲得此種最晚。雖係熱帶原產。栽培溫暖地方。生育更爲良好。中日諸國。爲夏季蔬菜中之要品。銷耗甚鉅。歐洲除地中海沿岸外。因溫度稍低。故栽培者少。一年生。其莖有木立性與繁生性二種。前者莖粗長而分枝少。後者莖細短而分枝多。均有木質髓。及堅厚黑紫之外皮。葉爲倒卵形或橢圓形。周圍有鈍缺刻。葉面粗糙。呈綠色及暗紫色。中肋。葉柄。及萼與莖同色。有銳刺。花白或淡紫。有五瓣以至八瓣。顆實爲漿果。長形或球形。倒卵形。綠。白。鮮紫。或漆黑色。種子甚小。形扁平。一錢重約九百餘粒。

幼時生長遲緩。易蒙晚霜之害。故外氣寒冷時。未堪露地栽培。現今栽培最盛者。在熱帶亞熱帶至溫帶南部之一帶。北緯四十度以北。不多見矣。好有機質多之壤土。或砂質壤土。黏重土易生龜裂。似非所宜。多雨排水惟勤。少雨灌漑惟周。二者一失。結果不佳。栽培家不可不注意焉。

栽培法　（一）播種。移植法。每於三月中旬設溫床蒔種。溫床之設備。法如西瓜同。惟床溫須在攝氏二十度至二十五度之間。用隔年水田之土爲床土。（隔年水田之土。肥沃有力。更無慮立枯病青枯病等病菌之發生。）每六方尺。撒播種子約二勺內外。種子以水選。欲其發芽迅速。則浸置一日夜。蒔種畢。以篩撒布肥土於其上。至不見種子爲止。更以草藁覆之。以防床面乾燥。若撒布厚一二分之河沙。能使發芽齊一。此法較爲妥善。栽培家可習用之。種子發芽。普通經十、一二日。發芽後最忌寒氣侵迫。嘗見定植後外觀極無病害。一遇強風。有自根際縊部。折而枯死者。是卽幼苗重受寒氣之故。栽培者不可不注意焉。眞葉開放。嫌其過密。則行間拔。苗間距離。爲一寸五六分。視第二眞葉已開。第三眞葉將放時。更移諸假植床。（假植手續與胡瓜同）惟床溫須特別注意。如外氣溫度在攝氏二十度內外者。爲適宜。不及則入馬糞等釀溫熱。以補充之。假植距離。畦幅五寸。株間二三寸。至五月上旬。霜害去。第五眞葉將放時。則行定植。（昔人見花行定植。亦是一法。所慮細根受傷耳。）定植先整理。宜精。如畦幅三尺。則株間二尺五寸。所掘之穴。直徑六七寸。埋基肥與土混和。次以移植鏝。再掘小穴植苗。根際并用手輕押之。南面設常綠樹之枝。或帳簾以遮日光。否則用泥土鉢。於烈日下覆之。閱二三日。根已堅定。鉢即撤去。定植后使根際常得適度之濕潤。更以竹皮卷裹之。以防切根蟲之蝕害。誠恐風動根端。有礙發育。並斜插竹棒。輕結莖葉防之。（二）摘芽。莖之本部若新芽生生不已。徒奪元本之生活力。宜摘去之。（三）施肥。茄好加里肥料。草木灰及燐養氰質等。爲其生育之要素。惟施之不可過多。多則有害。如過燐酸石灰等多施。木之成熟早。而結果期短縮。且果實肉硬。形小。種子多生。尤其弊之大者。氰肥多施。易罹疾病。是宜有適量之配置。試舉一例觀之。如地一畝。基肥成分。爲腐熟堆肥。七百六十餘斤。木灰七十餘斤。人糞尿八十斤。追肥成分。爲油粕三十餘斤。人糞尿五百二十餘斤。追肥分三次施之。視苗根既固。以幹爲中心。距四五寸處。畫輪溝。施第一次追肥。并行中耕。閱十日再施追肥如前法。閱二來復施第三次追肥培土根際完成畦形茄之生育中如缺肥分則色澤不佳應卽施肥以培補之爲救急計斗水中溶十五兩硫酸錏施之經二三日芽及實之色澤漸形回復再施他之肥料自然良好可愛(四)收穫留種用者選木及種實均備良好性狀一株祇留一顆俟完全成熟後採取之置諸暗地後令熟取種子以水洗淨藏諸乾燥地方無使直接觸受强光供蔬菜用者應人人之需要得隨時收穫之茄忌連作普通隔四五年種一次爲常

疾病　茄性質强健疾病尙少惟立枯青枯等病爲害較烈述之如左供學者研究焉

(一)立枯病　此病發生往往於苗在苗床之際本葉次第開放微露細縊於莖之接地部分漸及木質部結果彫萎枯死傳染甚速豫防之法在施多量木灰或風化石灰於床地及場圃使中和土中酸性病菌無從繁殖(因此種病原菌最愛酸性土壤之故)又酌用氰質肥料不爲連作實行客土燒土之法燬棄病害植物撒布木灰石灰硫黃華等均是防除病源之法也

(二)青枯病　俗稱舞病茄科中常見之此病起因由於水分缺乏每於結果時發生傳

染極速。爲害甚烈。病徵初現時。並無何等異狀。不過新梢稍形凋萎。卽灌以水。猶可補救。若病勢已重。靑葉盡變黃色。斯補救無方矣。

(三)白絹病 茄子接觸地面之部分。發生白黴。侵假而軟化而腐敗者。是曰白絹病。凡黏重卑濕之土壤。咸能釀成此病。瓜類亦有之。茄科爲尤烈。預防法(一)排水良好。(二)撒布木灰或石灰或硫黃硝於根之周圍。(四)注波爾他溶液。(五)拔棄害株。

(四)顆之腐敗病 排水不良之土。或屢遭大雨。其結果則顆皮現褐色斑點。累及蒂部。顆遂脫落。更入心部。腐敗全體。預防法(一)排水。(二)以二斗五升式之波爾他液撒布莖葉。

蟲害 金針蟲 Agriotes Ferruginipennis, Mots, 專食茄根。生活力頗强。驅除法。撒以食鹽。預防法。勿爲連作。

品種 品種繁多。不遑枚舉。茲揭其著名者如次。

(1)蔓細千成茄(江戶茄) 葉小。枝細而繁。果實小卵圓形。外皮呈紫黑色。光澤。早生豐產。適於促成栽培。近年有自此種養成爲極早生種。以供漬物用者。

(2)早生山茄　種實形色似前種。皮肉柔軟。適於煮食浸漬亦可。豐產之早熟種也。

(3)中生山茄　此種較前種果實稍大。果梗及枝幹亦稍粗。成熟期稍遲。宜於浸漬煮食產量甚豐。

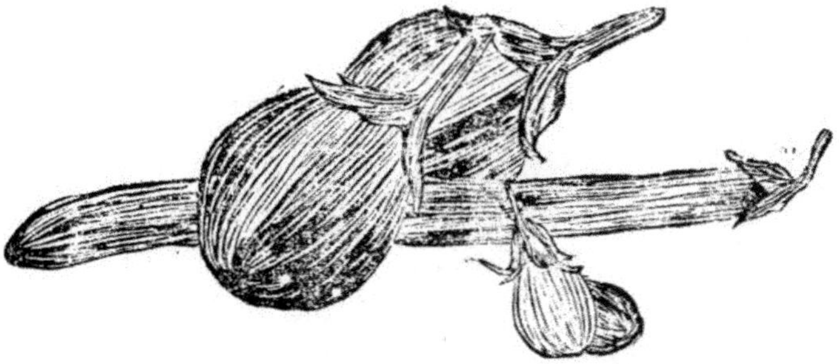

四十四　大圓茄　長茄　山茄

(4)中國水茄(長茄)　長達二尺。頂端屈曲首尾粗細略同。似蛇形因有名之曰蛇茄者。外皮紫。葉緣有深缺刻。葉端尖。發育過度。外皮硬。果肉成綿狀。品質變劣。故宜於未熟時採取作漬物也。

(5)佐土原茄　果實不如前種之長。近頂端大而急尖。外皮及肉均柔軟。種子少。適煮食或浸漬。

(6)北茄(大圓茄)　中國北京產。晚生種。果形豐大而圓。外皮紫黑。果肉白。均甚柔軟。種子稀少。適於爲調羹原料。晚生。

(7)重慶白茄　中國產。果大。外皮有白色光澤。皮薄。肉軟。子不多。供煮食用。味甚佳。

(8)紐約改良大種 Improved Newyork Large Purple. 果形圓大。無棘。外皮紫黑色。品質稱佳。

四十五 紐約改良大種

備考 茄開寶本草始著錄。有落蘇(西陽雜俎)小菰(晉書先蠶儀注)崑崙瓜(大業拾遺錄)等名稱。惟圖經不載出處。或謂來自暹羅。普通分紫黃青白四種。紫茄黃茄南北皆有之。白茄青水茄北地最多。供藥用者有黃茄苦茄(株小有刺作藥用)藤茄(蔓生似壺盧江南有此種)數種。容齋隨筆云。浙西常茄皮皆紫。其白者為水茄。江西常茄皮皆白。其紫者為水茄。所聞如是。未見實況。誌之以貢世之博聞多識者。

第十一 番茄 學名 Lycopersicum esculentum, Mill

英 Tomato 德 Liebes-Apfel 法 Tomate 日アカナス

性狀及原產地　原產地在南美祕露。栽培起原。迄今不過數百年。始於美洲大陸及西印度諸島。至十六世紀中葉。傳及歐洲。日本自明治維新後。始有此種。在東亞諸國。大抵作觀賞用。供食用者少。此足見東西人食性之不同處也。蕃茄多肉漿。具特別臭味。有

四十六　蕃茄

助消化之功。於衞生甚屬有益。生食煑食。酢漬湯調。均能倍加滋味。在夏季有代作飲料用者。一年生。稍近蔓性。其莖葉甚易繁茂。變種極多。性質互異。一般性狀。莖葉淡綠或濃綠。表皮有粗茸毛油腺。分泌奇臭。高達二尺至數尺。葉有粗細大小之別。大者達尺餘。小者僅數寸。葉面有皺縮。缺刻甚深。達中肋部。爲不規則之複葉。花於七八葉之節間始發現。以後每隔三四葉節目。着生一簇。花形似茄子、小而色黃。一花梗上。簇生數十個。果實因品種

之不同。形狀各異。有圓球、扁圓、卵圓等種種。外皮色澤亦不一。有赤、紅、黃、白等諸色。然皆多肉多漿。

栽培法　(一)播種。行移植法。可借用茄胡瓜等之苗床。下種時期。其他一切培植法。亦與茄無異。自播種至移植。約五六來復。蕃茄苗比茄苗強健易植。如養成少數之苗。不必特設溫床。卽種於植木鉢或植木箱中。晝吸日光。晚移暖室可也。植木箱不可過大。大則管理不便。普通以方二尺深二寸者爲適。下種後經十日左右發芽。如嫌密生。則行間拔。否則苗細而長。有所謂長足苗者。結實稀少。卽爲此也。暖地苗易發育生長過盛。有礙結果。常灌以水。仔細拔取。或行假植一二次。以止之。寒地不行假植。亦得良果。然究不如行假植者之佳。假植次數。仍視氣候土質而定。行之過多過少。均屬非利。假植後苗長五六寸。生眞葉五六枚時。行定植。定植以早爲貴。故養成良苗。亦以早爲必要。(養成良苗應在霜害之前)　畦幅及株間之距離。普通畦幅二尺。株間尺五至二尺。整地後。掘小穴。施基肥。閱一來復。下苗。施追肥。行中耕培土。再閱十日。行第二次追肥。中耕培土。並備木枝竹桿。俾得延蔓自如。每六尺間立三尺高之柱。插入小竹。以金屬線連結之。如欲統年可得收穫。則行溫室栽培法。室溫日中常保六十至六十五度之溫度。(華氏表)夜間約可減低十度。(二)整枝及摘芽 蕃茄草勢茂盛結果減色成熟亦遲欲矯此弊。整枝尚焉。蕃茄與茄均自主枝第七葉至第九葉節間著生第一花蕾。其後隨主枝之伸長每四五葉間著花。同時各葉腋所生側枝。亦有每四五葉著生花蕾之性。是項側枝及花蕾若任其自然生長。則側枝更生孫枝。其伸長力將勝過主枝。變成藪狀。與主枝不易區別。外觀似甚繁茂。然因濕氣充滿。日光空氣不易流通。即令開花甚多亦屬無益。是非盡力刪除側枝。全注勢力於主枝。不得良好之結果也。整枝留二本或三本者爲常。亦有留一本者。一本之整治。株間以尺五爲率。俟果穗發生三四。並止其先端。以遂長育。三本或二本之整治。株間二尺。於眞葉五枚時摘心。使出數本側芽。近先端部分留存三枝。使其結果。自下部及側枝所生者。悉行摘去。芽長則行整枝。並建設小竹。使其纏附。免致爲風搖動。(三)施肥 蕃茄用肥料。比茄子可節減。暖濕肥沃之地。氰質肥料更宜少用。基肥之配合量。大概每地一畝。堆肥三百六十餘斤。過燐酸石灰二十斤。追肥用人糞尿三百六十餘斤。分二次施之。否則其地味既屬普通。無特別暖溫肥沃之狀態者。則基肥配合之量。需堆肥九百斤至千餘斤。人糞尿百四十餘斤。過燐酸石灰二十斤左右。藁灰亦二十斤左右。追肥用量與前同。(四)收穫。如爲食用則生於枝之項端者隨時採取之。留近根部分之果。爲種子用。採取種子。擱置數日。使營後熟作用。然後剝去瓤肉。以水洗淨。乾而藏之可也。

疾病 疾病甚多。茲舉重要者如次。

(一)青枯病 病之起因。及其防除法。與茄子同。(參見茄子疾病項下)茲不贅。

(二)縮葉病 病之起因。由於多施氰質肥料。或土地過燥。病徵發現之初。葉面厚而粗硬。繼而葉緣卷縮。甚至葉變絲狀。光澤盡失。從此結果力銳減。防除法。少用氰質肥料。勤力灌水。敷設草稈。翦除被害葉。

(三)白絹病 病之起因及其防除法。亦與茄子同。茲不贅。

(四)葉炎病(Blight) 空氣不流通。易釀茲病。病徵發現之初。僅在下部葉面。生灰褐斑點。漸及全葉。終至全部。及其極則黃變墜落。防除法。使空氣流通。撒布二斗五升式之波爾他液。(或譯波爾舵液)

(五)顆實害蟲 蕃茄中害葉之蟲少。蝕顆之蟲多。如天蛾科之蝦殼雀。擬尺蠖科之木通木葉蛾。及小形木葉蛾。皆自八月間發生。以銳利之口。刺入果皮。吸收熟果與未熟果之液體。亦爲桃梨葡萄無花果柑橘等類之害。防除法有種種。薰煙誘蛾。均屬未妥。必懸燈捕網。搜索果樹間。撲殺之。較爲有效。是項害蟲。亦寄生於里芋（蝦殼雀寄生）木通（木葉蛾寄生）靑葛藤（小形木葉蛾）等植物間。此種植物。應卽除去。以絕其寄生之路。

品種　蕃茄變種甚多。形態互異。有因其顆之大小色澤。或草勢之强弱。而爲分類者。茲據倍利 Bailey 氏之說。示分類法幷說明於左。

（甲）普通種　多係變種。味美。可供食用。茲舉其著名者如左。

（一）市場用種　爲最普通之變種。各地栽培甚盛。顆大多漿。味美。屬此類者。更因其顆實形狀之殊別。爲左之三種。

（子）長顆種　形長橢圓。大如鷄卵。皮厚而緊。顆肉少。種座附着中軸。占大部分。葉稀少而皺縮。外皮赤色或赤紫色。

（丑）角顆種　栽培最古形中等扁圓。蒂部有皺襞。品質下等。有淡紅黃赤等色。赤色種爲晚近所栽培。

(寅)苹果形種　顆扁圓。有輪狀黑斑。或如突起瘤狀。外皮有赤黃、白、赤紫等色。莖葉粗大。

(二)櫻桃形種　顆小。球狀。直徑約八九分。有赤黃二種。性強健豐產。莖細而高。葉淡綠。小而粗生。

(三)梨形種　早生健種。顆小。長卵圓形。一房生十個內外。葉大。稍有皺襞。色濃綠。

(四)大葉種　形中等。葉片特大。數甚少。(不過二對)幼苗及莖下部之葉。大概細長無缺刻。莖高而堅實。顆之色澤。最初栽培。僅有黃及赤紫二種。至一八九一年。始有赤色種。如迷概特 Mikado 與買克奈司 Magnus 二種。其最著也。

(五)木立種　矮性。莖粗。無支柱亦能直立成長。高達二尺五寸內外。葉濃綠而小。葉肉厚。有皺襞。相互密生。顆形中等。扁圓。有黃赤二種。肉質甚緊。品質優美。矮立種亦此種之變種也。

(乙)房總具利形種　性狀與普通全然不同。稍近野生。一般社會栽培之。爲觀賞用。味酸。莖細長。葉粗生。顆小。球形。色鮮紅。房長。列生十二至十五顆。

四十七 珍光種

左列各種或產量豐富。或耐於貯藏。爰備載之以供學者之參考焉。

（一）珍光種 Honaor Bright 晚生。顆小。扁圓。其色澤隨熟度而變由綠而白由白而黃赤。皮厚肉緊。品質中等。適於貯藏遠送。葉密。常呈黃綠色。草勢虛弱。產量不豐。

（二）愛克姆種 Acm 中生。顆中等。正扁圓形。色澤鮮紅。肉質緊密。蒂部無皺襞。頂部無斑圈。亦強健豐產之種也。

（三）嫩玉種 New Stone 晚生。形扁圓。

肉緻密堅實。耐貯藏。外皮滑澤鮮紅。

四十八　色紅種

(四)龍鍾種 Dwarf Champion 最早生。矮小球形。色暗赤。肉緻密豐產。

(五)優美堅密種 livingstone Beauty 早生。形圓而大。外皮厚。易裂開。呈暗赤帶紫色。肉緻密而堅。種子不多。

(六)紅色種 Cardinal. 早生。色澤鮮紅。光滑。形中等。肉緻密。耐貯藏。

(七)大顆種 Enormous. 性强健。豐產。瓜極大。形圓。外皮濃赤。赤肉緻密。耐貯藏。

第二章　莢菜類（一名豆莢類）

莢菜類植物學上謂之莢果。莢果多屬豆科。豆科植物。因根瘤菌共生於根部。能吸收大氣中窒素。栽培似較他菜為易。古有利用休閑地。任其自然生長者。莖葉柔嫩。可供綠肥或飼料之用。其種實卽菽穀類。在食用作物中之位置。比禾穀次之。嫩莢可供蔬菜。未熟種實因其含蛋白質甚富。亦為食料調理上之要品。

莢果種類甚多。性質各異。除豌豆蠶豆外。生育中皆需高溫。忌旱濕。土質好輕鬆。黏重有誤發芽。肥料以燐養鉀質為主。氰質則僅於新墾地根瘤菌未生。發育不良時施之。中耕補肥等。不必如果菜類等之周至。（中耕有損細根。故忌之）更忌連作。

豆類與穀類同為多含脂肪及蛋白質之植物。夫人而知之矣。經化學考驗。則知豆類消化實劣於穀類。惟蛋白質之消化。則與穀類相似。茲就豆之製品。述其消化率如下。

豆製品別	蛋白質	脂肪	炭水化物	纖維
煑豆	六五・五	?——	八五・七	三○・九
豆腐	九二・七	九六・四	九三・三	?——

豆腐皮　九二・六　九五・七　八六・四　三五・五

第一　菜豆　學名 Phaseolus Vulgaris, L.

英 Kidney Bean　德 Bohne　治 Haricot　日インゲンマメ

性狀及原產地　原產地未明。據植物學家云。當在東印度。然於該地既未見野生之狀態。而栽培狀況。更不若非美熱帶之盛。則此說恐未爲當也。前聞南美祕露里賣市附近。自土人墓中。發見種種果實及蔬菜種子。又得數種菜豆。則其原產似在祕露而不在東印度。於此有當研究者。是墓落成。是否在西班牙人互市以前。爲土人之遺物耳。至傳入南亞確在紀元前後。至第二世紀入中國。菜豆一年生。莖細蔓性。生長力速。溫暖地於一年間。行二三次栽培。蔓有纏繞性。左旋長數尺。或不纏繞性。橫繁長一二尺。是謂無蔓菜豆。葉互生。第一葉對生。爲心藏形單葉。第二葉以上。葉有長柄。三葉合成。爲羽狀複葉。葉狀近三角形。先端尖而底稍圓。葉色淡綠又濃綠。葉面粗糙。花蝶形。自葉腋發生。二個至八個。花有白色藍赤色二種。莢細長而尖。未熟時甚柔軟漸卽硬化。又有稱莢菜豆者。纖維不發達。質多柔軟。有黃綠二種。種子腎藏形。因品種之不同。亦有長短廣狹大小之別。

班紋如何。色澤如何。皆分類上所應注意之事也。

栽培法　菜豆雖因喬矮不同。生育期間。有長短差異。然多屬短期間作物。自播種至收採。矮性種平均三閱月。蔓性種四閱月而已。故溫暖地方。一年間。至少亦有二次栽培。且依次播種。全年中得採其軟莢也。今示播種期與收採期之關係如左。（據矮性早生種之之栽培）

播種期	採收期	備考
一月中旬	三月中旬至五月上旬	促成栽培
三月中旬	五月中旬至六月下旬	早熟栽培
四月中旬	六月上旬至七月下旬	露地栽培
六月上旬	七月中旬至八月下旬	同
七月中旬	九月上旬至十一月上旬	同
九月中旬	十月下旬至十二月下旬	冷床播種溫床栽培
十一月下旬	二月中旬至四月上旬	溫床栽培

惟促成栽培。於右之時期後。雖亦稍稍結實。乃品質劣等。供販賣用。收支不克相償。故就栽培露地者。說明於左。施肥收穫。亦附述焉。

(一)春季栽培法　春季販賣之菜豆。先選早生矮性種。於三月上中旬。種諸溫床。溫床用胡瓜茄子等之廢床亦可。穴植三粒。每穴相距三四寸。覆土寸許。常灌水。五六日發芽。一畝種量。用小粒二三升。大粒四五升。苗床約須九方丈。展芽后不特成長甚速。葉大則相接亦密。外氣寒冷。未便定植。更有保五尺平方距離。於有遮圍冷床內。行假植者。第一次栽培菜豆。其地應向南方傾斜。或擇北部有圍繞之溫暖輕鬆地。冬時混入堆肥等。至氣候既暖。於畦幅尺五。株間一尺間。栽植一株。俟根黏附。輕行中耕。且施稀薄糞尿。促其生長。然莖葉茂密。光氣難通。結莢力因減。恐病菌侵入葉柄。不免落葉。播種後四十日開花。花落二旬餘。拔收柔軟莢。　矮性菜豆。既不生蔓。下部各葉腋。叢生側枝。易於茂育。同時開放花蕊。故採收嫩莢。短期間可以畢事。亦有留根株於場圃。施行追肥。恢復勢力。再生新株。採第二次嫩莢者。一畝中可收六七百斤。

(二)夏季栽培法　四月至六月間下種。雖氣候溫暖。可以定植。惟黏重土壤。有播種後。

誤其發芽之慮。故宜冷床中養成幼苗。再行移植。此時品種。雖因用途有軟莢硬莢之異。然選蔓性豐產之稱類則一也。蔓性於栽植上需竹柱孔多。歐美諸國。未易得此。故用無蔓種。中日產竹甚富。所栽者類皆蔓性也。

蔥、菜及甘藍類收穫後。深耕一畝間以堆肥七百餘斤。木灰七十餘斤。過燐酸石灰三十餘斤為原肥。矮性種畦間尺五。株距一尺內外。蔓性種畦間二尺五寸。株距一尺二寸。亦有二尺三尺之距離。交互作廣狹之畦條而播種者。所二尺之畦間為通路。斜建支柱於三尺畦上。使其纏繞枝蔓。採收管理。甚便利也。

播種後開芽甚速。發育又甚速。蔓性種六十日內可採嫩莢。蔓長施以支柱。當使兩畦相向斜立為山形。使蔓相互纏附。此比每株建竹一枝(長六尺餘)直立以禦風者。抵抗力較強。倒朴之患較少。生育中於除草及因生活狀況施稀薄糞尿外。無特別注意之作業。嫩莢因蔓之生長依次發生。故結果期甚長。以嫩莢為目的者。收採四五次。一畝收量。軟莢一千四百斤內外。種實乾燥。其量為一石五斗至二石。

(三)秋季栽培法　秋季收採之菜豆。於八月上中旬採種。無論喬矮。以氣候暖。降霜遲之地爲宜。因其一遇霜害。卽形衰弱。結莢者每易枯萎也。其餘管理法。與春夏兩季。無甚差異。栽培雖易。需要者不甚貴重。且寒氣侵入。莢難完熟。輪作時栽培之。不適於採種用也。

病蟲害　害蟲有蚜蟲夜盜蟲等。驅除法詳前。玆述其病害於左。

（一）班葉病。（炭疽病）雖侵害莖葉。而於嫩莢爲尤甚。凡近地面及莖葉茂蔚。空氣難通部分。被害更烈。嫩莢始生微細黑班。其周圍有赤色輪圈。班點部次第擴張。變爲暗褐。至莢皮凹陷。有損外觀。貽害品質。害及莖葉。收量減焉。預防法有三（一）採種當擇無病之莢。（二）發生前撒布波爾他液（三）施藁地上以防濕氣。

（二）菌核病。空氣濕潤時。此病更多。其被害部在葉之附着點。病原菌由風吹附莖葉。以雨水洗至葉腋。競行繁殖。葉腋部初現黃褐汚點。繼生白色黴胞。遂腐敗靡亂。而至落葉。草勢衰弱。結莢維艱。豫防之法。非撒布硫黃華於葉腋。俻減有機質肥料。以沮害病菌繁殖。不可至避連作。燒被害物。疏整枝葉。以通風光。亦根本上所應注意也。

（三）白絹病。與生於瓜類者。同一病徵。莖之接地部分。纏繞白色菌絲。外皮腐敗軟化。故莖葉枯死。豫防法。在排水良好。撒布木灰、硫黃華等於根際。

品種　菜豆品種頗多。有採子實者。有收嫩莢以供食用者。有蔓性與無蔓而矮性者。其他莢之色澤長短等。可為類別標準者不少。茲因蔓之有無。及莢之色澤。記其主要者於左。

(甲)矮性綠莢種 Green Podded Bnsh bean

(1)惠嘣叮極早生紅種 Earliest Red Valentin. 為極早生之無蔓種。下種后約五十日收穫。有耐霜性質。莢長稍圓。肉厚而軟。莢色鮮綠。無纖維。品質良好。強健之豐產種也。

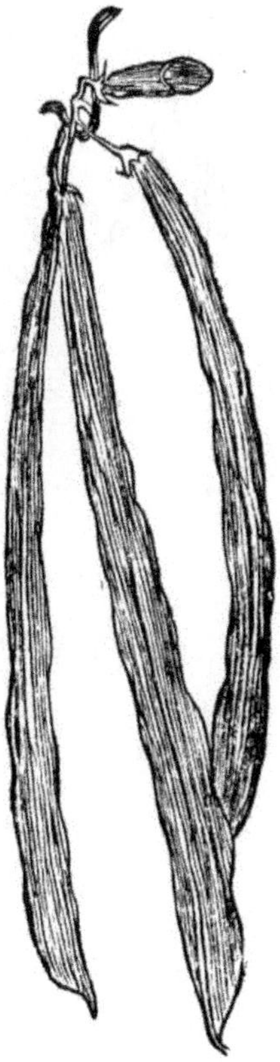

四十九　菜豆　矮性種

(2)阿雪克黑種 Black 'Oshick. 亦早熟強健無蔓之菜豆也。莢長大。斷面稍圓。多肉而軟。產量亦豐。

(3)長人種 Long Fellow 早熟種。莢稍圓長。肉厚軟。味亦美。用作調理。不失綠色。强健豐產之良種也。

(4)豐厚種 Bountiful. 爲對於病害抵抗力甚强之早熟種。生育期長。收獲亦久。夏期播種者。秋季亦可收採。莢大幅廣。形齊一。肉厚而軟。豐產之良種也。

矮性種

(乙)蔓性綠莢種 Green Podded Pole bean.

(1)老房狀種 Old homestead, 此種爲蔓性菜豆。七月下旬採收。莢大有淡綠色光澤。

莢爲房狀結果。不問蔓之先端及根部。均有結實之性。故質軟味佳。産額亦富。

(2)深紅纖匐枝種 Scarlet runner. 此種爲歐洲所賞用花鮮紅。適於觀賞。高丈餘。子實充滿。可供莢及子實用。

(3)日本種 所栽培者。多屬莢菜荳。卽蔓性之綠莢種也。品質不及西洋之良種。

(丙) 矮性黃莢種 Bush wax bean.

(1)改良黃莢種 Improved golden wax. 强健豐産。爲無蔓之晚熟種。莢肉厚。含黃金色。頗美。長五寸許。質軟無纖維。香味優等。

(2)通銷廣莢種 Market wax. 爲莢菜豆供子實用。甚著名。莢扁平長大。收穫適期軟而味佳。

(丁)蔓性黃莢種 Pole wax bean.

(1)可培來吉網託爾早生種 Early cobolay de dumoutole. 此種爲法國種。蔓短。故稱半蔓種。莢稍圓。黃金色。頗美。質軟。味香優等之豐産種也。

(2)黃莢種 Golden wax 强健中熟。與前種共屬半蔓。蔓幅廣。黃金色。多肉稍圓。纖維少。質軟而香味良好。產量亦豐。

備考　日本隱元禪師自中國攜菜豆歸。關東地方名菜荳為隱元豆。關西則以鵲豆為隱元豆。名同物異。確是傳譌。不可不辨。

第二　豌豆　學名 Pisum sativum, L.

英 Pea　德 Erbsen　法 Pois　日エンドウ

性狀及原產地　豌豆有紫花白花二種。其性狀雖相似。而莢實品質。頗有軟硬之差。前者曰圃場用種。Field Pea 後者曰園藝用種。Garden Pea　植物學家。就其系統上或形態上。名為二變種或二種。故其原產地亦因之而異。或云圃場用種。於紀元前後在伊大利發見。厥後印度北部。亦有廣植者。然梵語中未聞其名。殆亦近世所傳播。與迄今查伊大利山野。有自生者發見。是殆原產地之表徵也。其栽培起源。當在二千年前。園藝用種。比前種耐寒之力弱。其原產地更近於南方溫地。可想見也。然無野生者發見。或由前種栽培之結果。而有此變種耶。抑栽培甚久。野生者已歸淘汰也。據研究之報告。謂希臘於三百年前。已有栽培之證跡。瑞西湖棲時代之遺物中。亦有其種發見。可知比前種之栽培甚久也。觀諸家所說。其原產在科卡晒斯南部。至波斯地方。其后傳入歐洲及埃及。又至中國。栽培起原。須在二三千年以前。故有謂園場用種。實茲種所變者。然其系統未確。園藝用種之莢豌豆。大粒豌豆。花亦有赤有白。喜田氏曰。豌豆原種。爲赤花硬莢種。有褐色種實。自此改良而生今之園藝用種。謂余不信。請觀赤花種白花種之雜種試驗。其第一代必生赤花也。

從播期早晚。有一年生二年生之別。莖雖圓而粗。中空。甚脆。極易損傷。莖有蔓性矮性二種。蔓性種雖甚長。不能自己纏繞。葉色濃綠含白粉。爲羽狀複葉。通常中肋左右。有圓葉二。先端三葉片。變爲卷鬚。纏繞他物。爲支莖之用。葉柄附着部。有大葉托二。包圍莖幹。開花甚晚。平均第十葉以上。生花梗。於葉腋。開一二花蕾。花形似蝶。有白色藍紫色二種。莢扁平而長。彎曲於腹面。先端尖曲於背部。此有軟硬二種。前種稱莢豌豆。雖發育已極。柔軟而味美。後者種實肥大。莢不堪食。種實有形狀大小。色澤綠白。種皮皺滑等別。大抵花之藍紫者。種實有褐色斑點也。性強健。耐寒瘠土。亦能繁育。除寒氣嚴烈地外。概充冬作。所適風土。在冬日溫和。霜雪稀少。土實黏重之處。若壤土易生霜柱。可避則竟避之。

第二章　莢菜類

栽培法　(一)播種。播種必選新地。忌連作也。根瘤菌之排泄物。含有機酸。土地易化酸性。故必鹹性强之土地。不生忌地病。否則亟宜休栽數年。此種事實。於盆作試驗時足以證之。栽培距離。因品種喬矮而異。然與其狹也甯廣。矮性種畦幅二尺。株間八寸至一尺。蔓性種之管理上。以抱畦爲便。卽互設四尺畦。條與二尺通路。四尺畦上。可保尺五之距離二列。以播種。一畝種量約三四升。播種期暖地秋播。寒地春播。恐被霜雪之害也。然秋播不宜早。早則易蒙寒害。十月下旬至十一月中旬。爲最適之時。溫暖地方。寒害既少。亦有九月中旬下早生種。於冬季收莢豌豆者。其利固甚溥也。至若寒冷之地。不適生育。則於春季三四月下種。十月至十一月。氣溫低降。大氣乾燥。斯可下種。須二三十日發芽。發芽後生長極遲。至催暖氣。生長亦祇數寸。在有寒害之地。畦間當立附葉竹枝。爲支柱用。幷禦寒氣。生育中所應注意者。幼苗間淺行中耕。時除雜草。因生育狀況。施稀薄糞尿可也。(二)施肥。一畝所用基肥。約木灰七十五斤。過燐酸石灰二十餘斤。土壤酸性强時。應用石灰草木灰等堿性肥料中和之。(三)收穫。花謝后約五十日而莢成熟。供菜用者收於軟莢或青實之時。莢豌豆莢之軟者也。實豌豆莢之硬者也。硬者食實。軟者食莢。收採徵候。均以豆莢軟弱時爲便利。西洋各國。有以色澤濃綠。種粒細小。爲罐製品者。是當於種實充滿。莢將生皺時採之。

病害　如忌地病。因豌豆忌連作。栽培一次。非休閑數年。或施堿性肥料。中和土壤酸性不可。其原因已詳前。更述白澁病立枯病於左。

白澁病　莖葉茂密。光氣難通。陰雨連綿。生機頓促。葉之表裏。白粉狀之物質起焉。被害烈時。葉色黃變。易於枯死。豫防之法。栽培距離宜廣。使空氣易於流通。且以二斗五升式之波爾他液。混合石鹼十五錢施之。

子苗立枯病　苗長二三寸。病菌侵入。莖之接地部分。生一細縊。倒伏枯死。非拔燒害株。多用木灰。良好排水裝置。不足以絕其病也。

蟲害　有豆象蟲等。分述於左。

豆象蟲　體長一分。色赤褐。莢將成熟。成蟲產卵於其內。孵化則幼蟲蝕害種實。故採收熟莢時。外部檢視。未能認其寄生。貯藏既久。幼蟲羽化。破種皮而出。其害於豌豆大豇豆豆小豆爲最甚。防除法。曝乾種粒。入密合箱內。注二硫化炭素。於種子上面。該液卽行蒸發。因重量而沈入底部。可以窒息是蟲。

稜蝗　春時食豆類嫩葉。幼蟲成蟲。形態相似。惟幼蟲無翅。成蟲長三分弱。色黑褐。有種種斑紋。體爲長稜形。體面粗糙。顆粒甚多。有跳躍之肢。可以鳥黐誘殺或追撲之。

油葫蘆　豌豆及他作物均被害。幼蟲黑色無翅。成虫長八九分。色黑褐。觸角長。前翅短。尾有剛毛。雌者具產卵管甚長。至秋則發清朗鳴聲。性好瓜及馬鈴薯。可以此誘殺之。朝晚運動遲緩。易於捕殺。晝間置席藁等。俟其潛伏殺之。或土中穿穴追逐於此以資殺滅。

品種　豌豆由蔓之性質。莢之形態、品質。及種子色澤等。分類如左。

(甲)由莢之性質分類者。

(1)實豌豆 Shell Podded Pea　開紫花。子實適於收採。莢硬不宜煑食。

(2)莢豌豆 Edible Podded Pea　花白。種圓。適於採莢。品質未見優美。

(乙)由蔓之性質分類者。

(1)蔓性種。Tall Pea (2)半蔓性種。Half Dwarf Pea (3)矮性種。Dwarf Pea

(丙)由種皮之狀態分類者。

(1)平滑種。Smooth Pea (2)皺襞種。Wrinkled Pea

(丁)由種子色澤分類者。

(1)白色種。(2)綠色種。(3)褐色種。

品種中亦有分。(1)硬莢蔓性種。(2)硬莢半矮性種。(3)硬莢矮性種。(4)軟莢蔓性種。(5)軟莢莢性種者。循名覈實分類之道得矣。

備考　豌豆。本草云其苗柔弱宛宛然故名舊作豎音剜誤也說文登訓豆飴非豆名 有胡豆。張騫得胡豆種於外域李時珍謂胡豆即豌豆與其濬謂二種各異且云胡字古音義多訓大後世輒以種出胡地附會其說皆無稽也 戎菽、桓公伐山戎以戎菽偏布各國爾雅注云戎菽即胡豆 畢豆、一名留豆見崔實月令 麻累、本草云嫩時青色老則斑麻 回鶻、唐書云畢豆出回鶻地飲膳正要作回回豆即回鶻也 淮豆、農書云俗呼豌豆大者爲淮豆 國豆、鄴中記云石勒改爲國豆青小豆、青斑豆等稱。種出西戎。北土甚多。其苗作蔬甚美。蜀中謂之豌豆顛。顛不獨野豌荳呼爲巢菜也。務本新書曰。豌豆在諸豆中最爲耐久。產多熟早。如近城郭。摘豆角販賣。可先變物。莊農往往獻此豆。以爲嘗新蓋一歲之中。貴其先也。熟時又少人畜傷踐。以此較之。甚宜多種。雖玄扈云。蠶豆之利十倍於豌豆。然其耐陳則一也。又觀陸宣公狀云。豌豆爲物。其用甚微。舊例所支。惟充畜料。是蓋昔時僅以秣馬。未供蔬用故也。雩婁農曰細蔓儷尊。新粒含蜜。菜之美者。孰有逾於此耶。

第三 蠶豆 學名 Vicia Faba, L.

英 Broad bean 德 Garten-bohnen 法 Gourgane 日ソラマメ

性狀及原產地 栽培起源。當在四千年前。其原始植物。今殆湮沒。故原產地。不得確實證迹。俄國羅修 (Lerche) 氏。於十九世紀末。在裏海南方荒蕪地。發見野生者。阿利無愛爾 (Olivier) 氏以波斯為原產地。孟皮 (Munby) 氏以亞爾裁利亞為其元產地。然無確證。易受駁論。若就需要方面觀之。中國自古用作祭品。羅馬亦然。故其原產當以羅氏之說為近。始由亞利安人栽培。傳入歐洲。至紀元百年以前。輸入中國。更至日本印度美國需要不多。英國用為人畜食物。

蠶豆為一年生或二年生。木立性之草本。分枝力強。高達四五尺。莖粗四方形。葉互生。羽狀複葉。葉片五個。自第十葉處。各葉腋生數個淡紫色花。結莢一二。莢雖因品種有大小。大抵為稍平之圓筒形。以彎曲於外縫線方向。故似背部附有種實。種實扁平短卵圓形。成熟則呈赤褐綠色。未熟時有綠白二種。風土關係。與豌豆相似。以抗冷之力稍弱。故嚴寒地方。易於寒傷。亦有莖長尺許。猝兆枯衰。至暖氣頻催。再自株根發芽者。俗曰親倒豆。
土質以硬固埴土爲宜。連作之害。較豌豆輕。休栽二三年可也。

栽培法　（一）播種。栽培距離。雖因品種喬矮而異。大抵繁茂種畦幅三尺。株間一尺二寸。矮性種。畦幅二尺。株間八寸。土質肥沃。莖葉茂密。斯時距離宜廣。故種量可以略減。溫暖地方。雖以十月下旬至十一月中旬播種。若冬寒峻烈。當至三月。英國春季嫩莢價格高貴。每於一二月間。播種溫床。三月間定植露地。亦有三月至六月。順次下種。以圖接續收採者。然如中日各國。夏種蠶豆需要無多。春季播種。難穫利益。大抵以十月至十一月下種。下種前浸水四五日。催促發芽。每穴二三粒。覆土二寸。下種後宜常灌水。以防乾燥。莖長八九寸。即宜中耕一二次。晚則徒傷根部。有害發育。（二）摘心。莖長至適度。即應摘心。摘心不特抑制伸長。催促結實。且免蚜蟲叢生。新芽嫩莢。於以發育也。萬一莖葉過茂。應張繩畦間。以防倒伏。并可流通空氣。（三）肥料。栽培前每畝地當以木灰五六十斤。過燐酸石灰二十斤。爲播種之豫備。種後宜撒廏肥等二次。中耕時兼施糞尿。（四）收穫。菜用之莢。未熟時摘之。必當去其外皮。種實供煮食用。味甚美。半熟時甘味更強。然終不若豌豆之鮮美也。其嫩莢與種粒。可以共煮。成熟之實。可供糖煮及其他調理之用。

病害　銹病　病菌寄生。豆苗衰弱。其爲害閱三四代未已。防除法在燒棄被害植物。

蟲害　蚜蟲　羣集莖葉。吸收液汁。害新芽。花蕊不能結實。幼蟲無翅。成蟲有具翅者。色均黑。成蟲體長五六釐。增殖迅速。爲有性無性兩法。蕃生數次。防除法(一)烟草一斤。注熱水五升。加水三倍。以噴水器注之。(二)既叢集於柔軟部分。開花後。當摘取嫩芽。以防其害。且可催促結實。

品種　西歐品種甚多。在中日諸國則較少。通常隨子實之大小。分爲大粒種。小粒種。如綠蠶豆。係中國產。莖高葉大。性強健。子實大。產量豐。色綠味佳。大粒種中之晚熟者也。山城蠶豆。係紀州名產。莖葉矮小。子實未鉅。以早熟被賞。

備攷　蠶豆亦名胡豆。太平御覽云。張騫使外國。得胡豆歸。指此也。今蜀人呼此爲胡豆。豌豆不復名爲胡豆矣。二者名稱相同。形性逈別。本草云。莢狀如老蠶。故名。農書謂其蠶時始熟。故名蠶豆。日人因其莢向天空。亦名空豆。蒙化府志以其花容相南。名曰南豆。益部方物記有佛豆粒大而堅之說。舊雲南通志。謂卽佛豆。古以滇爲佛國。名曰佛豆。其以此與歐洲於石器時代已現遺跡。中國栽培。雖歷二千餘年。宋時尚未徧種中原。（景文至蜀見佛豆）始至明則栽培甚盛。李時珍謂蜀中用以備荒。西南山澤之農。以其豆大而肥。易於果腹。故廣植之。其豐歉足以左右米穀價值云。檀萃滇海虞衡志云。滇以豆爲重。始則連莢烹之爲菜。（滇人食豌豆兼蔓名豌豆菜）繼則雜米而炊作飯。乾則洗淨爲粉。故蠶豆粉條明澈輕縮。雜之燕窩湯中。幾不復辨。此楊萬里所以有翠莢中排淺碧珠。甘欺崖蜜輭欺酥之賦也。徐玄扈曰。蠶豆種花田中。不拔花秸。用以拒霜。至清明後拔之。又由十月初下種。一二月宜厚壅之。此亦栽培家所可取法也。

第四 豇豆 學名 Vigna Sinensis Hassk

英 Asparagus bean 德 Americanische Riesen spargel bohne 法 Dolique Asperge

日 ササゲ

性狀及原產地 或謂南美原產。然中國自古栽培。其原產地當屬舊大陸也。中日諸國。採其莢實以作食品。西洋多用爲飼料肥料。爲一年生短期作物。性狀類似菜豆。有蔓性矮性二種。葉大濃綠。自三片成。花梗短。生於葉腋。先端生淡紅或白之小花。二成莢一對。

莢細長。因品種而有長短。色澤有淡綠赤斑二種。

栽培法　風土關係。與菜豆無異。旱地作畦二尺至二尺五寸。穴播四五粒。株距一尺至一尺五。覆土宜厚。播種宜早。設如四月上旬下種。約三個月收採。如欲夏秋間次第收穫。當先繼續播種。然至八月下旬。生長期亦終了也。間拔後。每株留存三本。蔓生則附以竹枝。

五十

十六豇豆

品種　品種中短莢種居多。長六寸。品質易硬化。故以種實用爲主。雙豇豆、赤豇豆、截豇豆等。其變種也。長莢種。有長至三四尺者。品質柔軟。供蔬菜用。因長短有十六豇豆。十八豇豆。二十六豇豆等名。種實皆腎藏形。色澤有白黑赭及紫斑四種。均可製餡。或與飯共煮。日本之格原豇豆。莢長二尺五寸。靑豇豆。莢長四尺餘。種實黑。皆品種中之著名者也。

備考　紅豆一名𨇁跭（本草綱目云此豆紅色居多莢必雙生故名）　今處處有之。穀雨前後下種者。七八月收穫。五月下種者。八九月收穫。一年三兩熟。可穀亦可茹。取多宏用。誠上品也。李時珍謂其開花結莢。兩兩相垂。有習坎之義。種形若腎。所謂名爲腎穀者。應以此當之。盧廉夫謂每晨煮豇豆和鹽食之。補益腎氣。其所見亦同李氏也。

第五　鵲豆（藊豆）　學名 Dollchos Lablab, L.

英 Hyacinth bean　法 Dol'que Lablab　日フヂマメ

性狀及原產地　原產在印度爪哇等地方。栽培雖閱三千年。以不甚重視。故品種尚少。歐洲僅於溫暖處栽之。中國素種此豆。傳入日本。名隱元豆。其花似藤。亦名藤豆。一年生。晚生蔓性。矮性者強健。亦有高達八尺者。葉似菜豆葉。有複葉。爲此種特性。花梗甚長。生自葉腋。花色白或紫。穗狀簇生。莢扁平短大。綠白色或綠紫色。內貯二三種粒。嫩莢柔軟。含有香味。供煮食用甚宜。種子扁平短橢圓。黑褐或赤褐。附莢部分色白而大。晚生。每至秋季結果。故早寒之地。難期豐產。

五十一 鵲豆

栽培法 (一)播種。播種較他豆稍遲。四五月間。有於麥畦下種者。畦幅二尺至二尺五。株間一尺至一尺五。穴播四五粒。每畝種量三四升。生育中。中耕一二次。觀生長狀況。施以補肥。蔓性種應附支柱。長則易罹風害。(二)摘心。莖高三尺時。應卽摘心。有時自下部發生多枝。足防蔓之徒長。(三)收穫。莢自下部順次成長。採收時亦應注意。如見蝶類幼蟲。同時捕除。採收期間甚長。自八月始。延至十一月止。一畝收量可達一千二三百斤。

品種　(1)普通種　葉淡綠。花白或紫。莢白而狹長。種子黑褐。

(2)赤花大莢種　奉天等省所產。莖葉大。性強健。葉濃綠。花赤紫。莢紫綠。甚大。幅八分。長有達四寸者。結果雖晚。產量極豐。品種柔軟。種子大。色黑褐。

(3)無蔓種　長不及二尺。發生甚早。適於促成栽培。花白。葉淡綠。莢白短小。品質柔軟。種小赤褐。

備考　藊豆、北人呼鵲荳。以其黑而間白。似鵲羽也。亦名沿籬豆。蛾眉豆。（本草云藊本作扁莢形扁也沿籬蔓延也蛾眉象豆脊白路之形也）莢形甚衆。子有黑白赤斑四色。白者每供藥品。餘皆作蔬菜用。農家每於清明下種。蓋以草灰。不用土覆。又據徐玄扈曰。以口向上種之。粒粒芽茁。若橫種。十不出一。此因幼芽不能茁土。故發芽率銳減也。

第六　刀豆　學名 Canavallia ensiformis, D. C.

英 Chickasaw lima　日ナタマメ

性狀及原產地　原產地當在東洋溫熱二帶中。日素廣栽培。美國近始播種。蔓性。一年生。草勢强健。高達丈餘。莖葉雖似鵲豆。花則與彼有異。常生四五朶於花梗上。其色澤有白與淡紫二種。莢極廣大。幅一寸五分。長有達一尺者。嫩時種小。莢似皂角而長扁如刀。故有茲名。質脆弱。供鹽漬煮食之用。種子爲短腎藏形。外皮白或淡赤。適於黏土濕潤之地。有誤發芽。宜避之。

栽培法　(一)播種。刀豆種子肥大。在葉茁地頗難。旱地直播。腐敗者多。故於四月間在瓜類溫床中下種。俟本葉二枚以上。從事移植。播種後。應常灌水以防乾燥。幷敷薄藁或覆貝殼。遮光熱。促發芽。畦寬二尺五。株間一尺二。以支柱交叉兩畦間。俾其纏繞。(二)肥料。原肥用堆肥。燐酸肥。追肥以人糞尿木灰施之。莖葉過茂。即宜摘心。(三)收穫。八月中旬後得採嫩莢。擇勻整者留枝上。俟其全熟。採而貯之。種類以白爲佳。

備考　刀豆一名挾劍豆。(西陽雜俎云莢橫生如人挾劍故名)或謂龍爪豆。即刀豆之一種。其莢醃以爲茹。苗嫩時。以油鹽調食。救荒本草所謂煮飯作麵者。於饑歲始爲之。莢老則收子。子大如拇指頭。色淡紅。與雞肉豬肉煮食尤美。常於淸明下種。先潤以水。每穴側放一粒。薄覆鋸末。恐載土重。芽茁難也。

第七 諸種豆類 所說豆類。爲莢菜類中重要者。歐美諸國。尙有數種。供蔬菜用。更述如左。

(一)萊豆 學名 Phaseolus lunatus, L.

性狀及原產地 原產地在南美。迄今猶有野生者。非洲亦自古栽之。蔓性。一年生。性狀雖似鵲豆。所異者葉稍長大。花小。呈淡綠白色。莢雖廣大平滑。質硬難供食用。種子扁平短腎藏形。有綠白二種。供調理用。品種有喬矮。舉其要者。如普通種 Common 矮性種 Dwarf 及小種 Small 等是。

(二)赤花菜豆(花豆) 學名 Phaseolus multiflorus, Wild

性狀及原產地 原產地屬南美。雖多年生。而栽培者爲一年生。草勢盛。發育速。莖葉似菜豆。花總狀赤色。爲其最著特徵。莢長大粗硬。帶赤綠色。外皮有細毛。與多少黏質。種實爲豐大腎藏形。色淡紫。有黑斑。供食用者此也。品種甚多。因其花容美麗。常充觀賞

(三)黎豆 (虎豆、狸豆、八丈豆) 學名 Mucuna Capitata W. et A.

性狀及原產地 原產地屬東洋熱帶。自八丈島輸入日本。故名八丈豆。亦稱天竺豆。本

草稱爲狸豆。爾雅注。謂攝虎櫐。卽今虎豆。然古人謂黑爲黎。色雜亦曰黎豆。以黎名。意在斯也。蔓性。一年生。性狀雖似刀豆。花小。總狀。莢稍短。圓筒形。自一處生五六莢。外皮質硬。有細毛。種子短橢圓。稍小。其外皮淡灰褐色。供煮食甚宜。

(四)扁豆　學名 Ervum Lens, L.

性狀及原產地　原產地。自亞細亞西部。至希臘及伊大利。栽培起原。在四千年前。矮性、一年生。高一尺五寸。莖葉雖似矮性豌豆。葉淡綠。極小。自四五對卵形小葉成羽狀複葉。先端爲卷鬚狀。花白。生三四朵於花梗上。莢短而圓。含圓形種子二。莢硬不堪食。種實用途。與豌豆同。

(五)鷄兒豆　學名 Cicer arietinum, L.

性狀及原產地　原產地。屬裏海及高加索山南部。栽培閱四千年。矮性。一年生。高二尺內外。莖葉粗。有細毛。蜜腺。複葉小。自六對小葉成。花小而白。稍有赤色者。莢短小。外含細毛。具種實一。種形圓。有凹凸。色黃。肥大。供煮食。或代珈琲。

第八　落花生　學名 Arachis hypogaea, L.

英 Ground nut 日 Arachide

性狀及原產地　原產地。有謂在中日者。有謂在埃及者。現今主張南美發生之說。已一致矣。美洲發見后。此物傳入非洲。由葡人輸至亞洲南部。直入中國。遞日本。已甚晚也。爲豆科一年生草本。分木立性蔓性二種。蔬菜栽培。多屬後種。因木立種含脂肪多。專供榨油用也。莖匍匐。善分枝。葉綠。花黃。花落二三日后。存於花託之子房。自地面侵入地中。先端成莢。內貯種粒二三個。種形長圓。外皮赤褐。燥則易剝。好溫暖氣候。及砂土壤土。溼黏土最忌。

栽培法　(一)播種。暖地四五月間下種。亦有播諸麥畦間者。因寒地或前作物關係。每於溫床冷床培植。俟生本葉三四片。則行定植。栽培距離。如木立種則畦幅二尺。株間尺二。蔓性種則畦幅三尺。株間二尺。每畝去殼種量約三四升。應先塗以科兒他或亞砒酸銅(紫色砒石)等。以禦鳥害鼠害。發芽與他種異。子葉不現地表。易致腐敗。故覆土宜薄。每穴應播二三粒。間引后每株祗留一本。至生長五六寸時。則施人糞尿。蔓性種花易入地。結莢較多。每畝收量。比木立種可增四分之一。(二)前後作關係。木立種早生。故九月后可栽蕎麥、萊菔、白菜等。蔓性種雖不能致此。然畦間廣闊。七八月間。有間作黍、小豆等之利。

等九　玉蜀黍　學名 Zea Mays, L.

英 Sweet Corn　德 Mais　法 Mais Sur'e　日タウモロコシ

性狀及原產地　野生者尚未發見。其原產地當在中央亞美利加。墨西哥地方。美洲發見後。自西班牙傳徧歐洲。由葡萄牙人傳至日本。中國則栽培尚早。美洲人充作飼料外。尚供種種調理。爲蔬菜者。取其幼嫩部分。剝外皮。加食鹽煮之。或生脫子實。與牛乳共煮。或半碎種粒。和米粉油製。味其均美。屬禾本科。一年生。雌雄異花。雄花生莖頂。雌花生節間葉腋。穗以強韌之皮包之。花柱集合而顯於包皮上部。縣垂如鬚。易受自花或他花花粉。他花受精後。兩種性質。直現於當年子實上者。云直感。如配黑種與白種。子實呈淡黑者是也。一穗種色。時顯其異。職是故也。好高燥肥沃之土。而忌黏重多溼。應化氣候。其力甚強。故原產地雖在熱帶。亞熱帶。溫帶高溫之地。亦能栽培。其用途如下。（1）子實去外皮炊飯。製茶食粉。與小麥粉混和。作麵包。大者含澱粉較多。供麥酒。酒精原料。熬炒代咖啡用。發芽后榨油。自子實所得油量。爲百分之十五。未熟者含甘味多。宜煮食。已熟者宜供人畜食料。(2)桿及葉供燃料。稈液可以製酒。青刈及老稈上部。供飼料。(3)穗心供燃料。代木塞。用灰製鉀質肥料。(4)包皮包裝果實。塡充枕椅。

栽培法　(一)播種。擇完熟種子。具有品種特性者。自穗之中部剝下。以苦鹽汁選之。整地不必求精。輕鬆土壤。於播種前耕一次。卽足。粘重之地。當於冬間耕起。使其膨軟。需養分多。故耗地力大。非新墾地。不應連作。其前作物以根菜葉菜等類爲宜。禾穀類則否。播種期在四五月間。霜害鮮少之地。早種亦可。爲蔬菜用。更宜擇早生種。種法分直播移苗二種。直播用條播或點播。畦幅二尺。株間一尺三四寸。每穴下種二三粒。一畝種量約六七升。青刈時較此稍厚。下種時易遭鳥害。可於下種前用楊兒油塗之。或浸於鹽化氫等諸種鹽液中少頃。將石灰石膏等藥品塗過。美國往往行之。亦預防鳥害之一法也。故鳥害多之地方。可以照此預防之。

種子一經發芽。卽行中耕。後二十日再行之。同時修整苗株。令一處留二株。中耕以三四次爲例。每中耕時。加高根際之土。止其分蘖。其已生者。務摘去之。又花粉交配之後。雄花卽行斷去。(二)肥料。玉蜀黍耗地力大。故肥料必須充足。播種前宜下基肥。苗長數寸。及發育不良時。宜加補肥。如人糞尿等。基肥以堆肥爲主。加以氰質及燐養肥料。氰質燐養。於玉蜀黍均甚有效。

病蟲害　玉蜀黍之病害。以黑穗菌爲最多。害蟲之中。則有斷根蟲地蠶等。

品種　玉蜀黍依其性狀色澤。分爲五種如左。

(一)特異種(Excellens)　約分三種。(甲)有稃種。粒被薄稃。產美洲。(乙)克科種。粒甚大。產祕露國克科地方。(丙)尖粒種。粒尖。產美洲。

(二)通常種(Vulgaris)　子實作扁圓形。黃色。亦有呈白赤紫黑等色者。如黃玉蜀黍。加拿大早熟黃燧種。菲律玉白種。早熟白燧種等。俱屬此。

(三)甘味種(Saccharata)　多含糖分。甘味甚濃。子實多皺襇。爲玻璃質所成。有名者爲早熟甘種。常綠種。墨國黑種。

(四)馬齒種(Dentiformis)　子實表面凹刻。如馬齒形。有黃白二種。

(五)小粒種(Microsperma)　又名眞珠種。粒小。長二寸左右。形似眞珠。頂端圓滑。有光澤。爲玻璃質所成。

備考　玉蜀黍有玉高粱。紅鬚麥。（蒙化府志）戎菽。御麥。（田藝衡留青日札曰御麥出於西番故名番麥以其曾經進御故名御麥）（農政全書作玉米徐玄扈曰玉米或稱玉麥或稱玉蜀秫從地方得種所曰米麥秫皆假借形似者以名之也）包穀（思州府志曰包穀有紅白黃三色春種夏收夏種秋收高山沍寒處有入冬始收者山農用以佐穀可支半年）等名稱。於本草綱目始入穀部。川陝兩湖凡山田皆種之。直隸東三省。凡旱地皆種之。苗葉似蜀黍。雄花開於頂。雌蕊生於節。結實纍纍。成熟者作飯釀酒磨粉。與米麥同一效用。所含之營養分較多。幼嫩時子葉種實。別具清香。亦佳蔬也。

第十　亞米利加秋葵　學名 Hibiscus esculentus, L.

英 Okra　德 Desbarer Eibisch　法 Gombo　日アメリカネリ

性狀及原產地　原產地在亞非利加熱帶。二千年前埃及人已栽培之。迄今傳播各地。於美國需用頗多。爲一年生木立性之植物。高達二尺至六尺。莖有光澤。帶赤綠色。外皮黏力強。葉互生。有長柄。爲五缺刻之掌狀葉。花大而黃。似棉及黃蜀葵。屬錦葵科。故有秋葵之名。花放於夜間或早朝。數時間後凋萎。蒴細長。先端尖。外形五角或六角。內部膜分十室至十二室。各室含種子七八粒。嫩時含柔軟黏質。故輪切而調理之。風味形狀。酷似蓮藕。種實淡黑色。外皮粗。有細毛。大似蓁豆。成熟種子。炒而研碎。可代珈琲。故英法半熟帶地。不適於栽培珈啡者。將有望於是物也。其需要部。在軟莢。花謝數日。長達二三寸時採之。酢漬。油煠。或乾製。小莢。以供冬蔬。效用固甚多也。中日種之尚少。其品種分高矮二種。蔬菜上用矮性早熟種。好溫暖氣候。肥沃壤土。成長速者。應施多量氰質肥料。及溼潤水。則品質柔軟。

栽培法　(一)播。種。種子限於氣候。宜早播。寒地床蒔。在三月上旬。然因移植困難。有値四月下旬五月上旬直播者。畦寬三尺。設播條。隔一尺。穴播四五粒。土覆寸許。一畝所用種量。約七八合。二來復發芽。本葉四五片時。應防除根蛆、蚜蟲等害蟲。幷間拔一二次。株留一本。中耕寄土。亦一二次。(二)收。穫。自第七八葉始。每節生花。花萎四五日。雖可採收嫩莢。然以減少收量。應於一來復后。伸長二寸時採之。遲則纖維發達。品質硬化。難供食用。每一畝收量。軟莢三四石。種實九斗內外。

第三章　根菜類

世所稱根菜者。範圍頗廣。凡蘿蔔、蕪菁、胡蘿蔔之有眞根者。蓮藕、慈姑、生薑、馬鈴薯之有地下莖者。葱頭、百合、欵冬之有鱗莖者。靡不屬之。要皆以發達地中部分。爲此類通性。而總稱之也。姑無論形態性質。因種類而各異。卽就生態上言之。有宜於陸者。有宜於水者。就效用上言之。有富澱粉質者。有含香辛料者。統同別異。原分類之通則。然其中有不能强同者。當由他類詳言之。有未能立異者。則於茲類遞述之。主觀所在。容有未當。然亦無如何也。根菜類中植物。十字花科居多。他如菊科。繖形科。茄科。旋花科。脣形科。薯蕷科。天南星科亦屬焉。有一年草及宿根草。凡播種季節。栽培方法。所好土質。肥料分述於后。然其需要部分。多屬根部及地下莖。故以深耕肥壅。爲栽培此類之要則。此類蔬菜。最主要者。卽萊菔。蕪菁、等。試依次說之。

第一　萊菔（蘿蔔）　學名 Rhaphanus Sativus, L.

英 Radish　德 Rettig　法 Radis-et Rare　日ダイコン

性狀及原產地　蘿蔔善變。故其原產地。學說不一。古稱屬於熱帶舊大陸。地中海沿岸等地方。林那氏謂中國爲其原產地。高加索山南部。亦曾發見。近有主張自亞洲西部。傳於東西各國者。蘿蔔屬十字花科。一年生或二年生草本。需用最廣。生食頗佳。適於鹽藏及煑食。葉嫩時可爲漬菜。成長後。可供飼料。根部肥大多汁。含甘味及澱粉消化酵素。

Diastase葉廣大。長橢圓形。中肋上有深刻。花白或淡紫色。結莢果。子種扁球形。赤褐色。好砂質壤土及濕分多而耕深者。植於暖地。能產美大良品。惟二十日萊菔。乾燥地不及濕冷地爲佳。

栽培法　（一）播種。條播撒播點播均可。先宜深耕土地。細碎土塊。作二尺闊畦。爲相當距離。耕土深者用平畦。淺者用高畦。播種期因種類而異。秋冬用種。以八月中旬九月上旬爲最適。早則易生蟲害。晚則根部之發育維艱。色澤損而收量減。（二）間引及灌溉等。苗達三四寸時。間引一二次。株間約五六寸以至一尺。當視種類而定。生育中失於乾燥。易生蚜蟲。且根部味苦質硬。故灌溉必不可忽。若過濕則根腐皮裂。有損外觀。是排水亦宜良好也。（三）肥料。原肥以堆肥廐肥魚粕爲最適。惟與種子接觸。有誤發芽。或多生鬚根。故種子必播諸原肥之側。氰肥多用。雖能增大根部。然不免減乏甘味。若燐養則否。故以魚粕爲可貴也。（四）收穫。收穫視品種而定。失之早則量減。失之晚則根部生空洞。植質硬化。（五）採種。分直播移植二法。移植法除特別目的外。採用不多。以手續繁而收支不克相償也。直播則甚簡單。先作畦間二尺至二尺五。條播點播均可。擇特徵不備者。競行間拔所留根株。俟其抽穗開花。莢稍黃時刈之。使其陰乾成熟。脫粒貯用。

病害　其主要疾病爲班葉病「病原菌 Peronospora Parasitica. (Pers) De Bary」被害部初帶白粉。次則密生白毛。經過數日卽成黑色班點。白粉與細毛均消滅。葉遂變色枯死。腐敗脫落。防除法。(一)除去近傍十字花科之生此病者。(二)燒去被害莖葉。

蟲害　害蟲雖有種種。述其主要者如左。

菜花蝶、(白紋蝶) Pieris rapae, L.　每年發生二三回。以蛹度年。四五月頃羽化。張度二寸。產卵於葉下。卵以二來復孵化。爲綠色螟蛉。貪食葉幹。幼蟲成長達一寸三四分。七月頃蛹化。第二回之蝶產卵。再孵化爲害。驅除法(一)螟蛉注石油乳劑除之。(二)蝶於晚間捕之。又可行糖液誘殺法。

黑紋蝶 Pier s napi, L.　習性及形狀。似前種。幼蟲稍帶褐色。驅除法同。

星螟蛉 Pionea Forficalis. Hub. (Syn) P. Sod alis, But

幼蟲黃綠色。長八九分。背部有瘤狀突起。生黑毛。幼虫越年。蛹化。六七月頃爲蛾。有暗黑色澤。前翅具暗褐條線二。每年發生二回。第二回蛾。生於秋間。驅除法(一)施石油乳劑。

(二)夏秋兩季蛾及幼虫均宜勤捕。

金花蟲 Phaedon brassicae Baly　瑠璃蟲 Phaedon incertum, Baly

兩種均為小甲虫。形頗似。長不過一分五厘。前種黑綠。後種藍綠。食葉成網狀。卵產葉柄及葉之皮下。十數日孵化。幼虫黑色。成長后亦祇一分五厘。每年發生三回。驅除法視後菘類甲虫條下。

萊菔象虫 Rhinocus bruchoides, Herbt.　害萊菔及諸種作物。五月頃發生。為七八厘大之甲蟲。雖有光輝黑色。因鱗毛而現暗灰色。驅除法同前。

浮塵子 Chlo.ita Sp　害萊菔及其他蔬菜類。以體形甚小。驅除頗難。近時認為有效者。述之於左。(一)生翅時。行燈火誘殺法與網羅捕獲法。(二)以成蟲越年者多。除草不可不勤。(三)以三十倍石油乳劑。噴水器中灌注。

萊菔椿象 Eurydema rugosa Mots.　八九月頃。襲萊菔蕪菁。吸取汁液。體長約三分。橢圓形。赤色有黑紋。每年發生二回。以成蟲越年。驅除法 (一) 以三四十倍石油乳劑灌注。(二)注砒石劑。(三)以網捕獲。(四)發見堆積之卵。次第殺之。(五)拂入於青酸加里毒壺中。(六)拂入於石油或石油乳劑瓶中。

品種　因播種季節。別爲四種。

(甲)隨時播種者。

廿日蘿蔔類　小形。春夏秋三時。均得播種。生長最速。播種後三四十日。可以採收。遲則有劣品質。其色分赤白黃紫黑等。甚美麗。酢漬鹽藏。加鹽則適於生食。選輕鬆肥土施堆肥人糞。劃畦二尺。播種二月初旬。氣候尚冷。須用溫床。嗣後溫暖。種於露地。隔二來復繼續播種。發芽後間引約寸許距離。隨時收採。自秋徂冬。爲貯藏計。當於十月間播種。降霜前採收。藏於窖內。

赤色廿日蘿蔔類　(1)早紅球種。Early Scarlet Globe (2)橄欖狀早紅種。Early Scarlet Olive-Shaped (3)大紅白頂種。Scarlet Turnip White Tipped (4)曲侖甫種。Triumph (5)廿日種 Twenty-days Radish 以上爲此種中良種。形狀有圓形棗形長形等。肉之內部。赤色美麗。

白色廿日蘿蔔類　(1)最早白種。Earliest White (2)蕪菁狀白種。White Turnip Shaped

五十二 洋種蘿蔔

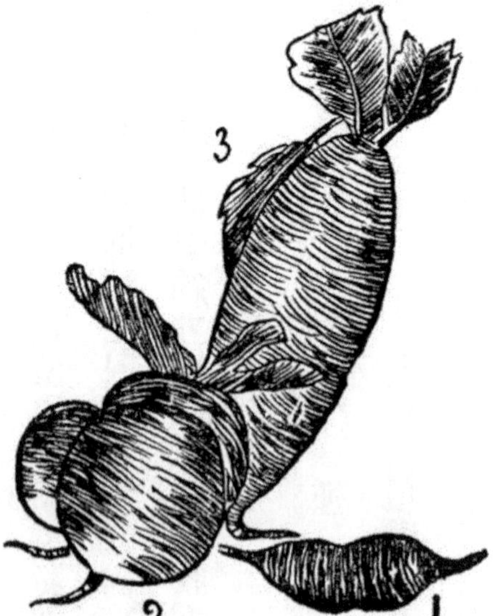

(1)早紅球種 (2)大紅白頂種 (3)念日種

五十三 西種蘿蔔

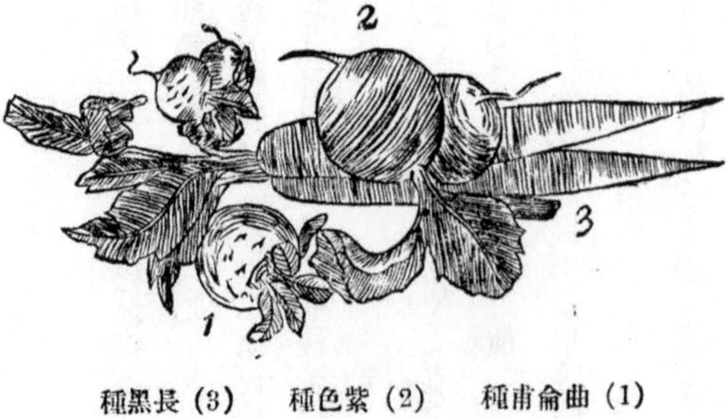

(1)曲侖甫種 (2)紫色種 (3)長黑種

(3)司德鐵克爾長白種。Giant White Stuttgart

(4)橄欖狀白種。Olive-Shaped White

（5）漫摩司冬產白種。Mammoth White Winter 此外尚有種種形狀。均純白而佳。

黃色廿日蘿蘿類　（1）橄欖狀金黃色夏種。Olive-Sha ed Golden Yellow Summer（2）金黃色蕪菁狀種。Golden Yellow Turnip Shaped（3）約翰氏黃種。John Yellow 以上皮部黃金色。形狀亦有種種。

紫色廿日蘿蔔類　（1）紫種。Purple Turnip 紫色形圓。

黑色廿日蘿蔔類　（2）長黑種。Long Black（2）圓黑種。Round Black 皮黑。美種也。

無時蘿蔔　亦如廿日蘿蔔自春徂秋。均可播種。形小以早生被賞（五四圖11）

（乙）秋季播種翌春採收者。

（1）二年子蘿蔔　自九月末至十月中播種。至翌春採收。根長。上部青。有露出於地上之性。（2）龜井房蘿蔔　播種季節同前。根雖小。莖葉醃藏味美。（3）細根萊菔（五四圖1）　播種期節與前種同。根細而柔軟。

（丙）春季播種夏季採收者。

夏萊菔　三月中下種。夏日採收。

(丁)夏季播種秋季收採者。

此種根大味美需用最多播種期八月中旬至九月上旬可利用麥類跡地深耕膨軟加入肥料畦闊二尺至三尺株距一尺至尺五每穴下種十粒隨生長度而間拔終至一株一本爾後爲中耕施水糞寄土根邊秋末則根部肥大卽可收採若欲冬間貯藏掘乾燥地斜埋僅顯葉端可也在寒冷土地應掘穴鋪藁而藏上亦覆藁加土甚厚爲防寒準備鹽藏者須曬乾而用乾製者有輪切細切等法乾燥愈甚貯藏愈久。

(1)練馬蘿蔔　爲大長尻留中長尻留澤庵等種類長大優美漬煮均宜八月至九月初旬播種(五四圖3 4)

(2)宮重蘿蘿　根之上部青形似中長尻留富甘味宜煮食八九月播種(五四圖8)

(3)方領蘿蔔　上粗下細色白味佳宜煮食適於乾製播種期同前(五四圖7)

(4)聖護院蘿蔔　粗短味甘煮食極美八月中播種(五四圖9)

(5)櫻島蘿蔔　有早生中生晚生三種皆橢圓粗形晚生者柔軟味美蘿蔔中最大者也播種期早生者七月下旬至八月上旬中生者稍遲晚生者更遲(五四圖5)

(6)德利蘿蔔　粗短。味甘。適於煮食。播種自八月至九月上旬。(五四圖10)

(7)守口蘿蔔　根雖細長達四五尺。適於乾製。播種期同前。(五四圖6)

(8)國分蘿蔔　大雖中等。味多甘。煮漬均宜。八月中播種。(五四圖2)

(9)矢川紅蘿蔔　美赤色。莖葉浸漬鹽藏甚佳。播種在八月至九月初旬。

五十四　日本一種蘿蔔

備考　蘿蔔。原名羅服。潛夫論思賢篇云治疾當得眞人參反得支羅服性相反也俗語通呼羅蔔。聲轉而爲萊菔。萊菔亦名來服。性能解麥毒故名來服言來麰之所服也此外尚有蘆菔。說文雹葖。爾雅葖蘆萉注云萉宜爲菔蘆菔蕪菁屬紫花大根俗呼雹葖以其實根駭人也楚菘。吳人所呼秦菘廣南人所呼溫菘紫花菘。皆南人所稱土酥。農書老圃云北人蘿蔔一種四名春曰破地錐夏曰夏生秋曰蘿蔔冬曰土酥言其潔白如酥也薺根。等名稱。雩婁農曰。萊服各處皆有佳品。而於燕薊獨宜。蓋言水蘿蔔之質脆如梨也。虞衡志滇產紅蘿蔔。通體玲瓏片如紅玉。以水浸之。水卽深紅刨乾爲絲。與糟拌食。不用紅麴而紅。過之。甯州志云。此種移植他郡。其色卽變。粵東市上所賣者。大抵以蘇木水泡製之也。因根部色澤而有紅蘿蔔、青蘿蔔、白蘿蔔。因收穫時期而有夏蘿蔔、秋蘿蔔、冬蘿蔔。因生產地點而有河朔蘿蔔。江南蘿蔔。信陽蘿蔔。柞林蔔蘿等名目。大凡生沙土者脆而甘。生瘠地者堅而辣。汁、子、作藥。根葉皆可生、可熟、可菹、可齋、可豉、可錯、可糖、可臘、可醬、可飯。乃蔬菜中之有益者。氣味辛溫。甘而無毒。下氣消穀。去痰止嗽。利膈寬中。或云多食亦滲血。與地黃何首烏並餌能令髭鬚早白。此殆消散之品。引入血分之故歟。

第二　蕪菁　學名 Brassica Campestris, L.

英 Turnip　德 Rube　法 Navet　日カブラ

性狀及原產地　原產地在歐洲北部海岸。經西比利亞傳至中日。與萊菔同爲需用頗廣之蔬菜。屬十字花科。一年生或二年生。根肥大。含芳香。有甘味。供羹食鹽藏。莖葉亦可食。或作飼料。種類甚多。形狀有短大。橢圓。扁圓等別。性質雖因早生晚生稍異。然與來服相似。故耐寒力强。土質以含濕者爲宜。根短。耕不必過深。

栽培法　(一)播種。播種分春秋二期。春蒔者選早熟種類。小秋蒔者因地方而異。暖地八月初旬。寒地七月下旬至八月上旬。可利用豆瓜等夏作迹地。播種量因品種而異。一畝種量。約二三合。畦幅二尺至二尺五。小形者一尺至尺五亦可。根與根不宜接觸。故如近江聖護院等大形種。株間當距六七寸也。播種宜條播點播。爲飼料則行撒播。葉生二三片時。卽施間拔中耕寄土。亦不可忽。旱時應竭力灌水。使速生長。發育遲則肉質硬化。呈綿狀。含苦味。故土地亦宜保持濕氣。(二)肥料。肥分應適量追加。濃厚則徒茂莖葉。根之發育不全。不抵一畝中以堆肥七百數十斤。過燐酸石灰十斤。人糞尿四百斤爲基肥。以人糞尿五百五六十斤爲追肥。間引後分二次施之。(三)收穫。收採時間早生者十一月。晚生者遲至一月間。亦得良品。若欲順次收穫。當擇早晚二種。先後播植。貯藏須有窖室。或埋諸土中。特備禦寒裝置。

病害　凡侵害蘿蔔(斑葉病)甘藍(根瘤病、白銹病)等十字花科之病害。蕪菁亦侵害之。其徵候及驅除法等。詳蘿蔔甘藍項下。

蟲害　（1）鋸鋒 Atharna Spinarum, Fabr.　現於六月及八月。卵產於葉。數日孵化。幼蟲始雖白。漸長則有黑色光澤。食葉甚貪。成蟲五六分。體濃黃色。翅誘明淡色。蛹入地越年。驅除法。（一）幼蟲被驚。縮身落地。可以綱拂入。（二）發現成蟲。無怠捕獲。（三）蛹地中越年。可鋤地曝諸嚴寒殺之。（四）注石油乳劑四十倍液。

（2）蕪菁切根蟲。（地蠶） Agrotis Segetum, Schif.

一年發生二回。第一回自五月至七月。第二回自八月至十月。爲害頗長。幼蟲俗云切根蟲。長一寸六七分。體暗黃。頭暗褐。晝伏土中。害根。夜出地蝕暗邊。有以幼蟲越年。或蛹化者。蛾灰褐或淡色。張度一寸四五分。驅除法同甘藍切根蟲。此外尚有椿象、瑠璃虫、白紋蝶、粉蝶等害虫見萊菔及葱項下。

品種

近江蕪　晚熟。根部扁圓。先端凹。柔軟。味美。適煮食鹽漬。八月中至九月初下種。（五五圖1）

聖護院蕪菁　形扁圓。有甘味。蕪菁中最大種也。適煮食鹽藏。播種期同前。（五五圖2）

天王寺蕪　根圓而白。有光澤。適鹽藏。質軟味甘。葉大而皺。豐產之良種也。播種期同前。（五五圖3）

（五十五）日本蕪菁

長蕪菁　稍帶黃色。形長。下部肥大。有突出地上之性。葉小無缺刻。且不褶皺。質粗味劣。適於鹽藏。播種期同前。

小蕪菁　形小而圓。以早生。且春秋二季均可播種。蔬菜栽培家重之。（五五圖4）

緋蕪菁　形圓。味美。爲酢漬用。內外部色均深紅。八月中旬至九月中旬下種。（五五圖5）

洋種蕪菁　分白色、黃色、及瑞典種三種。黃白種自早春至初秋。可隨時播種。順次收採。瑞典種。七月下旬至八月中旬播種。秋末收採。得藏至翌春。

（甲）白色種　全部白色。（1）白卵形種 White Egg　早生種。卵形。（2）白球形種 White

Globe 扁圓形。(3)密稜白種 White Milan 葉繁茂。根易發育。形扁圓。肉緻密脆軟。富有芳香甘味。煮食之極早熟種也。(4)紫頂白球種 Purple Top White Globe 及紫頂密稜種 Milan Purple Top 等。上部稍呈紫色。全部殆白色。美麗可觀。(5)紅頂種 Red Top Strap Leaved 圓形。皮赤紫色。

(乙)黃色種　(1)金球形種 Golden Ball 及黃石形種 Yellow Stone 等。內部黃。根皮之上部稍綠。形扁平中等。(2)愛皮田紫頂黃種 Yellow Abeerdeen Purple Top 形扁圓。根之上部呈紫色。下部黃色。色澤美麗。肉柔軟而富甘味。

(五十六)西種蕪菁

(1)白卵形種　(2)紫頂白球種
(3)紫頂密稜種　(4)阿皮田紫頂黃種

(丙)瑞典種　形狀大小不一。取用目的亦各不同。形狀大者如德國甜種 Sweet German 常爲家畜飼料。形狀小者如林氏改良瑞典種。Laing's improved Swede 色白味甘。適於貯藏。爲食用種之佳種。

備考 蕪菁。有蔓菁（本草注）葑、須、菁、蕘、大芥（方言）等名。蘇恭稱本草注、蘆菔與蕪菁全別。體用亦殊。然廣志云蕪菁有紫花白花。方言云蕪菁之紫花者謂蘆菔。名醫別錄。謂蘆菔蕪菁味苦。溫無毒。主利五臟。輕身益氣。後二說與蘇恭本草意旨大相反背然就實物觀察之。似以蘇注爲可靠。何則蕪菁花黃。蘆菔花白或紫。二者非一物。顯然易見。况古人名草木。凡同類者皆得通稱。職是之故。訛傳誤會。亦屬勢所難免。要術、稱幷州蕪菁。根大如椀。種之他州。品種立變。本草言南人種蕪菁。多變爲菘。按菘與蕪菁雖同科。而其根有大小。北人種菜類用乾糞鬆土。且雨水不多。所收種子。自是乾燥。南人用水糞黏土。收穫種子。正值梅雨時節。劣變主因。殆即在此。後漢書、桓帝令所傷郡國種蕪菁助食。羣芳譜、深山中人每種三百六十本蕪菁。日食一株。不妨絕粒。圖經、載蕪菁四時俱有。春食苗。夏食心。秋食莖。冬食根。最有益之食菜也。諸葛孔明所止令兵士獨種蔓菁。言有六利。纔出甲。可生啖。一也。葉舒可煑食。二也。久居則隨以滋長。三也。棄不令惜。四也。回則易尋而採。五也。冬有根。可斸而食。六也。準是而談。蕪菁在蔬屬。其利亦溥矣乎。（劉禹錫佳話錄）醫經云蕪菁氣味苦溫。無。毒。常食。通中下焦。氣有止渴。利五。藏。解麵毒。令人肥健等效。

第三　胡蘿蔔　學名 Daucus Carota, L.

英 Carrot　德 Mohre　法 Carotte　日ニンジン

性狀及原產地　原產地有在歐洲與亞洲二說。歐洲之原始地。據培利氏云。屬英國和蘭人蓋從而改良之者。中國則自西域傳入。屬繖形科。二年蛾。葉自根出。爲三回羽狀複葉。葉柄甚長。可供食用。或作飼料。根多肉。富養分。含香氣。肉色紅赤或黃褐。其赤色色素。即卡羅金 Carotin ($C_{26}H_{38}$) 爲炭化水素之結晶物。與蕃茄、蕃椒柿等之赤色素相同。煮浸均宜。西洋膳品中常用之。

栽培治　(一)播種　西洋種中之短根小形者。得隨時播種。若遇初春。應設防寒之具。爾後繼續下種。順次可以收採。日本種每於六七月下種。秋末冬初收穫。應行移植法。好深耕及鬆軟土質。畦因根之大小。作一尺至二尺距離。芽後四葉時。行適宜間拔。使株距二三寸。施水糞灌水以防乾燥。種子有毛。土壤不易密接。水分即難吸收。因此發芽困難。有發芽率銳減之弊。是宜稍增其播種量。一畝以二升五合爲率。蒔種後覆土宜薄。覆藁幹以保溼氣。(二)肥料。氰質肥料多施。葉茂而根不發育。是以施適度之燐酸成分爲要。每地一畝堆肥七百幾十斤。過燐酸石灰二十斤。草灰七十斤。爲基肥。以人糞尿五百六七十斤爲追肥。分二次施之。施肥務在生育初期。若至生育末期施之。發育雖速。外觀不美。(三)收穫。俟發育適度。漸次採掘。毋使心部發育過度。致外部品質減色。冬間貯諸細砂或鬆土中。毋使溼潤。溼潤則腐敗。蘿蔔嫩苗名葉蘿蔔。可供食用。採種之法。與萊服同。

害蟲 (1)黃鳳蝶(烏蠋) Papilio Machaon, L. 一年發生三次。春季發生者形小。翅張不過寸餘。六七月八九月發生者。大至四寸餘。卵產葉下。數日孵化。迨生長達二寸以上。體呈綠色。各節之背部有黑線。頭部有黃色肉角二。遇害時伸出。放惡臭以禦敵。性貪食爲害大。幼虫成虫。色俱美觀。驅除法(一)見幼虫卽捕殺之。(二)見蝶集於百合或其他虫媒花時。盡力撲滅。毋得怠忽。(2)胡蘿蔔椿象 Graphosoma lineatum, L. 及胡蘿蔔小椿象 Corizus maculatus Fieb 椿象體長不滿五分。赤色。有黑色縱線。體下部有黑紋。小椿象體長只三分餘。帶淡紫褐色。二者共入花中吸液爲害倘小驅除法視蘿蔔椿象條下。此外尙有甘藍切根蟲葱紫椿象等害虫。參照主害植物項下。

品種　品種因形狀色澤而異。茲分別述之如左。

(甲)日本種　日本種形多長圓錐形。呈黃色。

(1)瀧川胡蘿蔔　根細長。橙赤色。外皮滑。美觀。栽培得宜。長可達三尺以上。或稱之爲大胡蘿蔔。亦有小形者。品質均好。爲六月初旬至七月中旬播種之晚熟種。

五十七

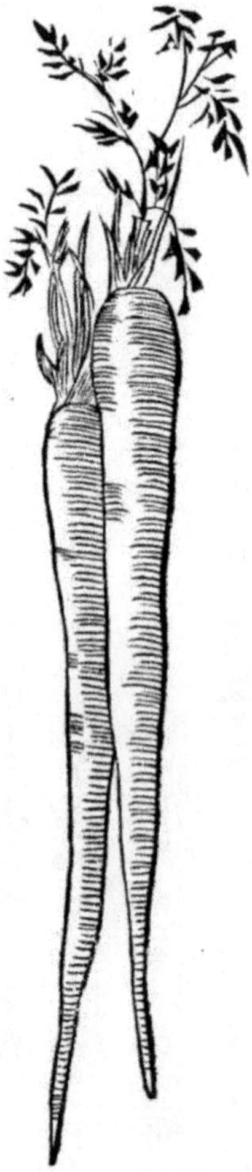

龍川胡蘿蔔

(2)金時胡蘿蔔　形粗短。播種期與前種同。肉軟味甘。外皮紅。品質良好。晚熟。

(3)札幌胡蘿蔔　狀如牛角。色黃赤。味亦佳。惟心部發育品質劣。變爲四月至八月隨時栽培之早熟種。

(4)三寸胡蘿蔔　形短。色比前種稍赤。質軟味甘。亦早熟種。

(乙)西洋種　形狀不一。短小者。色常白。味甘多香氣。較日本種爲優。

(1)法國促成種 French Forcing 形。小。狀似蕪菁。播種不拘時節。栽培容易。不好深土之最早生種也。

(2)角狀早種 Early Horn 根部粗短。自春徂夏。隨時可種。味甘美。早生。

五十八 法國促成種

五十九 角狀早種

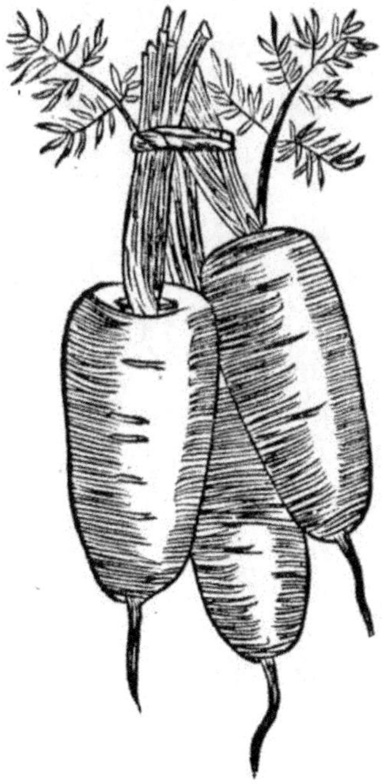

六十 長橙狀種

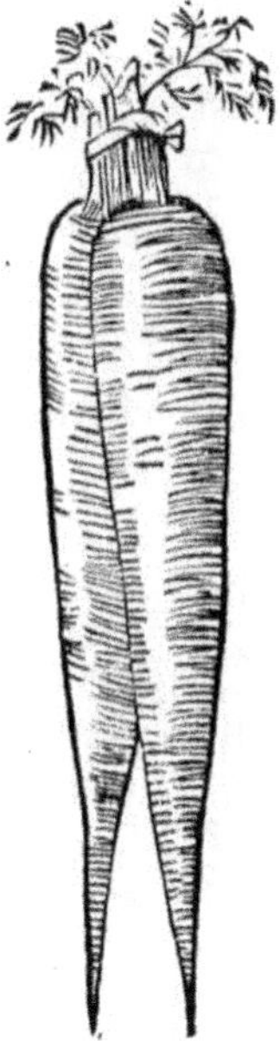

(3)長橙狀種 Long Orange 形如日本瀧川胡蘿蔔。皮滑深赤色。供食用或飼料用。

(4)比利時白種 White Belgian 色白形長。根部三分之一。露出地上。綠色。供食用及飼料用。

軋蘭達種 Guerande 形粗短。早生。色赤。味美。食用中之優品也。

(5)南天氏早生半長種 Nantes Half Long Early 圓錐形。長約五寸。皮滑。色全赤。味甘。

備考 胡蘿蔔於本草始歸入菜部。北土山東多蒔之。淮楚亦有種者。南方於秋冬季作食用。北地終年供食。八月下種。生苗。冬月掘根。生啖賓食皆可。根有黃紅二種。莖生白毛。辛臭如蒿。三四月莖高二三尺。開白花如繖狀。故屬繖形科。種子褐色有毛。元時自邊塞入中國。故名胡蘿蔔。元之東也。先得滇。至今滇省此種最多。與大尾羊合而烹之。羊臭奪而美味增。其性甘辛無毒。食之下氣補中。利胸膈。安五藏。令人健飯。更可治久痢。金幼孜北征錄云。交河北有沙蘿蔔。長二尺許。大者徑寸。小者如筋。色黃白。氣味辛。意者即是胡蘿蔔之一類歟。野生者名野胡蘿蔔。根細小。效用與胡蔔蘿同。

第四 牛蒡 學名 Arctium Lappa, L.

英 Burdock 德 Klett Bardane 日ゴバウ

性狀及原產地　原產地屬日本中美歐洲。有野生者。歐洲栽培未廣。五六十年前。德人鴻西婆特氏 Von Siebold. 始栽農園。至今德法二國分布稍廣。屬菊科。二年生。廣植於東洋諸國。根部長大。外皮粗黑。肉質灰白色。收採失時。心部中空。含多量之伊奴林。生惡嗅。歐美人不供食用。中日則與蘿蔔、胡蘿蔔共栽各地。供油煑乾燥及種種烹調之用。五六月頃抽薹。達三尺高。開花呈淡紫色。種子長紡錘形。暗灰色。發芽年限達五年。好黃燥及帶黏性砂質壤土。

栽培法　(一)播種。作於輕鬆土地。雖易肥大。然質粗而空洞較多。分歧抽薹。難得優品。凡茄與南瓜之跡地不種。根長宜深耕。惟深耕事工艱鉅。故兩三年間栽於同一地點者多。(屢換新地亦使品質劣變)播種分春秋二季。春蒔在四五月頃。夏秋間可供食用。秋蒔以九月下旬為宜。過早則翌春抽薹過。易根部則欠發育。完全種子新陳均可用。惟欲抑制發芽力。不妨用二三年前種子。畦幅因品種之大小而定。約在二尺至二尺五寸內外。株間小者五寸。大者一尺五寸。株距五六粒。薄覆輕壓。敵藁保溼。一來復發芽。俟眞葉稍大。行間拔一二次。使每株只留一本。為適當距離。(二)施肥。肥料用量。因人地有多少之別。大凡一畝地。施堆肥五百五十餘斤。過燐酸石灰十八斤。大豆粕七十斤。灰十斤。人糞尿五十擔。(三)收穫。春播者至七月后漸次掘取。秋播者。至翌年六月間漸次掘取。若爲採種用春播者。至秋季可與蘿蔔等行直接移植。或收採後先爲貯藏。至翌春再行移種。使其開花結實亦可。若採晚生種。應於十月間蒔種。至翌年秋末。採其具備特性者。移植之。又一年春開花結實。及時收穫。

蟲害　(1)牛蒡象蟲 Larinus Latissmus Roel.　是項害蟲。入牛蒡種子中爲害。體長四分弱。口吻突出。彎於下方。中央有觸角。翅鞘現斑紋。驅除法適用他之甲蟲條下。(2)牛蒡椿象 Halymospha Picus. Fab　體大五六分。色綠褐帶紫。觸之放惡臭。吸液爲害。驅除法。視萊菔(椿象)條下。他如蚜蟲。天牛。亦常爲害。

品種

(1)大浦牛蒡　長二尺五寸。周圍一尺五寸內外。爲不規則之紡錘形。外面粗糙。心有空穴。品質不佳。栽培頗廣。形狀之大。罕有其匹。

(2)梅田牛蒡　大與前種相等。長二尺五寸內外。周圍最大部分。一尺二寸內外。肉軟味甘。爲紡綞狀之大形種。

六十一　砂川牛蒡

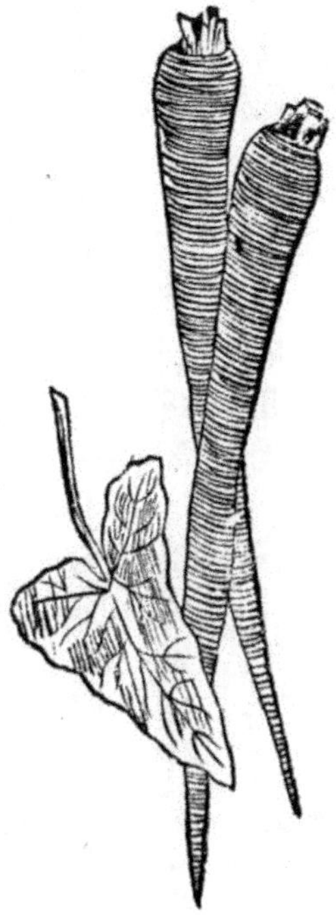

(3)瀧川牛蒡　莖葉赤色。根長二尺五寸以上。心部無空穴。肉軟味佳。

(4)砂川牛蒡　形質似前。稍粗。葉柄淡色。亦名白莖牛蒡。早熟良種。

(5)大和牛蒡　根短。而肥大。似大浦種。大者重達五六斤。

(6)二年子牛蒡　根長。味佳。品良。

(7)上川牛蒡　日本北海道產。形長大。耐寒力甚強。

(8)南部牛蒡　長大。具強香氣。爲其特性。

第五　芋　學名 Colocasia antiquorum. Schott.

英 Taro　日サトイモ

性狀及原產地　原產地在東印產。現今各國多栽培之。亦有自生於錫蘭，蘇門答臘，馬來半島等地方者。為天南星科宿根草。球莖圓筒狀。頗大。葉楯形。全緣平滑。綠色帶白粉。有柄自球莖直出。長一二尺。花莖披針狀。比肉穗遙大。雄花集花序上端。雌花在其下部。地下球莖含澱粉頗多。故可用以代穀。亦主要之根菜也。好溫潤氣候。故栽培於熱帶島嶼及溫度高雨量多之處。概得豐產。好輕潤肥沃之沖積土。無慮水厄。為其特性。若有水停滯。亦害生育。故排水亦不可不良好。

栽培法　(一)播種。於萊菔菘類之跡地。或麥類畦間。種種芋。早生者三月頃。晚生者四月頃植麥田者。畦間一尺五寸。穴深三四寸。植休閑地者。設幅一尺內外。深三四寸之植溝於二尺五寸至三尺闊畦上。均施其肥而后植之。種量雖因品種而異。大概一畝地需五十餘斤。如九面芋則較多。種植時先掘貯藏種芋。選無病蟲害者。於日光下曝三四日。則發芽較速。芽使上向。母倒轉。覆土應深淺適度。過深則有妨發芽。故以一寸內外為適發芽遲速。雖因各地之氣候。栽植之時期而異。然以三來復內外為常。芽長三寸餘。行除草中耕追肥培土等。自后經二三來復。再施行之。嘗攷日本東京附近地方。在四月下旬種植者。於五月上旬追肥。行第一次中耕培土。至六月中旬刈麥。行第二次除草中耕。至七月上旬行第三次中耕培土。如東北地方。五月上旬栽植。七月下旬爲第一次除草中耕。八月上旬行第二次中耕。八月下旬行第三次中耕培土。惟中耕除草不可行於日中。以葉面之蒸發作用太劇烈也。(二)施肥。芋要多量肥料。大凡一畝間應用堆肥一千斤。大豆粕木灰各三十餘斤。過燐酸石灰十餘斤人糞尿一百七十餘斤爲基肥。基肥上稍加土。以防芋直接接觸。又以人糞尿七百餘斤分二次作追肥施之。可得相當收穫物。(三)收穫。收穫期因地而異。普通於十月至十一月頃自根際切去葉片再掘其根。亦有七月至八月頃。採取未熟而用之者。收穫量因採取之遲早而異。大凡一畝間收穫一千五六百斤爲常率。(四)貯藏。選高燥地。穿幅二尺深三尺之溝。鋪粟類等稈。收穫後分芋魁芋子。即入溝中。無使曝日光。每堆至五六寸厚。墊以粟稈類。堆積既滿。仍以粟稈爲蓋。並覆土如屋拔形。亦有堆積地面爲屋外貯藏者。按根菜類與種實類。貯藏法各異。根菜類因含水分多量。貯藏時更須注意。如過於乾燥則凋萎。過於濕潤則黴類繁殖。易致腐敗。溫度過低。則凍結。均不適於食用及工業用。至春季因發芽及呼吸作用。至損失貯藏養分。故貯藏室以乾燥溫度比冰點稍高者爲宜。貯藏室。普通常用者。爲深六尺至一丈之窖。窖室乾燥通風。無窖室則堆積貯藏於戶外亦可。其法選乾燥土地。掘穴稍深。堆乾燥根菜類。爲屋披形。底面幅廣約四五尺。不宜過寬。寬則溫高易腐。堆立高度約三四尺。參插竹管或土管於其間。以放熱防腐。酷寒時則塞其口。堆積既終。稍覆藁稈砂土。因寒氣增進而遞加厚之。寒地無積雪處。厚約一尺五寸。覆堆肥於其上。周圍穿深溝。以防雨水浸入。是爲安全之裝置。若高燥土地。掘下二三尺。即可堆積其上。或穿橫穴於山腹貯藏其中亦可。

害蟲　烏蠋(背條雀) Chaerocampa oldenlandiae, Fab.

發生一年一次。蛾現於六七月。翅分前後。伸張達二寸半。前翅大。灰褐色。有灰白色線。後翅小。灰黃色。腹背中央有白線。背部有金色毛條。至八九月頃。幼蟲出現。成長時。體長三寸許。綠褐色。亦有帶紫色者。肉角黃色。脚赤褐色。體下黑色。有尾角。作蛹過冬。驅除法（一）蛹在地中不深。易於發見。見即撲殺之。（二）收穫後燒卻圃地附近之雜草落葉等。（三）幼蟲在芋葉。體大笨垂。動即落地。其色似葉。當注意覓殺之。

品種　芋別爲水旱二種。據日本田中農學士云。水芋類熱帶產物。灌水栽培。專用葉柄。根莖之味不良。普通所種者。多屬旱芋。亦好濕潤。若栽植於水田。稍爲輪作法。莖葉塊根生育均好。味美豐產。茲舉數種於左。

(甲)青芋　亦名里芋。一個親芋能生子芋十數個。收量頗豐。葉身葉柄。或青或紫。色澤不一。宜煑食。因其狀態不同。更可分左之數種。

(一)鳩谷芋子芋形小椭圓。發生最早。七月中旬可得收採。此種子芋大小相等。有整齊發育之良性。其味亦佳。(二)早生芋。形性與前種不相上下。(三)團子芋芋圓。莖青質味俱佳。(四)今福芋。葉身中等。子芋稍長。品質良好。(五)九條芋。莖赤。親芋多。子芋少。(六)一年芋。莖青。子芋多。(七)慈伊克芋。球莖不甚發育。葉頗茂。莖無蘞味。(刺激喉之味曰蘞味)可供食用。爲里芋中品之最優者。(八)多田芋。子芋圓而大。味佳。(九)豐後芋。親芋小。個數多。黏力少。能耐旱。可供食用。風味頗佳。莖葉呈淡綠色。

(乙)唐芋　紫芋　一名長崎芋。葉莖俱細。帶濃紫色。分蘖少。不生子芋。質緻密肥大。有黏質。多澱粉。煑食甚宜。品味亦美。

(丙)蘞芋　或稱縞芋。亦稱花芋。有圓形與長形二種。黏力最强。子芋之收量亦多。惟品質劣而有蘞味。不能供食用。若於春季軟化養成芽芋。蘞味去。品質進。則一變而爲上等之芽菜矣。

(丁)八頭芋　葉莖比青芋長大。帶暗紅色。分蘖最多。稍晚生。子芋小。不供食用。親芋偉大。富黏力。含甘味。惜發芽力弱。收獲量少耳。

(戊)熊野芋　葉大莖粗。長達五六尺。色呈褐綠。子芋雖少。親芋甚大。故收量多。性質强健。發芽力大。塊根富粉質。蒸煮或與他物烹調均宜。莖粗。乾之可爲飼料。洵良種也。

芋因土質肥培品種之不同。其含有成分各異。茲示其概略於左。

品名	水分	蛋白質	灰分	含水炭素	脂油	纖維
青芋	八五・三〇	一・四〇	〇・九九	一一・七〇	〇・〇八	〇・六五
八頭芋	六八・八一	二・七八	一・二八	二五・六九	〇・二九	一・一五

備考　李自珍曰。芋屬有水旱二種。旱芋山地可種。水芋水田蒔之。葉皆相似。但水芋味勝。莖亦可食。(李氏所云水芋實與田中氏所云旱芋相似水芋旱種旱芋水種初無畫然界限特其品質不無稍異耳)唐本草注。芋有六種。卽青

芋、紫芋、眞芋、白芋、連禪芋、野芋。是野芋毒不可飲。靑芋初煑時以灰汁爲水。煑熟可食。眞白連禪紫等芋毒少。蒸煑冷噉均宜。郭義恭廣志云。芋凡十四種。君子芋。魁大如斗。赤鸇芋。卽連禪芋。旁巨芋。車轂芋。靑邊芋。均魁大子少。白果芋。魁大子繁。收量亦多。鷄子芋。色黃。長味芋。味美。莖亦可食。九面芋。大而不美。靑芋。曹芋。象芋。皆不可食。惟莖可作菹。旱芋。九月熟。蔓芋。緣枝生。形甚大。南甯府志。載大芋（宜燥地）麵芋（宜濕地）旱芋、水芋、璞芋、韶芋、狗爪芋。蒙自縣志。載椶芋、白芋、麻芋。會同縣志。載冬芋、水黎、紅口、彈子、薑芋、大頭風芋。瓊山縣志。載東芋、鷄母芋。石城縣志。載黃芋、番芋、靑竹芋。瑞安縣志。載兒芋、麵芋。名目雖多。大別之亦不外水旱兩種而已。陶隱居注云。芋錢塘最多。閩蜀淮甸亦衆。江浙所產大者謂芋頭。傍生者曰芋奶。嫩滑如乳。調以蔗糖。入喉自下。元扈先生曰。芋有三種。香沙芋。䵚（音春）頭芋。子少。鷄窠芋。魁大子多。（前漢謂芋魁後漢謂芋渠）淸明前十日下種。每二尺種一本。每畝種二千一百六十本。每本魁子以二斤計。芋量當有四千三百二十斤云。（見農政全書）備荒論曰。蝗蟲不食芋桑菱芡。是則廣種芋。且可以防蝗害。放翁詩曰。莫笑蹲鴟（芋形圓大狀若蹲鴟）少風味。賴渠撐拄度凶年。列仙傳曰。梁民種芋甚衆。適遇大饑。得以不死。則芋亦救荒植物也。至芋汁可

(六十二)
(1) 青芋
(2) 八頭芋

洗膩衣。(農政全書)芋膠可接花果。(東坡雜記)芋葉可作飼料。(廣志)則芋爲食用品亦工業用品也。芋之效用大矣哉。

第六 馬鈴薯(爪哇薯) 學名 Solanum-tubersum, L.

英 Potato 德 Kartoffel 法 Pomme de Terre 日ジセガイモ

性狀及原產地　原產地在南美智利科羅拉駝 Colorado 地方。栽培之起元未詳。傳入歐洲。西班牙得之最早。西歷一千五百六十五年。英人約翰苛根 John Hawkin 氏。始自南美傳於愛蘭土。以栽培不廣。旋卽絕種。其後一千五百八十四年。華爾太拉來 Sir Walter Raleigh 氏自北美凡及尼亞 Virginia 地方輸入。亦因栽培不廣。終無結果。至一千八百五十六年。法國獨來克 Francis Drake 氏輸入多量種薯。爲園藝作物。經德意志伊大利兩國。廣爲布種。至近年歐美諸國。栽培大盛。供蔬菜用外。亦可作飼料、或製酒精澱粉之原料。日本自慶長年間。由歐洲輸入。今亦認爲根菜類中之要品矣。馬鈴薯屬茄科。多年生。每歲莖葉枯死。留塊莖度年。幼芽有白、淡紫、黃綠諸色。莖高一尺至三尺。普通成三角形。互生。羽狀複葉。聚繖花序。花白色或淡紫色。亦有微呈黃色者。果實小而圓。淡綠色或褐紫色。原自南美高山出產。故好高燥寒冷。而惡低濕炎熱。如欲多得良品。宜深耕肥沃壤土。使理學的性質完全。如土質黏濕。莖葉繁茂。塊莖不能發達。且易罹疫病

栽栽法　(一)播種。以種子繁殖。非經三四年不能收穫。太嫌遲緩。是宜選不侵病害具

備特性之種薯。（形狀中等整齊十分成熟者。）於春秋二季植之春季栽植。在暖地以二三月。寒地以四月下旬五月上旬爲最宜。秋季栽植。以八月爲最宜。下種時將薯切斷。切口塗抹木灰。留鱗芽一二。卽爲種薯。如此栽植。其結果較以全個栽植者爲佳。種量每地一畝約需一百三四十斤。整地後隔二尺至二尺五寸設畦。畦上掘五六寸深溝。互距一尺內外下薯覆土。覆土過淺有損表皮。深則減少莖塊。普通以五六分至一寸爲適度。如在寒地。土上更蓋以草。一二來復後。每薯發生數芽。芽長三寸時。應留强汰弱。每株祇留一本。同時行除草追肥中耕培土諸事。數日後根際又生新芽。亦宜搔去。除草中耕寄土同前。惟追肥不施。嗣後莖葉漸茂。枝椏繁生。花實一多。塊莖之發育不盛。故一切繁生無用之物。亦酌量搔去之。在暖地可行秋季栽培。卽一年間得二次之收穫也。種薯由春蒔之早熟品中選擇之。然其收量及品質。自不及前期之優。亦有收穫第一次栽培物時。留一部分以作種薯者。此法雖稱簡便。殊慮時當盛夏。土地乾燥。發芽不易。若待秋雨而始發芽。已與另選種薯栽植無異。於此應用特別方法以催促之。其法有三（1）掘取之薯。暫置屋內。風乾後移諸暖所。與以溼氣。覆以席藁。發芽後栽植之。（2）晾於微弱光下。

使生皺襞而栽植之。(3)以堆肥六寸。肥土二寸作床。列種薯於上。使其發芽良好。然後移植於本圃。其他培養法。與春季栽培同。(二)施肥。肥料以腐熟堆肥爲佳。一畝間如欲得多數之收穫。其三要素比率爲氰質七八斤。燐養三四斤。鉀質十三斤。零可知鉀質成分比他作物需要更多。普通一畝間以堆肥九百餘斤。大豆粕十六七斤。木灰五十餘斤爲基肥。人糞尿一百八十九斤至三百六十斤爲追肥。惟施追肥應在發育初期。否則莖葉特茂。需要部發育不完。結果與遲效之基肥無以異也。(四)收穫。收穫早則獲利多。凡百作物大抵皆然。不僅薯之一物已也。薯當根株繁茂。收期將屆時。可以手探其株本。如薯已十分發育。卽時掘取全部。勿事因循（薯成熟過度表面生瘤有損品質）故收穫亦貴迅速。然如收穫過早。其弊有二。收量少一也。外皮嫩而易腐二也。收穫量普通不過一千六七百斤。若選種良好。管理得法。則可達三千五百斤以上。(五)貯藏。擇空氣流通之處。將薯攤床席上。附着之土。使其風乾。然後入貯藏室。或高燥孔穴中。有無損傷。分別置之。亦有掘幅四尺深四尺之溝。上覆土藁而爲貯藏者。雖然薯之貯藏尚非難事。毋觸光綫。是爲至要。（薯觸光線。釀成一種毒素。發現綠色。食之腹作痛。於衞生大有妨害。）

病害．病症甚多。略舉其重大者如次。

(一)疫病　病原菌 Phytophthora iufestans, (mont) De Bary 此病、發生於南美。傳播於歐洲。羅病甚者。收穫全無。多於秋薯見之。凡夏日地土過於溼潤。皆爲此病之起因。病之初生也。發現黃斑於葉面。漸變褐色。組織軟化。待乾燥則變黑褐色。在溼潤天氣。斑點周圍。更帶灰白色。葉面被綿毛如霜華。此種現象。葉之腹面比背面更著、是卽菌胞所生之擔、子梗也。葉自此卷縮。變黑褐色而枯死。莖之被害與葉同。胞子隨風飄蕩。繁殖極速。經雨吹打。生芽管。害莖葉。落地入土。害塊莖。塊莖遇害。變暗褐色而硬化。溼氣多處。卽時腐敗。貯藏時若被混入。其爲害同。防除法(1)生病之地。撒布波爾他液。此液不時防除病害。更可促進薯之發育。(波爾他液中硫酸銅能起刺激作用。少用之可促進植物之生長。)是以歐美各國。爲增加作物之收量計。不問有無病害。常撒布二三次。以冀倖獲。所施合劑。主用二斗五升式。其製造法。預備二斗五升之桶一個。爲甲桶。五升之桶二個。爲乙丙桶。乙桶以入硫酸銅十二兩。注少量熱水。攪拌溶解之。加水五升。以丙桶入生石灰十二兩。種水少量。使其崩壞。水漸加至五升。是爲石灰水。以甲桶入水一斗五升。漸次注入乙丙桶所有之液。盪滌之。至呈青綠色。此卽二斗五升式也。可直接用之。然如石灰品質不良。此液亦易生害。應先以青色試驗紙試驗之。如變赤色。更加石灰乳攪拌。至不變色而止。(2)病薯不爲種薯。自不待言。若不得已。欲栽植時。須以四十度至四十四度之溫湯。熱之藉殺病菌。(3)抵抗害菌之力。因品種而有强弱。比較的力强者用之。(4)病害發生時。厚根邊之土。達四寸許。以防傳染。(5)收穫前。芟除莖葉。經過數日。於乾燥晴天採掘之。被害莖葉。卽須燒棄。

(二)夏疫病　此病被害之部。止於莖葉。初時葉現灰褐色斑點。日久則漸蔓延。三四來復後。葉枯死凋落。影響及於塊莖。收穫減少。防除法(1)用波爾佗液。(2)燒棄被害莖葉。

(三)青枯病　病原菌 Bacillus Solanacearum, E. F. Smith 與茄之青枯病同種。其被害徵候。初期之葉。日中彫萎。夜間蘇生。檢其莖之內部。髓質已起軟化作用。二三日後。必呈黑褐色。全部枯死。病菌入地中。害及塊莖。防除法(1)被害作物拔棄之。以防病毒蔓延。并撒布石灰、木灰、或硫黃粉等。以戒備之。(2)播種時。施用木灰。不特可免病害。又得促進莖葉之發育。惟爲日一久。效力減消。(3)與不染病害之作物。行輪作法。

(四)核菌病　罹病時。有枯死者。此菌寄生於種種作物。詳見萵苣條下。

蟲害　大二十八星瓢蟲及二十八星瓢虫 Epilachna, 28-Punctata, Fab and E. 2-8 mancutata, Mots 二種均小甲蟲。形狀亦相似。一年發生一回。前種成蟲大三分餘。後種約二分五厘。圓形。體赤褐有光澤。具二十八個黑斑。前種幼蟲大三分。後種四分。長橢圓形。灰白色有黑毛。成蟲幼蟲。一遇外敵。即泌惡臭。落地。腹部向上。不甚注目。其爲害不特幼蟲越年成蟲亦蝕嫩葉。驅除法(1)凡甲蟲觸物落地。可用捕蟲網接殺之。(2)散布石油乳劑。（製法熱水一升溶解石鹼末冷前攪拌注以石油頃刻間呈乳白狀俟冷貯洋油箱內用時和水二三十倍以噴水器灑之）(3)撒布石灰乳劑。（製法生石灰一斗石炭酸三合和水六斗以噴水器灑之）(4)根邊搜索卵子殺之。此外尚有面形雀。(胡麻)地蚤(南瓜)浮塵子。(萊菔)切根蟲。(蕪菁)等。可參照各主害蔬菜項下。

品種　日本有五郎八（早生塊莖稍大）赤芽（早生）赤薯（赤皮）百薯（白皮）等種。然品質惡劣。不足爲種薯。當自西洋種中選之。茲述其著名者於左。

(甲)早生種。一年得收二期者屬之。

(1)早生種 Early Ohio 外皮暗赤。形肥大。似楕圓。水分少。黏力大。

(2)早生豐產種 Farly Goodrich 爲强健豐產之美國種。形似卵。耐貯藏。外皮略帶淡黃

六十三　早種

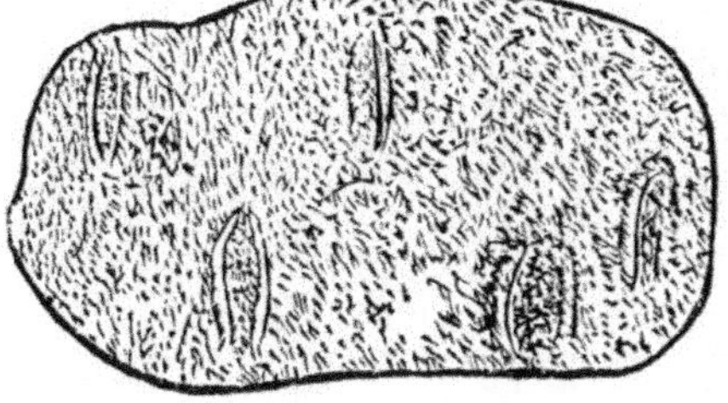

六十四　薔薇色早種

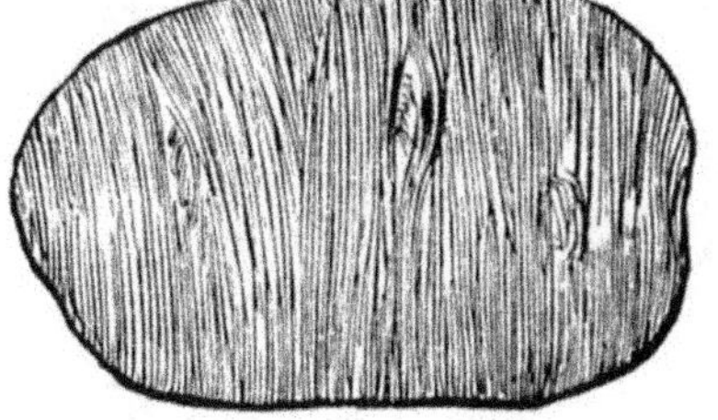

六十五　六來復早種

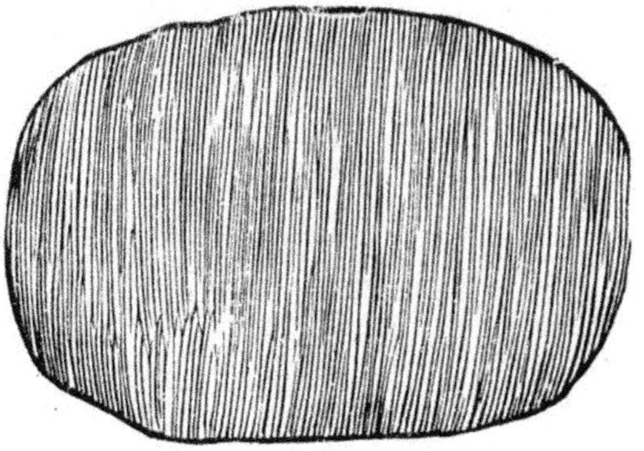

褐色。肉質緻密。色白。含澱粉多。故不特爲蔬菜用。併爲製造澱粉原料。栽培甚廣之中熟種也。

(3)曲侖甫種 Triumpn 楕圓形。品質佳良。外皮赤色。豐產。

(4)薔薇色早種 Early Rose 原產地在美國。栽培區域甚廣。每年春秋。得栽二回。故有二度薯之名。早熟。形長楕圓。橫斷面爲扁平。肉黃芽赤。外皮薔薇色。大者每個達八兩。味雖中等。收量極多之良種也。

(5)六來復早種 Early Six Weeks Potato 爲極早生種。狀長楕圓。外皮呈暗赤色。味美。有黏性。栽培六來復。可得收穫。

(6)海勃侖美種 Beauty of Hebron 美國種。楕圓形。畧似薔薇早種。橫斷面殆爲圓形。外皮亦含赤色。肉白。品質中等。强健豐產。因耐貯藏。栽培甚廣。

(乙)中生種

(1)桃狀種 Perfect Peach Blow 爲中生種中之最良種。性强健。不易罹病。形圓而大。外皮白。稍帶褐色。味美產豐。

(2)切克哥產種 Chicago Market 形狀整齊。肥大。收穫多量之良種也。

(3)雪片種 Snow Flake 美國種。形稍楕圓。橫斷面稍扁平。外皮粗糙。微帶黃色。肉白而美。呈粉狀。味美無黏質。又以外皮强健。耐貯藏。便運搬。澱粉多量。供蔬菜外。更爲工藝用品。栽培甚廣。

六十六 桃狀種

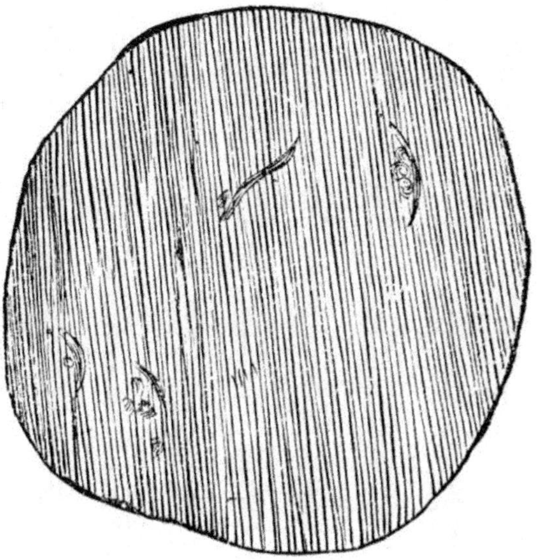

六十七 達科他紅種

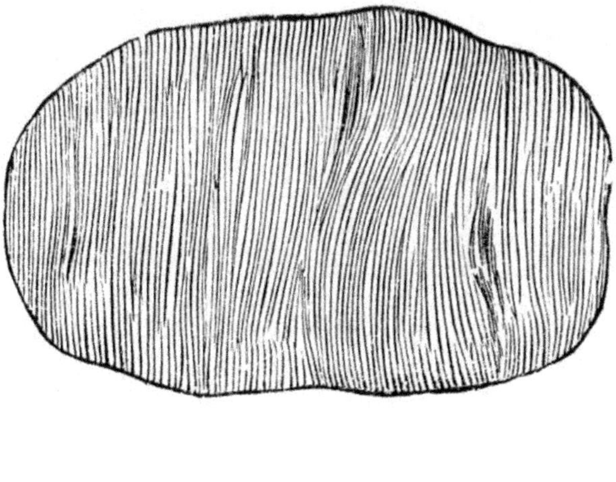

(丙)晚生種

(1)象白種 White Elephant 皮肉均白色。適於貯藏。產豐。味佳。晚生良種。

(2)達科他紅種 Dakota Red 皮淡紅。肉純白。長圓形。耐貯藏。不罹病害。

備攷 馬鈴薯有瓜哇薯。八升薯。五升薯。澳州薯。荷蘭薯。南京薯。香芋。陽芋等名。由南美傳及歐亞。亦可與甘藷里芋同作救荒植物。據世界統計年鑑觀之。每年產額德國最多。俄法澳次之。其表面多凹凸。俗稱曰目。目內有二三隱芽。含亞爾加羅特類中之沙拉迎（$C_{43}H_{71}No_{16}$）食之易被魘醉。用時應剝皮浸水中。以解釋之。其成分雖含糖分澱粉。然風味別饒。究其原委。係由汁液中之拘櫞酸。及一種礦物質。有以引起之也。用作種薯。爲節約種量計。是宜切斷。爲得切斷方法。以縱斷爲宜。何則。縱斷之切面雖大。就薯之形質研究之。上半部蛋白質多。發芽力旺。下半部澱粉多。發芽力弱。一過一不及。均平之。尙得其中。若行橫斷。微特養分不均。生育亦難齊一。故種薯以縱斷爲合宜。

第七 甘藷 學名 Ipomaea Batatas Lam.

英 Sweet potato 德 Susze Kartoffel 法 Patate douse 日サツマイモ

性狀及原產地 原產地之學說。分舊世界新世界二派。其自然生長者。今已滅跡。故不能確然證明。新世界據蘆姆飛烏斯 Rhumphius 氏之說。謂元來自墨西哥。或古倫比亞地方出產。傳於歐洲。則自哥倫布 Columbus 歸獻西班牙女王。懿賽培拉 Isabella 始。其後由西班牙人傳入呂宋。萬歷二十二年間。僑商陳振龍自呂宋傳入閩省。因其種傳自他國。故民間呼爲番薯也。番薯屬旋花科蔓生植物。栽培之以用塊根爲目的。在熱帶則屬宿根性。溫帶則爲一年生。葉形因生育狀況而有變化。花似牽牛子。呈淡紅色。莖易生根。根有膨大而成塊根之性。其纖維卽根之維管束。與馬鈴薯之用塊莖者不同。性强健。少病害。風雨無損。旱魃無虞。無論嫩芽作蔬菜。莖葉供飼料。乾製煑食各得其宜。卽製酒製粉。亦工業上最要之原料也。原係熱帶植物。故栽於暖地。結果良好。在寒地則形小。纖維多。結果不良。土質以輕鬆砂地或壤土爲宜。如遇黏實堅土。須用堆肥。藁灰。落葉。過燐酸石灰。膨軟之。

栽培法　(一)種。植。繁殖以實或塊根。實蒔非兩三年不能收穫。除育成新種之目的外。頗不適用。普通於冬季選適宜之大。具備特性之塊根而貯藏之。至早春出蔓。作苗植之。自種薯育苗。雖因地而異。然寒冷地方不可不設溫床。床之設備。固緣各地之氣候而不一定。惟設床之地。必選溫暖。作闊六尺。高二尺。長適宜之草圍。入落葉於其中。厚約六寸。又加廄肥。亦六寸內外。均重蹈之。更置腐熟堆肥寸許。覆藁於上。最後以草苫覆床上。作屋披形。依此裝置。則溫度漸昇。一來復後。溫度由高點降下。至攝氏二十七度內外。除去所覆藁幹。然後下種。種薯之量。方六尺之苗床內。須用五六十斤。薯與薯不使接觸。橫列薯塊。半埋於堆肥中。給以水分。上覆麥殼五六寸。維持水溼。又宜覆藁保溫。披苫防雨。如遇溫度過高。不妨撤藁苫。除麥殼。使薯外露。以防腐敗。若已發芽。則藁及麥殼。固應除去。溫高時。幷應撤苫。以觸日光。俾遂健全之發育。一畝所用薯苗。當以九方尺之苗床養成之。(二)插苗　如右所下種薯。漸次發芽。經六十日左右。得插苗於園地。其時期雖因地而異。普通至五月上旬。整地插之。插苗分普通插。船底插。鈎針插。三種。皆設相隔二尺五寸之淺溝。普通插。所插薯苗長尺許。葉五六枚。船底插。鈎針插。苗與普通插同。惟苗之下端。屈曲爲弓形。船底插。露於地表。鈎針插則否。苗用蔓之先端。其收量較中央下部爲多。設以蔓之下部種植者。收量爲百。則中部與先端之收量。爲百五十與百七十之比率也。

(三)翻蔓　甘薯不特侵病蟲害少。即被風害旱患亦少。雖管理粗放。亦易繁育。然蔓接土壤。各節生根。易生劣等之薯。有損本薯之發育。插苗後十四五日。應行除草中耕返蔓等手術。翻蔓卽引蔓。倒於畦之一方。翻轉蔓之位置。使新生根向上。曝於日光。易至枯死。閱數來復。蔓又匍匐生根。再引而倒於反對之方向。以防節根繁生。其回數視蔓之繁茂狀況而定。少則一二次。多則三四次。朝夕行之。蔓易切斷。是宜在晴天烈日中行之。(四)施肥。所用肥料。氮質多。則徒茂莖葉。藷之發育不良。在暖地其弊更甚。若寒地蔓之發育緩。不妨多量施之。至肥料種類及用量。一畝間施堆肥五百五十餘斤。過燐酸石灰十八斤。糞灰五十餘斤可也。或謂甘藷不施米糠。則甘味少。施米糠兼施過燐酸石灰。則品質劣。夫糠之效用。在含燐養。過燐酸石灰。亦含燐養。苟用量無誤。自不致有失。要在三成分之配合適宜耳。(五)收穫。早熟種至七月下旬。已有大如拇指者。當自根際探視。以圖收採。收採時期以早霜初遇。葉莖凋萎時爲最適。未熟則收量少。過熟恐遭霜害。二者均不耐貯藏。故一至適期。卽宜以鐮刈蔓。向畦之一方。進掘。收量以一千四五百斤爲常。土地良好。栽培得法時。亦有多至三千斤者。(六)貯藏。貯藏方法。因氣候品種及貯藏久暫而異。普通掘深三尺。闊二三尺。長適宜之窖。周圍鋪麥稈。底部鋪羊齒類植物。然後納乾潔完全之藷。上覆麥藁。堆細土。成山字形。中插竹筒。以除窖內蒸熱。而免藷質腐敗。若欲貯至四五月間。當於早春時掘出。擇涼冷乾燥。氣溫不甚變異之地。鑿穴鋪細砂藏之。

害蟲　蝦殼雀(烏蠋) Proctoparce Conolvuli, L.　一年發生一回。害藷葉。蛾出於九月間。以蛹或卵子越年。凡以蛹度冬者。翌年初夏羽化。張度三寸餘。前翅灰褐。并有灰色黑色之班點線條。後翅與前翅同色。背面有赤白黑三種橫條。外觀甚美。幼蟲長四寸。色暗綠暗褐。尾角黃色。又黑色。驅除法。適用芋之害虫(背條雀)項下。

品種　品種甚多。茲依分類法略述於左。

(甲)依葉形者　(1)全緣種　(2)角葉種　(3)切葉種

(乙)依葉色者　(1)黃綠色　(2)暗綠色　(3)紫綠色

(丙)依表皮色澤者　(1)白色　(2)赤色　(3)黃色　(4)赤紫色

(丁)依肉色者　(1)白色　(2)黃色　(3)淡赤色　(4)淡紅暈

(戊)依藷形者　(1)球形　(2)塊形　(3)橢圓形　(4)紡錘形

(己)依品質者　(1)富甘味者。供食用果品用。　(2)富澱紛者。製澱粉酒精。

(庚)依成熟期者 (1)早生種 (2)中生種 (3)晚生種

甘藷在東亞栽培獨盛。茲舉數種於左。

(一)紅藷 皮紅紫。長紡錘形。蒸煑後肉呈黃色。味甘美。

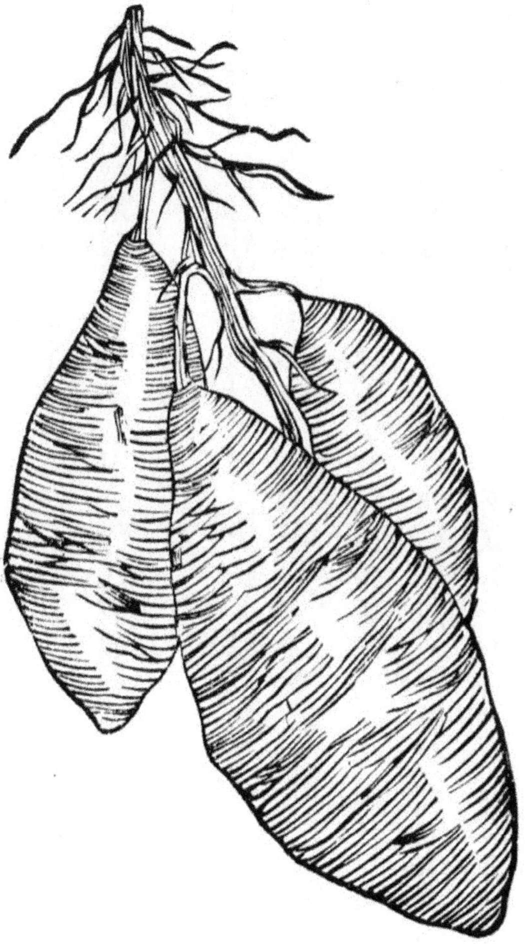

六十八 白藷

(二)白藷 紡錘形。煑之肉呈黃色。適於澱粉製造。

(三)四十日藷　早生種。葉小。色淡綠。爲不正之橢圓形。味淡。產豐富。澱粉。適於澱粉及酒精之製造。

(四)屋久藷　中熟種。長紡錘形。色微紅。煮則肉白。

(五)梅花形種　紡錘形。皮色淡紫。肉呈白色。斷面中央色紅。形如梅花。蒸煮後。紅變紫色。纖維極少。味甘美。

(六)硫球薯　蔓淡綠。葉小。呈黃色。外皮紅。肉質密。產量豐。耐貯藏。品質劣等。

備攷　甘藷。有朱藷。番藷。玉枕。（稗史類篇嶺外多藷有從深山邃谷而得者重數十斤名玉枕藷）等稱。大概形圓而長。肉白。皮紫。味甘。無毒。補虛乏。益氣力。健脾胃。强腎陰。其功效與薯蕷同。而種屬各異。說者謂沿海人多壽考。以甘藷作食之故。稽含草木狀。載甘藷屬薯蕷之類。故名紅山藥。或云甘藷。屬里芋類。因其根似芋狀。亦有巨魁之故。按甘藷。花似牽牛子。屬旋花科。與薯蕷之花小。單性。屬薯蕷科。里芋之花序。肉穗狀。屬天南星科。皆不相同。嶺南雜紀。番藷有數種。江浙近亦多種之。形如山藥。皮有紅白二種。香甘可代穀食。花小如錦葵。粵中遍地產之。製粉作糧。爲用甚廣。南方草木狀。載甘藷。即番藷。出武平交趾。與古九眞。的是中國產。閩小紀、謂出自西洋。明代閩人自呂宋截取藷蔓。傳入中國。讀徐光啓甘藷疏。則知藷有二種。一名山藷。爲閩廣固有之藷。一名番藷。則自海外傳入。前者援附樹幹。魁壘形。後者蔓延地面。圓長形。二者相較。番藷爲優。江南惟卑下之地不宜藷。若高燥之地。平時種藍種豆者。易以種薯。獲利數倍。大江以北。土更高。地更廣。其利更鉅。麗土之毛。足以活人者多矣。淺見者以爲澤居惟魚鼈。山居惟麋鹿。踰汶之貉。踰淮之橘。兩者勿獲相通。遷地不良之迂見。幾如鐵案難破。此識者所深懼焉。今觀光啓疏中。謂他方之產。可以利濟人者。不遠千里致之。耕穫菑畬時時利賴其效。於甘藷益信。彼盧橘之變枳。蕪之變菘者。盍於改良風土馴化生物之理。一深究驗耶。

第八　菊芋　學名 Helianthus tuberosus L.

英 Jerusalem Artichoke　德 Erdapfel　法 Topinambour　日キクイモ

性狀及原產地　原產地在北美。自來斯卡富脫氏 Lescarfot 持歸法國。繁植各處。伊太利賞用更多。屬菊科。宿根木立性。莖高八九尺。每年枯死。而薯則否。花似向日葵。味若朝鮮薊。塊根。外皮淡紫色。或黃色。肉黃。供食用。生食煮食均宜。並可作飼料或酒精澱粉之原料。性剛强。無論何種土質。均易栽培。惟肥土中收量更多。

栽培法　四月中旬。整畦。闊約二三尺。設植溝。施少量堆肥。距八九寸。植種芋一枚。更覆土。發芽後中耕一二回。培土根邊。見有花蕾。則摘去之。并設支柱防風吹倒。如此管理方稱周到。秋季必可得多量之球根。菊芋因生長遲緩。須俟莖葉枯後收採。否則成熟不能完全。至收採亦極費手續。若疏略從事。殘留根株。翌年一變而爲雜草。於栽培上大不利也。貯藏土中。更須防寒氣侵入。學者不可不注意。

六十九　菊芋

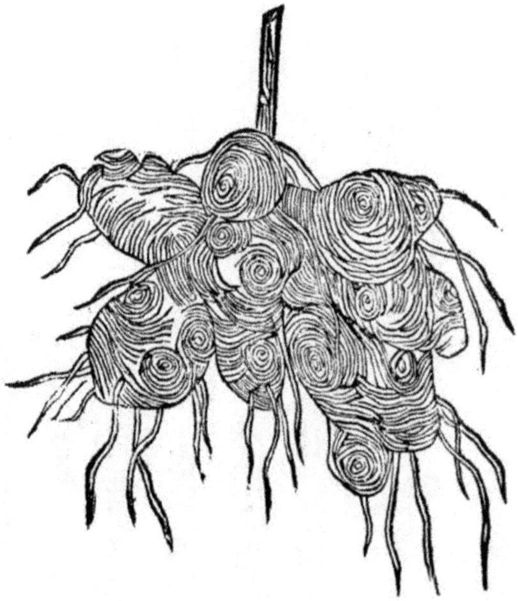

第九　山藥（薯蕷）學名 Dioscorea Batatas Dcne

英 Chinese Yam　德 Jamewurzel　法 Igname de la chine　日ナガイモ

性狀及原產地　其原產地因品種而異。大薯、屬東亞。長薯、屬中國。山薯、屬日本。黃獨屬南亞、瓜哇、聖倫等地方。要皆屬諸熱帶及亞細亞也。歐美栽培甚少。西歷一八四八年。法國領事自上海攜種薯去。現今栽培稍廣。山藥屬薯蕷科之蔓生宿根植物。葉心藏形。葉柄長。莖細。纏繞他物。根長者達四五尺。煑沸爲粉狀。磨潰則分出黏質物。用作食品。富有滋養價値、幷可爲觀賞用。日本名野生者爲野山藥。根深、掘取頗難。因黏力强。品味美。人多嗜之。名栽培者爲家山藥。根肥大。可供種種調理。花單性。淡白色。爲硬厚鐘狀。自六片成。柱頭二個。七八月頃開放。無柄小穗狀之花序。穗自葉腋上部抽出。雌蕊所結果實。有三個黃色之翅。零餘子連葉腋而生。成小塊球狀。熟則落地生芽。漸次生育。其形圓或楕圓。有不規則之凹凸。表皮稍粗。呈爲暗茶色。或銀鼠色。肉淡白。有黏力。性質强健。無論何種氣候。均能生育。要以溫和而稍含溼氣者爲宜。土質以排水良好砂質壤土爲適。若在强黏土。有害薯之生長。砂礫土質。皮肉粗惡。品質劣變。溼潤土。薯之末端易腐。冲積砂黏土。品良味佳。黏質壤土。根雖不大。肉質緻密。煑時不至縮小。品味亦美。

栽培法　(一)播種繁殖有二法。(甲)播殖零餘子。(乙)截斷種薯播殖零餘子。若即定植本圃生長甚緩。應在床地養成之。翌年移植。若用種薯。則切斷三四寸長。塗以草木灰。直接植於本圃可也。大凡欲多量栽培者。行第一法。欲其生長迅速者。行第二法。按山藥之先端纖細。不足以供食品。用此栽植。亦利用廢物之一法也。欲得大薯。在三四月頃應深耕圃地。碎軟土塊。畦幅四尺、高三四寸。穿植溝二條。施堆肥榨粕等。與土壤混和。隔一尺內外栽植之。亦有畦幅尺五至二尺。穿一植溝於中央。而得長大之山藥者。蔓既生長。應施支柱以使纏繞。夏期行中耕。施水肥則生育更佳。(二)施肥。肥料以多施堆肥廐肥爲宜。一畝用量。堆肥六百斤至九百斤。米糠三十五斤。草灰廿斤至四十斤。油粕三十五斤。過燐酸石灰十餘斤爲原肥。以腐熟人糞尿七百廿斤至一千斤爲追肥。發芽后分三四次施之。(三)收穫。秋末蔓枯正可收採。然僅栽培一年。難得味美肥大者。故須繼續培養約二三年間。俟其長大。於秋後春前採掘之。掘取山藥。先拾葉腋之零餘子。爲繁殖用。或洗而煑食亦可。若爲農忙無暇顧及。則以鍬帚等輕掃土面。搔集葉蔓於圃隅。俟農閒時拾取之。山藥之耐寒力强。雖培養寒地。凍傷腐敗者少。惟其性質柔脆。易於折斷。掘取及運搬貯藏時均宜仔細處置。凡形狀中正。肉質白。粘氣强者可作種薯。貯藏在土中或箱內均可。

蟲害　山藥之害敵少。故可爲大栽培之重要作物。偶有蚜虫蠋虫等爲害。無妨大體。驅除法用石油乳劑。（製法石油五合粗石鹼九兩水五斗）或除蟲菊合劑。（製法除蟲菊浸軟於酒精稀薄時混和石鹼）

品種

1 自然薯　一名野山藥。野生於稍濕而深之土壤。粗一二寸。長三四尺。

2 長薯　一名家山藥。卽前種之原種。粗二寸。長五尺。肉質密。彈力强。粘着力大。

3 一年薯　一名駱駝薯。前種之早生種也。雖水多味劣。粘力少。而生育迅速。一年間長可達三四尺。猶其優點。

4 八手薯　根莖短。粘力强。形如人手。蒸熟橫切。其味更佳。

5 佛掌薯　根莖短。採掘易。爲不規則塊狀。凹凸如掌。粘力多。風味美。供調理用。

6 銀杏薯　一名扇薯。形狀扁平。似扇。亦似銀杏樹葉。故有此名。

7 伊勢薯　長楕圓形。富粘力。品味上等。

8 黃獨 根扁圓生粗硬細根。肉淡黃而硬。不堪食用。零餘子肥大。

七十 薯蕷

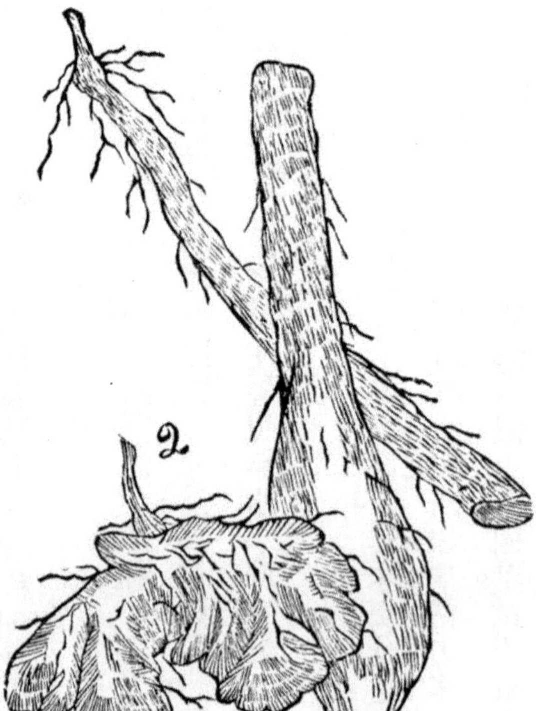

(1)長薯
(2)銀杏薯

備考 山藥。原名薯蕷。（負暄雜錄云薯蕷因避唐代宗諱改名薯藥宋英宗諱曙改名山藥）亦名山薯、土薯、玉延。修脆。山海經云、景山多藷藇、藷藇卽薯蕷也。產南京者最大。蜀地更良。懷慶山中所產者細白堅實。可作藥用。名懷山藥。湖南江西福建有脚板薯。形扁如蘿芋。味淡。煎羹均宜。而性冷於北產。其子謂零餘子。雲南有一種牛尾參。滇本草根長尺餘。色白而扁。葉圓。此外如南甯府志。有人薯、牛脚、籬峒、鵝卵等。瓊山縣志。有鹿肝薯、鈴蔓薯。石頭縣志、有公薯、木頭薯。高要縣志。有鷄步薯、胭脂薯。番禺縣志。有掃帚薯。漳浦縣志。有熊掌薯、薑薯、竹根薯。大抵皆因形色賦名者也。物類相感志。謂薯以手植則似手。以鍬鋤植則似鍬鋤。其說至未可信。蓋薯蕷非雷鳥避役等動物可比。感化安有如此之速也。宋文君詩。有壯士臂、仙人掌等稱。其卽牛尾脚板之類。而野生者尠。入藥以野生者爲勝。性甘溫無毒。鎭心神。安魂魄。止腰痛。治虛羸。和糖煎煮。爲北人常食要品。固爲補益之蔬菜也。春間生苗蔓延。莖紫葉綠。有三尖。似牽牛花葉。五六月頃開淡紅色花。秋時生實於葉腋。狀似雷丸。可供食用。亦可爲繁殖用。與肥大之根並重。

第十　甜菜　恭菜　學名 Beta Vulgaris, L.

英 Leaf Beet　德 Runklereube　法 Betterave　日 不斷草

性狀及原產地　原產地在歐洲南部。自生於地中海沿岸。栽培達二千餘年。收獲以根爲目的者。曰甜菜。以菜爲目的者。名不斷草。故有園藝用、家畜用及砂糖用等別。形似蕪菁萊菔。又似西洋種菠薐草。實卽火焰菜之改良種也。其色鮮紅。雖經調理不失。生食煮食均宜。歐美栽培甚多。然因含有土嗅。中日各國需用尙少。葉肥大多肉。圓形。花黃綠。又帶濃綠。表皮軟滑有光澤。葉柄發達廣大。爲矮性或木立性。採葉自下及上。氣溫高時。自中心抽穗開花結果。果褐色。外面粗糙。內含種子數粒。好柔軟深沃之土。整地宜周至。生育初期。水分毋缺。

栽培法　(一)播種。播種雖分春秋二期。實則自春徂秋。無時不可以布種。如欲收穫從早。當播種於溫床中。其種子具藜科特性。數個相集而爲塊狀。因發芽需多量水分。故種子先浸水一日而後下種。畦幅一尺五寸。設淺溝。施基肥。行條播。覆薄土。經一來復內外茁芽。芽茁二來復。行間拔。保五六寸距離。以稀薄糞尿爲追肥。中耕培土。行一二次。(二)施肥。肥料比率。如以堆肥七百二十斤。人糞尿三百六十斤。油粕三十五斤內外爲基肥者。則追肥用人糞尿三百六十斤內外可也。(三)收穫。甜菜過熟。有損品質。收穫之期。相時而定。春蒔者在六七月。秋蒔者在九十月。早熟種。經六來復可以食用。晚熟種非經二三個月不可。秋收去葉。藏土穴中。可供冬春兩季之用。在巴里市場。四時均有之。如爲採種用者於八月播諸苗床。至翌春掘起。植於採種地。八九月間。花開實結。採而藏之可也。

品種　園用種。有早熟而根如蕪菁與中熟而根具長形之二種。茲舉其主要者如次。

七十一　黑暈種

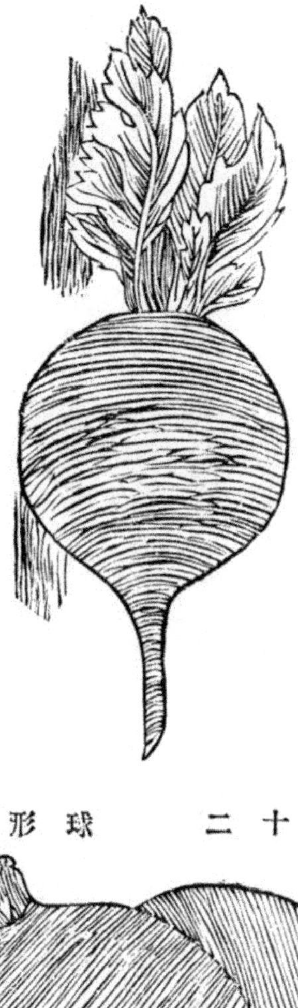

七十二　球形種

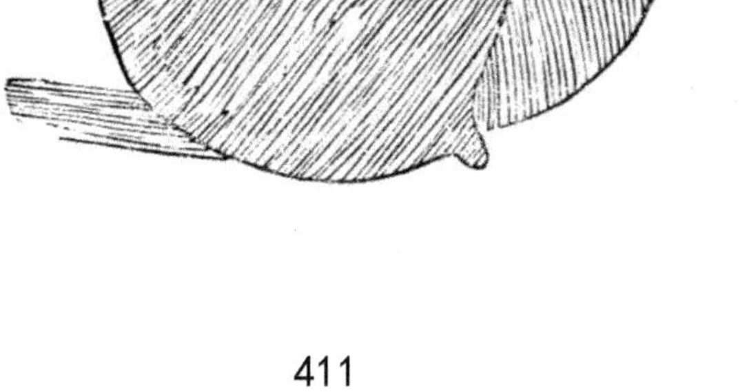

1　球形種 Crimson Globe　早熟。形中等。外皮及肉。帶深紅色。質軟。味甘而濃厚。耐貯藏之良種也。

2 埃及早種 Early Egyptian 早熟。形上部圓。下部扁。葉少。根含鮮紅色。品味均佳。幼時柔軟。味美。老則堅硬。

3 黑暈種 Eclipse Beet 與前種同時成熟之早熟種。葉少。形稍大。有淡色輪。品味均良。嫩者更佳。栽培甚廣。

備攷　菾菜。即蒼菁菜。（別錄）湖南謂之甜菜。有紅莖者不中噉。爲觀賞用。李時珍以甜菾聲近。併爲一物。苗高三四尺。莖若蒴藋。有細棱。味甜。易種易肥。煮粥食之。可以解熱。滇本草謂此菜治痰。不可多食。滇饒珍蔬。宜其見擯。雩婁農曰。人之嗜甘同也。甘而苦者雋。甘而酸者爽。甘而辛者疏。甘而鹹者津。甘而淸甘而腴者。嗜之久則齒蟲與胃蚘生焉。若甘而濁且邪。如菾菜者則士夫農圃皆賤之。推其用意似謂甘味不宜偏嗜。必停辛竚若以調劑之。方有益於營養。亦忠言逆耳良藥苦口之微意也。惟因此而賤視之。似乎太過。不觀夫歐洲北美。不產甘蔗之地乎。該處不產甘蔗。類用甜菜以製糖。利用之己非一日。查此物成分中。糖蜜雖不及蔗汁之多。結晶糖則有過之無不及。法蘭西白耳義人均重視之。我國自臺灣割而糖價日增。凡我國人正宜廣種甜菜。爲製糖原料。俾提倡國貨者。有所收資焉。物恥足以振。國恥足以興。邦人君子盍起而圖之。

第十一　百合　學名 Lilium Sp.

英 Lily　德 Lilie　法 Lis　日ユリ

性狀及原產地　原產地屬東亞。歐美發見不多。嘗自生山野。為宿根植物。品種甚衆。均於夏季開美麗之花。供人玩賞。如美國以百合科新變種之鐵砲鹿子等花。於耶穌誕日。用為唯一之裝飾品。百合之鱗莖。苦肉質粗。惟卷丹山丹二種。富有澱粉。而芳香味甘。可供食用。風土雖不拘。要以稍涼氣候。富腐植質黏性之壤土或砂質壤土為宜。

栽培法　（一）繁。殖繁殖分三種。（1）種子秋季採種。播諸玻璃木框內。翌春間拔。暖則去框。秋間生小鱗莖。越四五年。結球乃大。此種繁殖。為日過久。品易劣變。除為養成新種外。行之不多。（2）鱗。球。鱗球生諸葉腋及根部。夏採秋播。放腐熟堆肥於床中。布稾以禦寒氣。翌春發芽。耕耘施肥。秋間定植。木圃畦幅二三尺。株距七八寸。翌年開花。應摘去之。使養液注入鱗莖。鱗球多亦疏刪之。其埋與摘花同。秋季莖葉漸枯。鱗莖之大者採之。小者留之。（3）鱗。片。四月間選大而健全之鱗片。植諸苗床。為品字形。距離四寸。覆土二三寸。冬季自切口發生甚小仔球。翌年三月發芽。施油粕以促生長。秋季可採小指頭大之仔球。曰一年球。爲翌年繁殖用。依此栽植。年復一年。至三年球採穫。則可植諸本圃。畦幅二尺。株距四五寸。發育旺盛者不必及三年。以上三法。應用各自不同。在有鱗球之種類。則用第二法。否則用第三法。(二)施肥。肥料以堆肥、油粕豆粕爲宜。人糞尿有汚鱗莖。不作補肥之用。倘混於原肥施之。尚無不可。要之無論何種肥料。直接種球。易招腐敗。均宜耕入土中。間接施之。一畝用量堆肥七百餘斤。木灰三十餘斤。人糞尿三百五六十斤。爲原肥。如利用豆類跡地。因含窒素質甚多。肥量可以減少。若用禾本科跡地。則須增加四分之一以上。

病害　最可慮者鱗莖腐敗病。其菌寄生於地中腐植質。侵入鱗莖之傷部。遂至腐化。防除法。(1)燒棄害莖。(2)撒布石灰於旱地。(3)病地停止栽培二三年。(4)浸種球於鹽化石灰。(〇・一%)液中。(配合法水一斗溶解鹽化石灰五錢)乾燥后用之。

品種

(1)卷丹　鱗莖大。生小鱗球於葉腋。

2 山丹 鱗莖小。生小鱗球於鱗莖之周圍。

七十三 百合

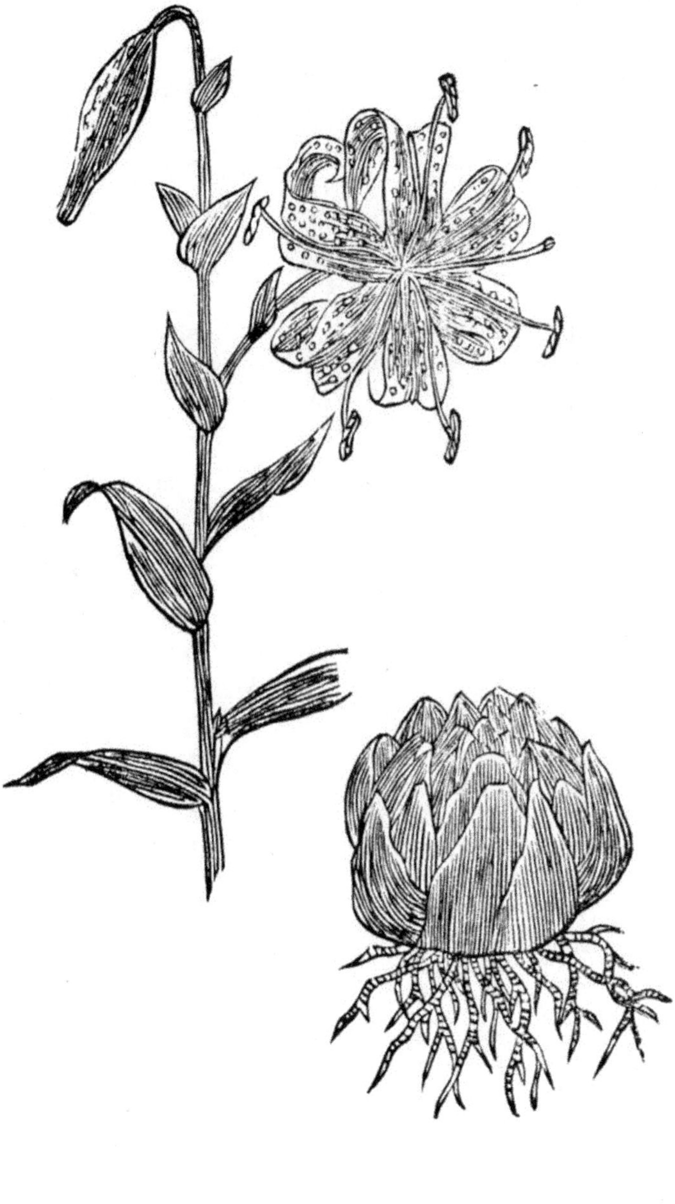

備考　百合有蒜腦。諸（根如大蒜味如山蒜）强瞿。（花葉根皆四向故曰强瞿）摩羅。重箱中逢花。（救荒本草）重邁中庭等稱。爾雅翼䪤字書曰䪤百合蒜也。說文則曰䪤小蒜也。小蒜屬葷辛類。與百合蒜不同。百合蒜殆卽今之百合。因其鱗片疊積。故名百合。其鱗莖似蒜。故名百合蒜。此外尙有山百合。（雲南山中最多花黃綠深綠有黑紋）紅百合。（生雲南山中大如卷丹花淡紅有紫點）綠百合。（花碧綠香濃根微苦）黑百合。（葉長橢圓花暗紫）等。李時珍以山丹根似百合。體小而瓣少。莖亦短小。其葉似柳。與百合迥別。卷丹莖葉雖同。而稍長大。亦視爲與百合異種。然二者皆開紅色六瓣之花。於莖頂生鱗莖於地下。固可目爲百合者也。

第十二　亞米利加防風　學名 Pastinaca Sativa, L.

英 Pasnip　德 Pastinake　法 Panais

性狀及原產地　原產地在歐洲。有時生路傍。爲雜草狀。性狀與胡蘿蔔相似。根粗白。故亦有白胡蘿蔔之名。複葉。葉柄粗。基本紅。種子扁平暗褐。周圍有翼狀瓣。香味似普理萊菔。稍濃厚。用途與普通胡萊菔無異。歐米諸國。供蔬菜外。亦爲家畜飼料。更爲馬之重要飼料。栽培極盛。繖形科之二年生植物也。好濕潤黏質深耕之土。

栽培法　一播種。自二月至七月。隨時可以播種。發芽力易失。故種子閱二年以上者不適用。大祇溫暖地秋播春收。寒冷地春播秋收。畦距約一尺五六寸。條播覆土。芽后間拔。株距三四寸。(二)施肥。播種前直施多量肥料。易招蟲害。有葱類花椰菜萵苣等需肥甚多者之跡地。而爲栽培。最稱允當。(三)收穫。春播者秋收。如擬供翌春之用。留置圃中亦可。寒冷之地。採而貯諸窖中爲宜。秋播者春收。不必如他蔬菜之特別保護。亦克度冬。以耐寒力甚强也。晚熟種過霜雪。品質且能改善。

七十四　長滑種

品種　分細長圓錐形與楕圓形之二種。

1 長滑種 Long Smooth　根甚長。色白滑澤。形整齊。無歧根。肉柔軟。富糖分。品質良。

2 法國短圓種 Short Round Erench　早生種。蕪菁狀。

3 阿林敦長滑種 Arington Long Smooth 外皮滑長圓錐形質佳。

第十三　球根塘蒿(蕪塘蒿)　學名 Apium Graveolens (rapaçeum) L.
英 Celerfac　德 Knotselleri　法 Céleri-rave　日カブラツパ

七十五　球根塘蒿

性狀及原產地　原產地在歐亞及非洲。爲塘蒿變種。經栽培改良。根部特大。葉柄已退化。粗硬。含苦味。不適食用。球根形圓。煮食生食均可。歐美人珍重之。屬繖形科二年生植物。

栽培法　三月間。設溫床下種。閱二個月。生育發達。至五月移植本圃。本圃宜輕鬆肥沃之土。施多量堆肥。耕鋤之。整畦一尺四五寸。株距五六寸。乾燥時灌水。促其生育。秋季收穫前約一個月。培土根邊。使其軟白。十月頃收採。冬間貯藏。或培土根際。任其存在地中。或掘而埋諸乾燥細砂中。

品種

1 普通種　葉比塘蒿小。葉柄不充實。有苦味。帶赤褐色。根上圓而下有分歧。平均重六七兩。

2 巴黎滑種 Smooth Paris　根扁圓不整。葉多而闊。

3 萃果狀蕪塘蒿 Apple Shaped　葉柄直上。紫色。根正圓。無側根。

第十四　波羅門參　學名 Tragopogon Porrifolius, L.

英 Salsify or oyster plant　德 Bocksbart　法 Salsifis　日バラモンジン

性狀及原產地　原產地在歐洲東南部。栽培祇二百餘年。歐美認爲普通根菜類。我國種之未盛。其風味似牡蠣。故亦有牡蠣菜之名。根若牛蒡。甚細。直徑一寸內外。長一尺。皮黃白平滑。葉暗綠細長。似韭葱。嫩者可食。根切斷之。出乳白液。翌春抽穗。達三尺。頂端叢生紫花。種子形長尖。黃褐色。一錢約三百五十粒。一合約一兩餘。發芽力二年。爲菊科中之二年生植物。根白狀似胡蘿蔔。適爽食。調製時。根洗淨切一寸內外。以鹽水浸軟之。去水氣。加牛油食之。味甚美。如浸軟後搗碎之。入米粉爲丸。用油煎食。味若牡蠣。好輕鬆砂質壤土。

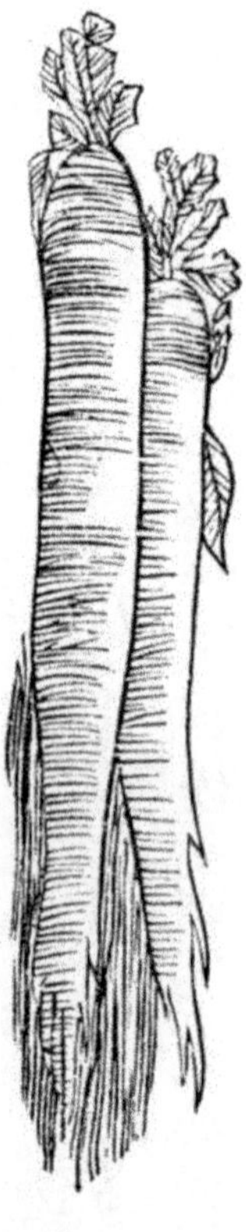

七十六 波羅門參

栽培法　早春整地。設一尺之畦。條播。種皮厚。發芽難。發芽時常灌水。芽長三寸內外。行間拔株。距四寸。除草中耕補肥諸事。與胡蘿蔔同。八月頃可收穫。延至十一月。收量可望增加。禦寒力强。爲貯藏計。被土越冬。或採而納諸窖室均可。

品種　自植物學上類別之。有黑色種。狹葉紫花種。廣葉黃花種。茲述其著名者如左。

(1)散特惠區島巨種 Mammoth Sandwich Island　長大而柔軟。風味極佳。

(2)黃波羅門參 Golden Salsify　形大。根整齊。黃色。

第十五　菊牛蒡　學名 Scorzonera hispanica, L.

英 Scorzonera 德 Skorzonera 法 Escorzonera 日キクゴバウ

性狀及原產地　原產地在西班牙。屬菊科多年生。形性似波羅門參。惟根之外皮黑色。爲其異點。皮稍含苦味。食用時應剝去浸水中數時間。而後用之。肉白。葉稍大而廣。爲披針狀。花黃。形似蒲公英。種子白色。平滑。甚長。先端尖。每錢約三百餘粒。每合重量約一兩餘。發芽力二年。

七十七　菊牛蒡

栽培法　三四月頃。深耕肥沃圃地。施腐熟堆肥。畦間一尺。下種覆土。發芽後。行間拔。株距二三寸。一株一本。此種與波羅門參。善於抽穗生花。若非採種。宜剪去之。否則根部發達不完全。自十月下旬至十一月。根已成熟。可以採收。如欲藏貯過冬。徑可留存圃間。蓋此物耐寒力强。不畏凍冷也。根部可煮食。幼葉可生食。一畝收量約一百餘斤。

第十六　草石蠶　甘露子　學名 Stahys Sieboldii Miq.

英 Chinese Artichoke　法 Stachys du Japon　日チヨロギ

性狀及原產地　原產地在東亞。我國自古有之。西歷一八八二年。德人自北京持種歸。是爲歐陸栽培之紀元。二十餘年前。始傳入美國。莖粗糙。高二尺許。四角形。葉對生。披針狀。濃綠色。自葉腋抽穗。叢生。淡紫色小花。秋季生蠶蛹狀塊莖。色白柔軟。風味清淡。可糖製或酢漬。好濕潤肥沃。稍含有機質之土質。爲唇形科之宿根植物。

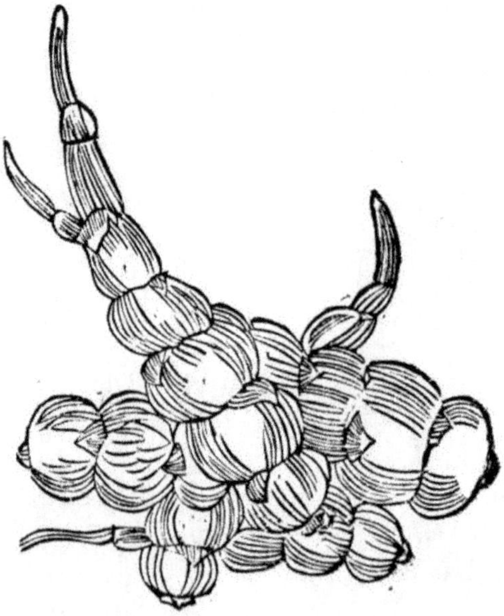

七十八　草石蠶

栽培法　三月中旬整地。作二尺之畦。距五寸。植一球。被土一二寸。四月中旬發芽。達三四寸。施水糞。行中耕。培土根邊。夏季繁育過盛。阻害塊莖發達。宜摘除端頂之莖。以抑制之。迨九月頃勢力漸衰。至十月可着手收採。其性耐寒。殘留幾個爲種球。數年間便得繼續收採。

第四章 葉菜類

蔬菜之種類繁多。葉菜占其泰半。抑猶有故。生長期短。一也。栽培容易。二也。柔軟多汁。芬芳可人。足以引起吾人之嗜好。三也。能連作亦可輪作。四也。其生育之習性。大概好黏性土質。速效肥料。氣候冷涼而有適度之濕氣者。葉菜類屬十字花科。尤居多數。凡十字花科之植物。雜交劣變。防範宜嚴。媒助改良。措施不易。頃者交通便而食慾大進。人口增而需要更多。西種輸入。幾乎觸目皆是。業此者欲改良品質。增多產額。挽回利源。吾知其非從栽培法入手不可也。欲研究栽培法。先須知蔬菜之分類。分類標準。如依性質而分者。有一年生。二年生。多年生之別。依需用部而分者。有葉用類。葉柄用類。嫩芽用類之別。依用途而分者。有生食用類。煑食用類。香辛用類之別。茲編所述。範圍較狹。取義惟精。所謂葉菜者。專就甘藍萵苣菘類等。詳言之而已。

第一 甘藍(葉牡丹) 學名 Brassica oleracea (capitata) L.

英 Cabbage　德 Kopfkohl　法 Choupomme ou cabus　日ハボタン

性狀及原產地　原產地在歐洲沿海各岸或云屬諸法國中北部栽培起原蓋遠在二千年之前爲十字花科之二年生植物花黃花梗高二三尺葉片抱合成球內部之葉隨自然而軟化富滋養分爲他菜所不及其灰分中含有燐分食之有清血之功與肉類調和或鹽藏湯漬風味均佳其外部大葉可爲家畜飼料與廢物利用之家庭畜產業大有裨益宜乎西國蔬菜中佔重要位置也氣候好冷涼雨露求適量土質宜黏性及含石灰之壤土

栽培法　(一)播種甘藍播種因氣候品種收穫期之早晚而稍異茲述其大要如次

(甲)欲收穫最早者當於九月下旬蒔種苗床冬季善爲保護之翌春四月上旬整治本圃速行定植初夏即可收穫如於一二月間由溫床栽培亦得同時收穫(乙)收穫不欲早者於四五月間設冷床蒔種至六月定植十月十一月收採播種無論春播秋播發芽后均除去覆藁約十日子葉十分發達則行間拔苗之間隔約五六分本葉放一片時行第二次間拔各株距離約二寸本葉將放二片時灌水床間以移植鏝掘取施行假植假

植因土質之不同。而異其次數。黏土一次。砂土壤土二次。定植時幼苗須選擇良好者。如有下述之狀況。則在中選之列。(1)下葉大而短者。(2)葉之順序正。芽緊縮者。如有下述之狀況。則在屏棄之列。(1)葉面帶赤色者。惟原屬赤色種。不在此例。(2)葉柄過長者。惟晚種不在此例。(3)葉莖細長。又節間過長者。(4)葉緣有深缺刻者。(5)葉披於外方者。(6)葉自腋發生腋芽而分枝者。(7)葉上附有害蟲卵子者。定植幼苗。更須多留幾本。豫備有枯死、或遭害虫者之補充。本圃宜細耕。細耕後混入多量堆肥。劃一尺五寸至二尺之畦。兩畦相隔一尺至一尺五寸。在雨後或陰天定植。定植後撒布石灰於苗之周圍。一以防蟲害。一以作間接肥料。三四個月以內。行中耕二次。(深耕之以促細根發育)若時遇旱魃。則行適宜之淺耕。若深耕。恐防乾燥誤事。(二)施肥。在寒地。施多量堆肥等遲效肥料。則結果良好。暖地則遲速合用。油粕等窒肥更不惜多量施之。施補肥在結球前一月左右。遲則結球期延長。有誤收穫信期。(三)收穫。不論秋播春播。各屆成熟期。(葉球發育適度)速行收採。不可過早。早則球質生硬。亦不可過遲。遲則球皮破裂。(四)貯藏。春夏秋三季。常有新鮮者供給。惟冬季則賴貯藏品。貯藏簡法。(1)倒種於乾燥土中。使根露出於地上。以草藁覆之。(2)貯藏於窖室。

病害

(一)根瘤病　病原菌 Plasmodiophora Brassical, Woronin.　此乃甘藍類之流行病。又害蕪菁及其他十字花科之幼苗。罹此病者根膨大為紡錘狀。又為球形之瘤。根漸次腐敗。及莖葉斯無收穫。防除法(1)除去十字花科之雜草。(2)行輪作(3)燒棄腐敗根株。(4)避濕潤之地。(5)秋收後圃地上。撒布生石灰與煤屑。

(二)白銹病　病原菌 Cystopus Cardidus, (Pers) Lév　十字花科植物。易罹此病。惟甘藍蕪菁二物。為其最好之寄主。病徵發現在莖葉及花梗之外皮。先為膨大白點。漸次變色。枯死。又花期終時。花梗頂端。屈曲膨脹為畸形。被害甚者。全不結實。防除法(1)燒棄被害部。(2)除去十字花科雜草。(3)行輪作法。(4)施用波爾他合劑。

害虫

一　甘藍地蠶　Argotis Suffusa, L.　自五月至十月間發生。其習性與蕪菁切根虫。又葱切根虫同。晝間在地中。食害根部。夜間出地面。食害根葉。幼虫成長時。約達一寸八分。體色暗黃頭部暗褐色。成虫爲蛾。翅張一寸五六分。帶赤黑褐色。光線注射。色澤改變。防除法。(1)蛾好糖液。行糖液誘殺法。又燈火誘殺法。(2)穿溝絕幼虫之通路。(3)蛹伏地中。冬耕翻土。使飽受寒氣而凍斃。(4)幼虫晝間居地面下一二寸處。掘而殺之。

(二)亞麻地蠶 Noctta Ditrapezium, Bkh. 一年發生兩次。六七月及八九月間。蛾張翅一寸三四分。前翅灰黑色。稍帶赤紫。中央有顯著黑紋。晝間伏土塊塵芥下。已長成之幼虫長一寸五分。體大概灰黑帶赤。頭小褐色。與豌豆之切根虫同。幼時日間亦爲害。至老則夜現晝伏。防除法同上。

、品種

甲 綠甘藍種

1 惠克非爾特細纖早種 Early Jersey Wakefield. 早生良種。葉球大而堅。形正圓或非正圓。

2 海特孫夏早種 Hendersons Early Summer. 早生。比前種稍遲。生葉球大而圓。容易栽培。

3 約克早種 Early York. 早生。葉球堅小。心臟形。質柔軟。

4 渾司脫早種 Early Wingstadt 葉球卵形。春播者結球堅緊。栽培在暖地亦能結球。

七十九 惠克非爾細早種

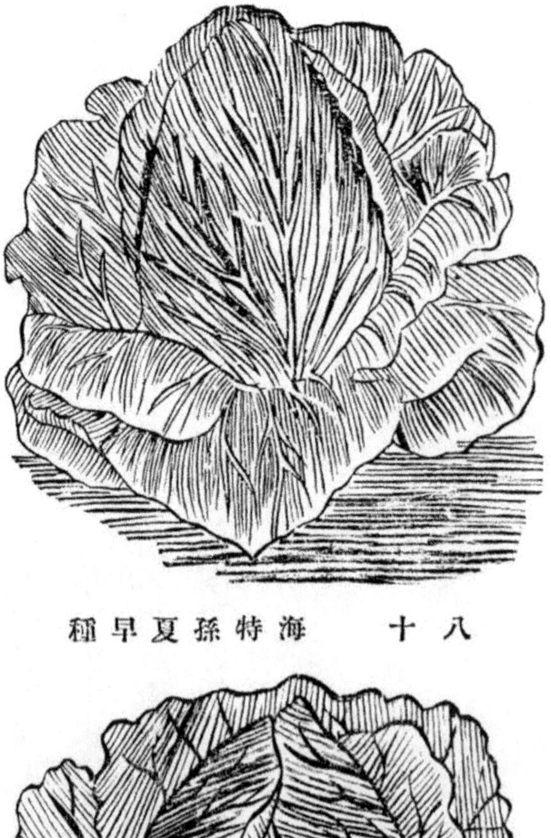

八十 海特孫夏早種

5 台尼西球狀種 Danish Ballhead. 結球堅實。形大而圓。纖維柔軟。良種也。

6 鼓頂狀種 Drumhead. 葉球頗大。頂平。莖短。葉全部為球。皆有用。晚生。久耐藏。

(乙)紫甘藍種

(7)血輪紅色種 Blood Red 葉毬圓形。色赤紫。美麗可觀。品質亦佳。

八十一　台尼西球狀種

八十二　鼓頂狀種

(8)紅大鼓頂狀種 Large Red Drumhead 毬頂扁平。形大。赤紫色。品質佳。

(丙)卷縮甘藍種

(9)球形卷縮種 Glode Curled Savoy. 葉毬易結成。眞圓形。葉卷縮。品質美。珍重之冬期蔬菜也。

八十三 球形卷縮種

八十四 麥文司種

(10)麥文司種 Marvins Savoy Cabbage 結毬易。葉毬緊縮。誠美菜也。

(11)短臂卷縮種 Dwarf Curled A'm 品質與前種相似。葉毬圓頂稍尖。結毬易。

備攷　甘藍。本草拾遺始著錄。謂卽西土藍。北人謂之擘藍。見農政全書 卽今北地撇藍葉可撇食。故名。胡洽居士云河東隴西羌胡多種食之漢地少有其葉大而厚煮食甘美經冬不死春亦有英其花黃生角結子根現土上 南方謂之芥藍。苗葉根心皆可爲蔬。根皮剝去煮食糟藏醬豉均可。莖葉用麻油煮食並飲汁能散積痰解麵毒利藏腑益心力誠蔬中佳品也。

第二　抱子甘藍　學名 Brassica oleracea (bullata) L.

英名 Brussels Sprouts　德 Gresener Sprossen　法 Chou de Bruxelles.

日本俗名コモチハボタン或ヒメハボタン

性狀及原產地　抱子甘藍爲普通甘藍之一種。原產地與甘藍同。性强健耐寒。自葉腋結成無數小葉球。可供食用。用法與甘藍無大差異。纖維極軟。味頗美。

栽培法　栽培法與甘藍同。惟過於肥沃之土。莖葉延長。葉球稀少。故甯選擇瘠地。或少用肥料爲得。播種期。二月至四月間。準備床地。不可厚播。下種後約經一月。苗長至三四寸。則移植於本圃。本圃隔二尺劃畦。隔一尺五寸至二尺植苗。苗生長一尺四五寸時。摘品頂芽。並除去下部之葉。庶長短適度。葉球發育完善。

二三月間播種者。九月間收採。因其性耐寒。故在霜雪不多之地。可留存土中以過冬。（遇微霜於品質有益無損）在嚴寒之地。時交初冬。一律收採。與甘藍同一方法。妥爲貯藏可也。

其種

（1）法蘭西長種。Tall French. 莖高約四尺。全莖結成小葉球。頗奇觀。

（2）改良矮生種。Improved Dwarf. 莖高大不如前種。以品質優美。人多重之。

（3）良良長島種。Improved Long Island 亦矮性。結小葉球。品質優等。

第三　綠葉甘藍（婆娑甘藍）學名 Brassica oleracia (acephara,) L

英名 Borecole or Kale. 德 Gruener kohl 法 Chou verts.

日ハゴロモハボタン

性狀及原產地　婆娑甘藍與抱子甘藍同爲甘藍之一種。屬十字花科。原產地同前。其葉捲縮爲縐紗狀。不結球。取其莖葉及嫩芽供食用。或供家畜飼料用。莖最高者達五尺。紫色矮性。可以盆栽。

栽培法　性强健。耐寒。栽培法與抱子甘藍同。

品種

(1)矮性卷縮種。Bwarf Curled Kale　身矮。葉捲縮如波紋。黃綠色。美觀。

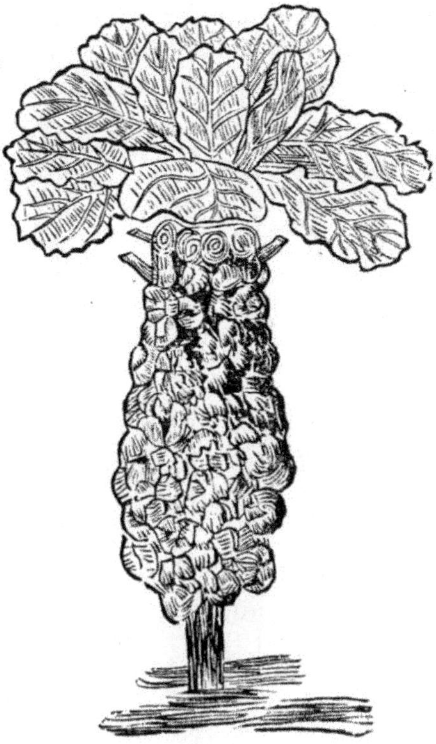

八十五　抱子甘藍

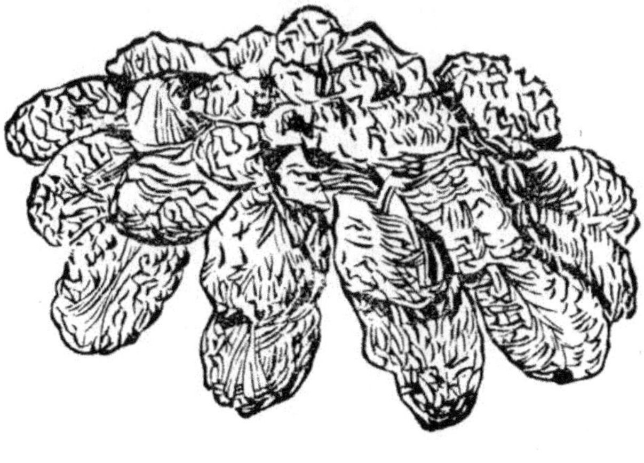

八十六　綠葉甘藍

(2)矮性紫色種。Dwarf Purple　身矮。葉捲縮。紫色。

(3)改良裝飾用種。Improved Garnishing.　葉捲縮顯著。身矮可盆栽。品種良好。

第四　蕪菁甘藍　學名 Brassica cauls-rapa, L.

英名 Kohl-rabi　德 Kohlrabi　法 Chon-rave　日カブラハボタン

性狀及原產地　性狀及原產地同前。歐美諸國。栽培甚廣。嘗供家畜飼料。其需用部分。在肥大莖部。與他之甘藍。採內部之葉。以供食用者不同。狀若蕪菁。故有蕪菁甘藍之名。

栽培法　三月至六月間。整床地。播種子。苗生三四葉。移植本圃。株間距離。以方一尺至一尺五寸為率。整治本圃各種事項。與甘藍同。以腐熟堆肥為底肥。移植後。察其生長狀況。應常澆水。以防乾燥。二三月後。莖漸生長。差可食用。過此莖葉益大。肉質堅硬。風味毫無。祇可作家畜飼料用矣。

品種　有綠色紫色二種

(1)早生白文那種。Early white Vienna.　綠色。早生。供食用。亦作飼料用。品種優等。

（2）大形紫色種。large Purple 性耐寒。形色美麗可觀。品質上等。

八十七 球根甘藍

八十八 哈遜種

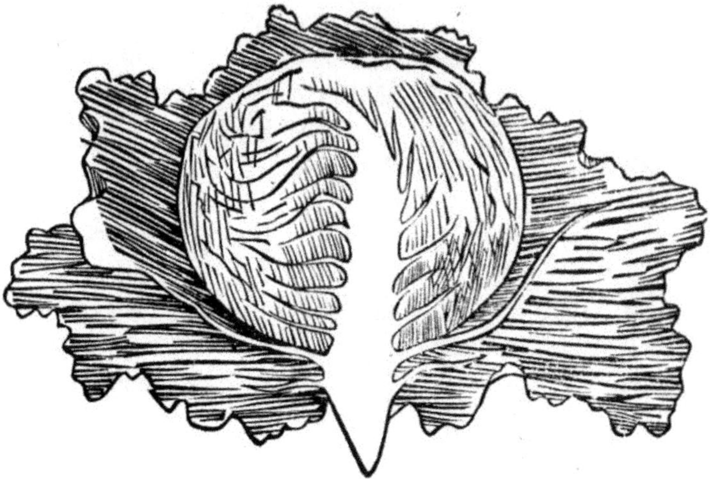

第五 萵苣 學名 Lactuca Scariola (Sativa) L

英 Lettuce 德 Lattich 法 Laitue 日シチセ

性狀及原產地 原產地屬地中海沿岸之溫暖地方。或謂西部亞細亞及印度北部。亦嘗發見此物。栽培甚古。我國所有之種。亦自西歐傳來。爲一二年生之矮性植物。根出葉有結球與不結球及葉面平不平之別。色有濃綠黃綠淡紫赤綠之分。因結球狀態。分球萵苣立萵苣二種。此二種質脆弱柔軟。有香氣。味亦苦亦甘。生食用類中最高尚之蔬菜也。汁液含伊奴林 Inulin ($C_{12}H_{20}O_{10}$)之成分。爲乳狀液。有魔睡性。可作藥用。藥名卽萵苣片。播種後不數月。從中心抽出花梗。著小形黃花。種子形細長而小。有灰白黑褐及黃褐色等區別。一錢粒數約三千餘粒。發芽年限五年。忌黏重土。好砂質壤土。寒熱溫三帶均可栽培。

栽培法 (一)播種。栽培。栽培萵苣。常在苗床養成種苗。管理法殆與葱頭無異。惟覆種之土宜細。灌水須要注意。播種期因品種之早晚。氣候之寒冷。有先后之別。又因社會之需要。更無一定。冬春之際。需要孔多。是宜在秋分前後培養種苗。(在寒地設木框或溫床保護過冬至翌春定植。在暖地發生本叶數枚。即可定植。）定植後。早生種十一月。晚生種自十二月。至一月。結球。便行收採。（斯時如被寒氣侵入。外叶枯槁。組織從之硬化。品質趨於劣等。是當立竹枝蘘圍及葭簀等遮蓋。以防之。）自秋分后陸續播上之種子。至四五月間。可得完全結球。入春。氣溫日增。抽穗雖速。結球不良。如非需要量多之附近地。不必栽培。(二)作畦。整地畢。設幅四尺闊之高畦。畦間隔一尺。株距宜密近。（密近則葉葉相觸。易於結球）早生種。球萵苣株距六平方寸。晚生種。及立萵苣株距七八平方寸。（法國栽培家。欲於短期間。得多數收穫。常在甘藍花椰菜之畦間。爲間作物。）立萵苣因其結球困難。有結束其外葉。强使軟化者。故其價值比球萵苣稍廉。(三)施肥。土求輕鬆。施堆肥時。以木灰油粕等混用。定植後。施稀薄人尿糞數次。(四)採種。由苗床養成之苗。擇具備固有之形狀者。移植本圃、株距二尺。迨花梗抽出。梗下葉片。悉剝除之。開花結實。俟成熟。供採種用。

病害　核菌病。爲萵苣之普通病。豫防驅除。甚爲困難。其病徵。初發現於近地面之莖部。先自莖之周圍。生白色斑點。漸及全部。乾燥枯死。被害莖內。必有大小菌絲塊。存在防除法。(一)取被害部燒棄之。(二)撒布石灰於被害圃間。

蟲害　蟲有甘菜地蠶蛾。翅張寸餘。前翅暗赤帶褐色。條紋不甚明判。後翅暗黃。六月及九十月間兩回出現。以幼蟲越年。幼蟲成長時長一寸三四分。灰黃帶赤暗色。頭部赤褐。有白點及白條。蝕害萵苣之根及根邊。驅除法。適用蕪菁之切根蟲。(詳前)

品種

(甲　春球萵苣種。結成葉球。形如甘藍。

(1)溫室促成種 New hot-house Forcing　由溫床栽培。結球容易。形狀中等。

(2)珍重種 Prizehead　早生。性健全。耐炎熱。葉球淡褐色。質柔味美佳種也。

(3)魚狀種 Salamander　葉球結成頗易。色淡綠。旱天亦堪栽培。早生之良種也。

(4)哈遜種 Hanson　結大形之葉球。外葉柔軟。美味。適於促成栽培。

(5)暴斯登市產種 Boston Market　適於促成栽培。結球易。大。質柔軟。色淡綠。

(乙)立萵苣種　葉有直上性。質結球困難。

(6)科司綠種 Green Cos.　耐酷熱。葉長。色深綠。球質柔軟。品種上等。

(7)科司白種 White Cos. 品質同前種。色淡綠。

(8)科司培種 Bath Cos. 結長大之葉球。味佳。春播秋播。均得良果。

(9)闊葉種　生長期中。葉從下部順次摘取。以供食用。甚為便利。品質似不及西洋種。

(10)卷葉種　葉卷縮美觀。

(11)台負市產種 Denver Market 葉球狀似哈遜種而稍長。葉卷縮又似卷縮甘藍。行促成栽培或露地栽培。均得良果。品質優等。

(12)綠纓種 Green Fringed 葉綠卷縮。葉之裏面色稍淡。實裝飾之良品也。

(13)婆暴斯登卷縮種 Boston Curled 葉卷縮美觀。品質善良。為卷葉種中冠。

備考　清異錄云、萵苣來自咼國、故名咼菜。隋人酬之甚重、故亦名千金菜、剝皮生食。清脆美味。醃食其薹曰萵筍。有去葉及皮。寸切過熱湯。加薑油糖醋拌食者。學圃餘蔬云萵

八十九　暴斯登市產種

苣盛銷於京口。鹹食清脆。新鮮煑食。味亦美。李時珍謂萵苣不宜煑食。說未盡然。

九十　科白司種

九十一　台負市產種

第六　苦苣　菊萵苣　學名 C'chorium endivia, L

英 Endive. 德 Endivie. 法 C'icorée endive. 日ニガヂサ

性狀及原產地　最初野生於地中海沿岸。改良栽培。日就進化。迄乎近世。其價值與萵苣相埒矣。屬菊科二年生草。好輕軟而濕潤之土壤。耐寒力不强。在冬期不宜露地栽培。

栽培法 （一）播種。播種自五月下旬至七月下旬間下種。直播或移植。視品種而定。闊葉種宜直播。碎土塊混腐壤作畦。間隔六七寸。薄播薄覆。發芽後。常整株施水肥。作幅二尺之畦。株距一尺。卷縮葉種。先培養於溫床。更行假植一二次。定植株距八寸。施水肥。促成長。採收前。摘下葉。包嫩葉。（用藁緩緩結束之。）經一二來復。葉軟化品質上進。

九十二 菊萵苣

苦苣爲採種用者。不論屬何品種。擇品性良好者。均在春季作於溫床。定植後之株距。闊葉種一尺六寸。卷縮葉種二尺。

品種　概分闊葉卷縮葉兩種。細別如左。

(1)綠卷縮種 Green Curled 葉卷縮。色深綠。質柔軟。美味。品種上等。

(2)闊葉培脫凡種 Broad Leaved Batavian 早生。大株。品性俱佳。

(3)美麗卷縮苔狀種 Fine Curled Mossy 葉卷縮美觀。

第七　野生苦苣 Chicory Cichorium Intybns L.

英 Chicory 德 Wilde 法 Chidoree sauvage

性狀及原產地　歐洲原產。法國野生者甚多。葉長。根出。色深綠。缺刻淺。性狀略似蒲公英。惟花之形色大異。花梗長達二尺餘。頂端分歧。生毛茸狀之花。呈青藍色。美麗可觀。種子褐色。不多。根似牛蒡。味苦。非經軟化不能供食用。軟化葉有香味。可生食。乾焦之味等咖啡。好深耕輕軟之土壤。耐寒力強。

栽培法　寒地五月。暖地四月。行條播。畦平幅一尺。俟發芽成長時行培土。以堆肥木灰人糞尿魚粕等爲肥。培採種用者。於夏季栽植。生根。冬季備防寒具以保護之。翌春開花結實。及時採收。種子重一錢。約有二千六百粒左右。

第八　菘類(菜類)　學名 Sinapis Campest is,L,

英 Pickled Green　日ナルキ

性狀及原產地　東亞原產我國品種尤多二年生及一年生之植物也葉根出有結球性與不結球性之別高達二三尺色濃綠或黃綠有皺襞葉柄及葉之中肋甚發達厚肉而多汁春季抽花梗二三尺開黃花結蒴果蒴細長分二室內藏種子數十初夏成熟種子赤褐或黑褐色因品種有大小之別重一錢約一千八百粒至二千六百粒發芽期限約五年無論何種土壤均堪種植然欲養成良品則在稍形黏重肥沃多含有機質之土爲佳如結球性之白菜尤喜黏重氣候好寒冷

栽培法　品種既多散布又廣故栽培方法不能一律茲言概要如下(一)播種暖地九月上旬至十月上旬間行條播覆薄土被藁幹等以防乾燥寒地則在八月中旬至九月上旬間每畝種量約三四合播種後約四五日一齊發芽(二)間拔栽培菘類最要間拔間拔不周結果勿佳間拔得隨時行之以汰弱留强爲本(三)施肥除中耕灌漑時與養分外更以速效之補肥分數次施之肥料忌接觸幼葉觸之有損品質(四)採種選具備

特性者。移植暖地。爲留種用。至結球種。因抗寒力弱。當以藁或木葉等蔽之。以防寒害。抽穗之先。以利刃切開頂端成十字形。或切去三分之一。庶抽穗速而結莢易。五十畝面積內。不應有同科同種植物。防有雜交變種之弊。花初放時。摘其頂端。使結充實之莢。熟六七分。卽將菜自基部刈去。曝乾脫粒。每株種量平均可得六勺。

病害　根瘤病及白銹病。防除法。燒棄被害物。及近傍十字花科雜草。是項雜草。爲休眠胞子寄生之所。

蟲害　（1）青蟲。卽菜花蝶之幼蟲。（2）黑蟲。卽蕪菁蜂之幼蟲。此項害蟲。蝕害莖葉。使寄生枯死。驅除法以網或手捕殺之。（3）蚜蟲。驅除法。去被害葉。注健稻液及石油乳劑。（4）切根蟲。卽夜盜蟲之幼蟲。是項害蟲。生息地中。被害根株。驅除至爲困難。法宜於菜之周圍。撒布木灰除蟲菊等混合物。以悶殺之。（5）蛆蠅。一年發生一次。卵化爲蛆。蝕害根株。體長三分。色黃白。圓柱形。頭部不甚明晰。成蟲淡灰色。長二分。翅透明。張度四分。體多剌毛。防除法（一）在陰天以板黏油捕之。（此蟲在晴天甚活潑不易捕獲）（二）產白色之卵於菜之根邊。見則毀滅之。（三）用紙片注稀石炭酸或塗他爾汁於其上。置之根邊。又撒烟草末於畦上。使成蟲不敢近而產卵。(四)以石油乳劑。石油酸乳劑。或盆純。二硫化炭素少量注入根邊以殺蛆。

品種 品種甚多。茲擇著名者於后。

(1)山東菜 我國山東原產。莖扁而直立。葉厚。色淡綠。有缺裂。質柔軟。少纖維。味美。鹵藏煑食俱宜。九月中旬播種。能結葉球。惟在土質輕鬆之地。不能產良品。菘類中品質之最佳者。

(2)廣東菜 葉大。莖粗。適於鹽藏煑食。九月間播種。

(3)白菜 我國北部原產。莖色白。較山東菜短而粗。葉少缺裂。皺縮。色淡黃。質柔軟。栽培得法。亦能結球。播種期與山東菜同。漬煑俱宜。

(4)玉白菜 朝鮮原產。葉大而長。抱合成球。質柔軟。品種上等。九月間播種。

(5)小松菜 日本小松川村原產。栽培極易。可浸漬或煑食。播種期在九十月間。

(6)三河島菜 日本三河島原產。有青莖白莖二種。白莖早生。青莖晚生。均可作浸漬。而青莖尤耐貯藏。播種期在八九月間。

九十三

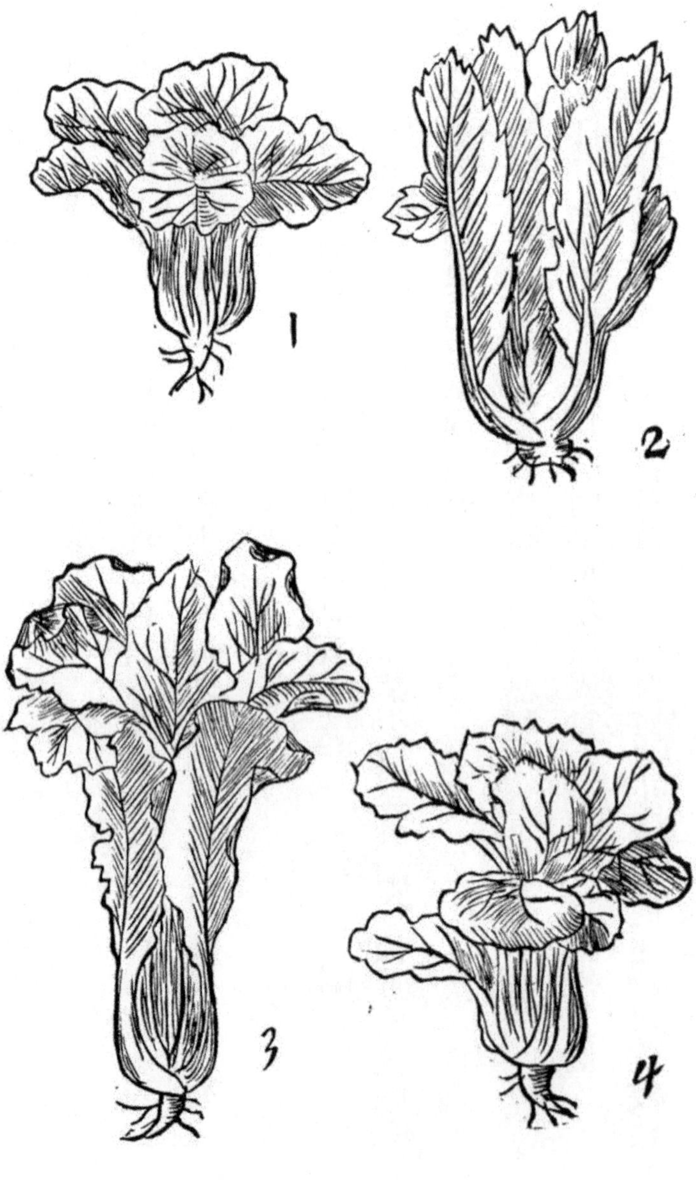

1白菜 2三河島菜 3山東菜 4體菜

（7）冬菜　冬期之重要蔬菜也。葉莖頗大。耐寒。不畏霜雪。食用法及播種期與小松菜同。

（8）體菜　我國原產。葉柄長大。葉杓子形或橢圓形。無缺裂。綠色。煑食鹵藏。俱美味。播種期在八月下旬至九月上旬間。他如長梗白菜。蠶白菜。大莖白菜。均屬此種。

備攷　菘即埤雅云菘性淩冬不凋四季常綠有松之操故字從草從松　白菜。於蔬菜中。占重要之地位。北地產者肥大。昔人謂北地種菘。旋變蕪菁。說殊不然。實係與兩物種子混雜之故。菘菜種類。除牛肚菘。葉大味甘紫菘。葉薄味稍苦　白菘。似蔓菁　春菘。晚菘。周顒傳秋末晚菘　外。尚有蓮花白。箭幹。鈴杵。臼白等名稱。芽黃白肥美無匹◎王世懋謂蔬中神品。洵不誣也。唐本草注。菘菜不生北土。非不生也。少見耳。南方菘種。多從燕薊攜歸。湖廣閩浙。所在多有。有呼張相公菜者。閩書謂張燕公自京攜種曲江　其味與黃芽菜北京人於窖中以馬糞培壅而成　等。菘以心實爲貴。如莖葉覆地者。北人謂之窮漢菜。亦曰帽纓子。品斯下矣。江右多菘。粥筍者。呼爲心子菜。因筍心虛而菘實也。見清異錄　根圓者療飢濟荒。功同蔓菁。見雒南縣志　北方人連根煑食。味亦微甘。李時珍謂根堅小不可食。殆專指一種堅小者言耳。旨蓄禦冬。見詩經　肉食無味。宋范成大田園雜興詩撥雪挑來踏地菘味如蜜耦更肥濃朱門肉食無風味只作尋常菜把供四時常蔬。舍此奚求。其分布區域。宜乎合南北而統中外也。按白菜以食鹽加入壓榨數來復或數月之久。風味別饒。此種調理。東西各國數見不鮮。如德國有酸胡瓜北京有酸菜等 據德國學者研究云。鹽漬物因有某種細菌 Brassiae. asepae. 繁殖。故能生成醋酸酪酸乳酸等酸類。因有酵母寄生。故生香味。惟因寄生之菌類不同。故鹽漬物之性質各異。欲風味上進。當於細菌學加之意也。

第九　芥菜　學名 Sinapis eeruha, Thunb.

性狀及原產地。　我國原產。爲冬期之重要蔬菜。有辛味。最宜醃藏。煑食亦佳。種子製成粉末。名爲芥粉。好溫潤肥沃之砂性壤土及冲積土。充實壤土次之。

栽培法　與菘類無甚差異。畦闊一尺五寸。九月下旬至十一月播種。發芽後行間拔。施水肥。閱一月或二月收採。

品種　(1)黃芥菜、醃藏煑食均宜。子實可製芥粉。(2)葉芥菜、莖葉闊大。最適醃藏。(3)白芥菜、稍帶辛味。浸漬甚宜。子實白色。製粉卽是白芥粉。

第十　大芥菜(高菜)學名 Sina is integrifplia Wild

性狀及原產地。我國原產。爲芥菜之一種。莖葉闊大。有辛味。性剛强。耐寒冷。醃藏最宜。煑食亦可。冬季之上好蔬菜也。好風土與芥菜大略相同。

栽培法　九十月間。設床地播種。整地。施堆肥及人糞尿作畦。幅二尺五寸。定植株距一尺。施水肥。行中耕二三次。翌春收採。

品種　有綠葉芥與紫赤葉芥兩種。

備攷　芥有靑芥。(一名刺芥葉大子粗毛柔味辣可生食)紫芥(莖葉純紫作虀最美)白芥(別名胡芥蜀芥來自西戎子堪作藥味極辛)南芥。旋芥。馬芥。(葉如青芥)花芥。(葉多缺刻如羅蔔英)石芥。(形低小)皺葉芥。(一名大芥味辛入藥)黃農芥。(矮小見上海縣志)佛手芥。(一名銀絲芥湖南稱拌菜莖細心扁)鷄脚芥等名稱。我國農家所常種者。祇兩種。一曰辣菜(葉肥大根小)一曰芥圪答(亦名大頭菜爲北京醬園之製品通銷直省)。南方芥爲常膳。王世懋以燕京春不老(芥名)品最佳。南芥與北芥色味大異。北芥多甜味少辣。色深綠。南芥適反。乎是蓋氣候風土之關係也。嶺表錄異謂廣州地熱。北人將蔓菁分種。長則變爲芥。此與前述昔人以菘能變蕪菁同一誤解。

第十一　水菜(京菜)學名 Si apis chinensis. L.

性狀及原產地　東亞原產。晚冬至春季。需用最廣。莖矮性。枝葉叢生。葉細長。質柔軟。稍

九十四　水菜

有辛味。醃藏浸漬煑食均宜。好含有機質並帶潤濕之砂質壤土。

栽培法　九月中旬播種。作二尺闊之畦。施堆肥人糞油粕等催促成長。發芽後。如嫌密生則行間拔。株間距離約一尺。追施水肥約二三回。採收期在十二月下旬至翌年二月。八月間由苗床養成者。生長三四寸時。移植本園。至十一月間可得收採。

品種

(1)早生水菜　莖葉繁茂。九月中旬下種。

(2)千筋京菜　晚生。莖葉細長。大株。叢生。九月下旬至十月上旬播種。

(3)壬生菜　形狀似千筋京菜。葉緣無缺裂。九月至十月初旬播種。

第十二　菠薐菜　學名 Spinac'a oleracea,L

英 p'nach,　德 Spi at　法 Epinard　日ハウレンサウ

性狀及原產地　原產地屬波斯。或云西域菠薐國。至十五世紀。栽培於歐洲諸國。屬藜科。矮性。一年生或二年生。生長甚速。葉廣大。根出。形或圓或尖。色濃綠或淡褐。葉柄長大。色淡綠或淡赤。根肥大。色亦赤。味甘。與葉均爲調理之用。氣溫上升時。從葉腋抽出花梗。高尺餘。色紅。花雌雄異株。種子有刺或無刺。有刺者曰有稜種。無刺者曰圓形種。發芽力均可保存五六年。好富水分之肥沃黏質壤土。低溫若於瘠地栽培。當施多量腐熟堆肥。（無堆肥人糞尿亦可。）

九十五　菠薐菜

栽培法　秋播於八月至十一月間。下種。作畦。闊一尺五寸至二尺。條播最適。撒播次之。覆土宜厚。每畝種量約三四升。播種後十數日發芽。芽後常行間拔。至株距留五六寸爲止。生育中忌乾燥。宜淺耕表土。施壅水肥。以防之。冬期妥爲防寒。翌春可得良好收穫物。一畝收量。因栽培有巧拙。不無多寡之分。其中數約二千斤。三月至五月間播種。是曰春播。措置方法同前。堆肥施得其當。生育迅速。花期遲緩。收穫期在花梗未抽出前。以下表示播種期。與收穫關係。

(甲)秋播

八月下旬播	十一月——一月上旬採收
九月下旬播	十二月——二月下旬採收
十月下旬播	一月——三月下旬採收
十一月上旬播	三月——四月中旬採收

(乙)春播

三月中旬播	五月中旬——六月上旬採收
五月下旬播	六月下旬——七月中旬採收

品種

(一)有棱種 Prickly Seeded. 性剛強。耐寒氣。野生種。宜秋播。葉狹長。葉柄呈淡赤色。(如葉短大而尖。頂端呈濃綠色。生育繁茂。收量豐富者。係西洋種。)

(二)圓形種 Round Seeded 春秋二季。均可栽培。歐美諸邦多種之。葉圓形或長圓形。呈濃綠色。葉柄比較的短。品質劣等。

備攷 菠薐嘉祐本草始著錄。劉禹錫謂其來自西域。菠薐頗陵(西域地名)之轉聲也。閩中記以葉如波紋有薐言亦有理。按菠薐生北方者。爲竹菠薐。莖長味爽。生閩中者。爲石菠薐。莖短味甘。南方四時不絕。以早春初冬產者爲佳。北地窖生。色碧質脆。黑龍江菠薐。厚勁如箭鏃。正可擬以鐵甲。(東坡有雪底波薐如鐵甲之句)

第十三 茼蒿 學名 Ch ysanthemum coronarium,L, 日シユンギク

性狀及原產地 我國原產。三百年前。傳入日本。莖肥。葉綠色。爲有缺刻之複葉。自葉腋生多枝。性橫繁。莖葉供羹食用。香味極強。春開黃花。子小。色褐。屬菊科。三年生草本。好肥沃富水分之黏土。

栽培法 播種分春秋二期。春播者。三四月頃。選圃地。施堆肥。造畦下種。經二個月收採。秋播者於十月頃播種。冬日覆藁禦寒。翌年早春。得以收採。

第五章 花菜類

植物之花蕊。可作蔬菜者。是曰花菜。多屬十字花科。就植物發生上言之。花係葉之變形。則此類謂花菜可。謂葉菜亦未嘗不可。譬如甘藍葉菜也。花椰菜花菜也。其幼苗時代頗相類似。迨各生本葉五六片。見之雖不無差異。（甘藍葉柄短•圓形。花椰菜葉柄長。葉面稍狹。先端尖。周圍有鈍鋸齒之缺刻者多）要皆屬於十字花科。因人類之好尙需要部之競行改進。始有茲同源異流之結果也。試述其主要者於左。

第一　花椰菜　學名　Blassica oleracea Botrytis,D.C.

英 Cauliflower.　德 Blumen-kohl　法 Chou-fleur　日ハナハボタン

性狀及原產地　原產地與甘藍同屬歐洲。或名花甘藍。原爲甘藍之一種。屬十字花科。二年生。花蕊嫩時。可供食用。或煑或漬。味俱佳美。價値亦高。西洋蔬菜中之貴重品也。花椰菜於春夏秋三季均可收穫。爲他蔬菜所不及。好水分多之砂質壤土。又灌溉便利之地。宜連作。輪作次之。（輪作年年易地。花蕾有劣變之虞。春播者受影響更顯明易見。）

栽培法　播種。因品種不同。有春播秋播之分。（1）春播。春播者於四五月頃下種床地。多灌水。催促發芽。至六七月間。移植本圃。畦幅三尺。株距二尺五寸。中耕除草諸事相機行之。

(二)施肥。需肥量極多。與甘藍同。堆肥須腐熟。補肥以人糞尿魚粕豆粕等爲適。

(三)收穫。秋晚則花蕾初生。摘葉包之。以避日光。而保花蕾之色澤及品質。花將開放。卽

九十六　花椰菜

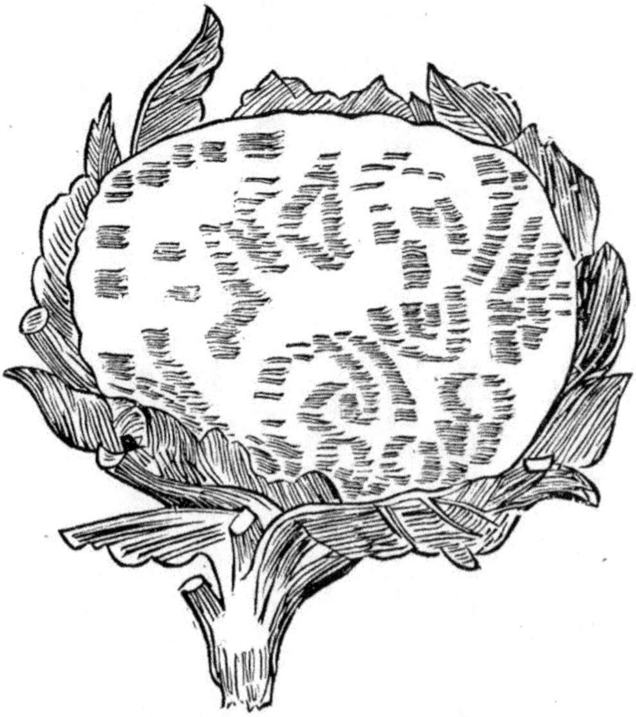

帶三五葉收採。(2)秋播。秋播者。九月中旬以腐熟之堆肥與腐壤混和。整理床地。然後下種。應行諸事。與春播同。發芽後以氣候漸冷。則設法保護。或以草藁等遮蔽。(或移植於木框。惟日中仍令陽光注射)越冬。自三月下旬至四月上旬。移植於預定之本圃。移植一月後。發生花蕾。管理收採之法。亦與春播同。在早春由溫床播種。俟生四

五葉。移植本圃。至夏初可得收採。栽培法同前。

病害　害甘藍及其他十字花科之病菌。亦害花椰菜。特花椰菜罹此病尤覺不堪耳。初被白黴寄生。如有所見。速拔去被害部燒却之。以防傳染。

蟲害　害甘藍萊菔等十字花科之螟蛉烏蠋甲蟲等。亦害花椰菜。防除法見前。

品種　品種雖多。皆相類似。不易分別。茲就葉之形狀。與生蕾之早晚。抽蕊之疎密。舉其著名者數種於左。

愛爾其林晚生種 Late Algerian.　爲晚生種之最佳者。花蕾極大。

雪球狀早種 Early Snow-ball. 身矮早生。性剛强。宜秋播。花蕾雪白緻密。品質良好。於狹小地積栽培之。甚爲適宜。

愛爾芬矮種 Erfurt Dwarf　矮性。花蕾易生。軟化白如雪。品質緻密。法國早生種中之善品也。

巴黎早種　Early Paris.　早生。適春播。花蕾肥大而緻密。易軟化。色白。品良。葉稍廣闊。

秋季晚生長種　Anlumaal Late Giant　形如木立花椰菜。花蕾肥大緻密。色白如雪。葉大帶皺紋。色濃綠。如自護花蕾而生。四五月播種。至十一月採收良種也。

第二　木立花椰菜　學名 Brassica oleracea botrytis, L.

英 Broccoli.　德 Broccoli, Spargel-kohl　法 Chou brocoli.

日キタチハナハボタン

性狀及原產地　原產地屬伊大利。故亦名伊大利甘藍。二年生。由野生甘藍改良。其花蕊密茂。世多與花椰菜同種視之。詎知其生態有異。此菜莖長。葉柄亦長。葉數多而直上。至花蕾發生時。已高達一尺五寸。性耐寒。品質稍劣。用途與花椰菜同。即切去花蕾。包以布巾。加食鹽少量。入熱湯中二十分鐘（過久有損香味）取食。或和湯或醬酢亦可。性狀亦類花椰菜。好深耕肥沃之土壤。

栽培法　四月頃種於冷床。俟生葉三四枚。移植於本圃。本圃整地之法。與甘藍同。（詳見前）因其葉片鉅大。株距當在一尺六寸至二尺。生育中中耕除草灌水諸事均須施行周至。惟爲催促花蕾發育。抑制莖葉徒長起見。則堆肥宜少用。晚秋花蕾抽出。摘下部之葉包之。使起軟化。花將放。帶三五葉採之。作用與花椰菜同。

病害　與花椰菜同。

品種

(1)法國早白種 White Early Erench. 花蕾大色白品佳。

(2)華爾肯林白種 Walcheren Wdite. 花茂密色白品質與前種不相上下。

(3)紫披肩種 Purple Cape. 早生花蕾大帶紫色品味佳適於寒地栽培。

第三　朝鮮薊　學名 Cynara Scolymus, L.

英 Articnoke. 德 Artischoke 法 Arichat. 日テウセンアザミ

性狀及原產地　地中海沿岸原產爲菊科之宿根植物最初野生經人工栽培逐漸進化遂有今日之結果葉大有缺刻表面白綠色裏面生短毛白色莖長三尺以上根似牛蒡中央抽花莖生數個多肉花藍色花與花托及新芽（風味似石刁柏）皆可食惟花發日久則硬化不適於供食用是宜在將放時收採切成豆粒狀投諸湯中熱之（熱度加至蕚片易剝落爲止）味極可口土質無所好惡就實驗所得自以稍肥沃之土壤爲宜。

九十七　朝鮮薊

栽培法　繁殖法。分株或播種。因其分蘖數多。似以行分株爲便。若以種子繁殖。則在四月頃設床地。畦闊一尺。株距三四寸。翌春定植。冬春之交。氣候寒冷。自力不能抵禦。設防寒具以保護之。

品種

(1)綠長球種 Giant Green Globe. 易栽培。花大。味美。品質優等。

(2)瑯羅惠賓耶種 Gros Vert de Laon. 法國巴黎附近地原產。草勢健全。耐寒力強。莖高末及三尺。葉有光澤。綠白色。葉柄赤。花蕾肥。形扁。萼片多肉。向外翻。

(3)精選大綠種 Selected larger green. 葉厚。有刺。花蕾球形。自一莖叢生數個。朝鮮日本。

栽培甚廣。

（4）堪姆竇勃來地Camus de Bretagne 草勢茂盛高達數尺。花蕾肥大成球形。色綠。頂端色紫褐。

第四 欵冬（蕗） 學名 Petasites japonscus Mid. 日フキ

性狀及原產地 日本原產。有野生者。性剛强。耐寒。莖長五六尺。惟其品質不稱。此種蔬菜各部分。均可供食用。與蘘荷同。在蔬菜學上之地位。爲花菜類。可爲葉菜類亦無不可。花蕾白色。於初春簇生。有芳香。並帶苦味。菊科中之宿根

九十八　冬

草也。無論土質肥瘠。氣候寒暖。均得良好生產。其實以輕鬆溼潤之土最宜。

栽培法。種子繁殖發育遲緩。是不足取。宜行分根法。分根法即掘匍匐莖。切斷作片。片留二芽。於五六月間整地作闊二尺五寸之畦。栽植之可也。入春發芽前施腐熟堆肥人糞等。三四月間。便得良好收穫。五六年後。根株蔓延。收量漸減。再行根株更新法。

蟲害。葡萄葉蟲之成蟲害葡萄。亦害欵冬。長一分六七厘之小甲蟲也。雄者色黑。頭部扁平。胸部圓。翅鞘赤褐。有多數暗色縱線。六月間食害葉片。驅除法適用菘類害蟲之黃條蚤蟲。

品種　欵冬爲副食物之一。因其品位列嗜好之列。故種植不多。舉一二於次。

(1)秋田欵冬　葉莖頗大。葉柄可作蔬菜用。或作糖製品。

(2)水欵冬　一名白欵冬。莖淡綠色。大不及前種。纖維細軟。無苦味。葉柄美可茹。

(3)八頭欵冬　莖短色綠。品質中等。因花蕾多。故栽培廣。

第五　蘘荷(茗荷)　學名 Zingiber Mioga, Rsc 日メウガ

性狀及原產地　我國及日本原產。多年生。莖葉似薑。葉大淡綠色。株强健。畏寒。在暖地

能經年不腐敗。春季五月頃發芽。九月頃生花蕾。俗稱其花曰蘘荷子。有一種芳香。味亦辛亦甘。故亦可爲香辛料。用近者以春季之嫩芽軟化之。稱蘘荷竹。以供食用。需要頗廣。然此爲一種早生種。若不取嫩芽。任其至六七月間生花蕾。是時香辛料缺乏。價値正貴。農業經濟家盍其圖之。好溼潤空氣肥沃黏重土質。常栽植於樹間或菜園之一隅。亦能生育良好。

栽培法　(一)繁殖。繁殖用株分。株分法。以地下莖留四五芽。切斷定植。一畝種量約百餘斤。(二)施肥。肥料以堆肥木灰爲主。圖根株發育。則多施下肥。(三)軟化。軟化嫩芽有二法。(1)露地軟化法。甚簡易。卽覆土草藁礱糠等於場圃。使嫩芽軟化是也。行此法栽植時定畦幅株距宜闊。(畦幅三尺株距二尺)否則年年行之。二三年後株根錯雜。地力亦盡生活無餘地矣。(2)軟化室。行此法親株當

九十九　蘘荷

從苗莖養成。移植時定畦幅二尺。株距六七寸。至冬搬入軟化室可也。按茲二法。後者手續較費。前者結果不佳。權其重輕。甯取後法。秋深氣冷。莖葉枯黃。不論以露地或非露地軟化。均實行從事。惟露地軟化。隔三年須換植一次。其方法先掘畦上舊根。加塵埃或堆肥等。翌年自其殘株發芽。鬱茂如初。

備考　說文。蘘荷一名蒚(音福)。租子虛賦作猼苴。漢書作巴且。爾雅釋草。蒚。蒚蒚。葉大。根如指。白可啖。顏師古云。根旁生筍。可以爲菹。古今注。蘘荷似蒚苴而白。蒚苴色紫。花生根中。花未敗時可食。久置則爛。湘中呼此爲薑花薑筍。(按蘘荷莖葉如薑薑荷之名或由此得)亦呼陽藿。黔呼陽荷。陽爲蘘之轉音。準是而談。肥苴蘘荷是二而一。已屬明而有徵。我國栽培固已歷時久遠。或謂此係日本特有之蔬菜。殆亦數典忘祖者歟。黔志云。陽荷葉似薑而肥。根似薑而瘦。夏時根傍發苞如筍。籜色紫。籜析有纖筍十餘枝。花開似蘭。色紫。花三瓣。一大二小。其跗有嫩籜。反卷如花瓣。色淡黃。湘中摘其筍并花。與薑芽醃食之。味辛。辰谿志載里諺曰。八月陽藿拌紫薑。廣西志。洋百合。形如百合。色紫。與薑同。又曰洋百合卽蘘荷。按此之所謂蘘荷。其種傳自外洋。與本節所言者稍有區別。

第六　食用菊(甘菊)　學名 Chrysanthemum Sinense Sab.　日　料理菊

性狀及原產地　東亞原產觀賞用者變種極多食用者變種極少普通食用種有黃色中輪與紫色大輪之二種宿根葉橢圓有缺刻互生色濃綠分枝極盛花小重瓣生芳香味甘中帶苦新鮮時投諸溫湯爲飲料用或蒸乾之爲調理用。

栽培法　(一)繁殖三四月頃掘起舊株採其生於根際之小芽植諸園地作苗圃地先耕熟隔二尺設植溝距一尺五寸定株穴(二)摘心與花定植後苗長三四寸摘心閱二三來復發育極盛花蕊簇生則摘其幾部使花輪生育肥大(三)施肥一畝地約用堆肥一千二百餘斤油粕四十餘斤俟苗長二三寸行中耕施肥過二三來復施人糞尿六七百斤(四)收藏花瓣因市場之需要得隨時收採之採畢割去莖葉留根地中預爲翌年之苗在寒冷地方則掘而藏諸室中。

品種

(1)普通種　色黃輪小味甘香氣不足品質中等。

(2)阿房宮種　早生色黃輪大(直徑有達五寸者)係黃寶珠之變種芳香美味可

食用亦可賞玩。品質爲各種冠。

（3）晴嵐種　晚生。色紫。輪大。與前種相似。煮而乾貯。色減褪。醋漬。色增豔。

第六章　香辛類

此類植物。屬蘘荷科、茄科、唇形科、十字花科、未能統一。其需要部。爲莖。爲根。爲葉。爲花蕾。爲果實。雖各不同。要皆含有辛味香氣。可供種種調理。對於人生營養。有無價值。姑置勿論。然能刺激神經。助消化。以增食慾。可斷然也。西人分味爲鹹、苦、甘、酸、亞爾加里、及金屬六種。日本分爲鹹、苦、甘、酸、澁五種。中國亦分爲鹹、苦、甘、酸、辣五種。分法雖多而無一定。惟眞味只鹹苦甘酸四種。餘者不過味神經與觸神經混合之感覺耳。調理食品。既以改良風味。愉快神經爲主旨。則香辛類之蔬菜尚矣。

第一　生薑　學名 Zingiber Officiale, Rose

英 Zingi er·德 Ingwer 法 Zingembre　日ハジガヨミ

性狀及原產地。　原產地屬東印度。中國自古栽培甚廣。日本得此種亦久。歐美諸國栽植無多。常仰給於東洋。薑宿根性。根莖稍扁平不規則。色灰白或黃。含有枯魯枯明Gurcu m·n G14H14O4之黃色素。及一種揮發性油。其香味甚爽。可爲漬物及香辛等料。醫藥上作發汗劑。治感冒風寒諸小恙立效。西洋常以乾薑爲某種飲料水（老薑汁大麥酒）等之原料。好溫暖氣候。與芋類同。其適宜土質。因用途而異。如採用乾薑者。宜砂質土。作蔬菜用者。宜黏土及腐植質多之壤土。並常得適量之水分爲要。惟過於黏重。亦非所宜。當擇地勢稍高燥者。斯出品良好。

栽培法　（一）播種。生薑爲用甚廣。在溫暖地方。栽培得法。有新薑冬薑軟化薑等。得統年供給不乏。播種期在四月中下旬。不宜過早。早則罹霜害。祇恐種薑腐敗。畦幅視採收之早晚而定。早採者畦幅尺五至二尺。株間六七寸。每畝種量約七百餘斤。晚採者畦幅二尺。株間尺五。種量二百四十餘斤。種子貯自前秋。完全者一株重量約一兩五錢。栽植之深入土二三寸。閱一個月發芽。（二）管理七月間發生髓蟲。莖葉如現枯彫之狀者。亟去之以防傳染。夏季旱患。亦礙薑之生育。須厚敷草稈以預防之。（三）施肥肥科用堆肥木灰燐酸質等。人糞尿不宜多用。多用則葉莖繁茂。根部瘠弱。辛味因之減少。（四）收獲及貯藏收獲自八月始。至十一月初霜終。早收量少而價高。可行後作。無往不利。晚收量多而價低。（若漬用之時未去獲利亦自非細。如時已去。塊莖硬化。失其蔬菜之價值。僅爲乾薑或種薑之用。則損益未可知矣。）損益未易預定。製造乾薑。每畝平均收量爲二千幾百斤。乾燥后作二成計算。約四百幾十斤。每斤價五分內外。一畝可穫二十餘圓利益。雖年歲豐凶不免有異。概例固可知矣。種薑以根莖緻密發育者爲上。俟十分成熟降霜一次。卽行收採。收採后揀品質完好者。切去其莖。於溫暖鬆燥之地。穿穴藏之。然選擇位置頗難。有名產地貯藏所不過一二。或倂一二而無之。卽不得不購自遠方以爲用。茲記日本鳩谷地方之貯藏所於後。

造貯藏窖之地。表面雖爲腐植質壤土。而其中心必須求赤色黏重土。（有此土質雨水方不至浸入。卽降深一二丈。亦仍乾燥）得如此地質。向南先爲深一丈。方二尺之垂直縱穴。底部掘高二尺。幅二尺之橫穴。由橫穴漸進漸廣。幅五尺。高五尺。進至九尺之深。卽成窖室。室內土砂宜乾燥。以手握不致黏結者爲度。貯種薑。接着先後壁部。使平服。被土四五寸。再積之。更被土。再三疊積。一窖可容六百斤。窖內堆置已滿。底部孔穴開放數日。使內部空氣飛散。否則有醱酵腐敗之患。其后因寒氣增加。積草於諸孔。以防外氣浸入。

上部窖口常施覆蓋。以禦雨水。

品種

(1)大薑　中國原產。晚生。葉長大而數少。根莖肥大。表皮平滑。呈黃褐色。肉黃白。品質粗。辛味少。宜糖製而不宜乾製。

（一百）生　薑

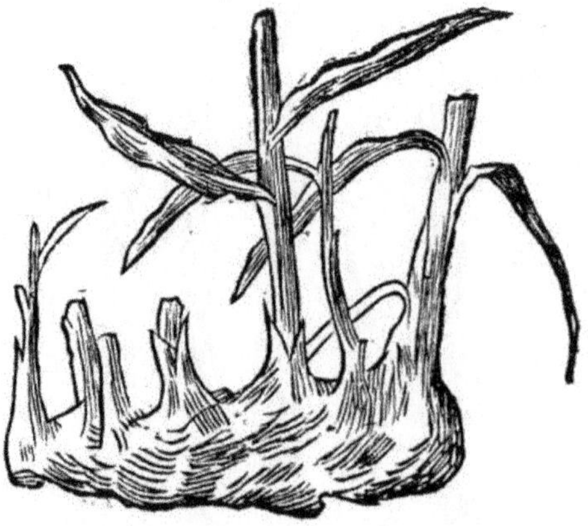

(2)中薑　日木愛知縣產。塊莖黃而肥大。肉色鮮黃。汁多質軟。宜漬用。芽部稍紫。爲其特徵。

(3)黃薑　產地同前。葉小而數少。根莖稍瘠。鮮黃色。肉稍黃白。辛味不烈。

(4)金時薑　爲日本靜岡縣特產。葉細而數多。塊莖淡紅褐色。葉之附着部。含深紅色。瘠小而肉質緻密。辛味頗強。水分稍少。最宜乾製。

(5)近江薑　晚生。塊莖淡白。形大。葉少。

(6)窩卡及卡野種　均產於日本谷中地方。前者最早生。根莖灰黃。形中等。辛味不強。

採新鮮者爲食用。

備攷　爾雅翼說文曰、薑禦溼之菜也。呂氏春秋云。和之美者。有楊樸之薑。（楊樸地名在西蜀）孔子不徹薑食。蓋以飲酒食肉。不可不有草木之滋也。薑桂因地而生。不因地而辛。（宋玉云）辛味之强弱。雖因品種氣候土質等而異。亦因味感之不同。而有高低之分。薑桂之性老而愈辣。江湖人茹之。飲之。咀嚼之。非此不能勝食。食蓼不知辛。殆有須臾不能去者。東坡詩云。先社薑芽肥勝肉。此雖詩人形容之詞。不足爲證。而習慣能轉移味感。要爲不易之論矣。陶隱居謂久服薑少智少志。傷心氣。本草本經言久服通神明。去穢惡。一物焉而言人人殊。口之所嗜。固自不同。物之所賚。初非有異。二說自以本草經爲足靠。諺曰、養羊種薑。子利相當。史記云。千畦薑韭。其人與千戶侯等。蓋爲和、爲蔬、爲果、爲藥用、芽用、老用、乾用、炮用、汁。其效用固甚廣也。魏志云。倭國有薑。不知爲滋味。今則大非昔比矣。醫學精而藥學隨之。薑製品之輸出。且遠及歐美也。還顧吾國。其謂之何。

第二　蕃椒　學名　Capsicum longum L,

英 Pepper　德 Pfeffer　法 Piment　日 タウラシガ

性狀及原產地　原產地屬南美。由蒲羅梅氏發見於買累地方之荊叢中。其他植物學家。亦嘗於南美亞買叢河畔及祕露等處採集。迨十六世紀。輸入歐洲。西班牙需要最多。后自法國至伊大利。輸入日本。不過三百餘年。新舊兩半球之熱帶地方栽培甚廣。多年生。在溫帶則變爲一年生。草勢繁茂而矮。葉細長平滑。無缺刻。葉柄細長。自葉腋部常生側枝。生白色星芒狀小花。顆有長角狀。圓錐形。紡錘形。不正形等別。未熟時濃綠。成熟則變赤黃紫諸色。顆皮及種子。有刺激性極烈之辛味。此乃蕃椒之特性。其主要成分。與胡、椒同。爲自披配林 Piperire （$C_{17}H_{19}NO_3$） 與炭水化物混合之揮發油。種子扁平。色黃白。一錢有五百五六十粒。在溫地常利用其辛味爲發汗劑。寒地於冬季作食用。以助內熱。各國需要頗多。食用法有種種。未熟時與嫩葉共採。供煮食鹽漬之用。製茄子胡瓜萊菔等漬物。入以蕃椒熟果。美味倍增。或鹽漬而爲紫蘇卷。其乾燥品與種實共碎。製爲藥用。或浸出其液。爲調味劑。蕃椒發芽時。需溫頗高。惟在生育期中。頗有抵抗霜害之力。好腐植質多之砂質土。而排水良好者。

栽培法　（一）播種。與茄子同。在三月間下種溫床。至本葉發生一二枚。移植於他溫床內。株距每隔二三寸平方至五月中下旬。定植於本圃。(二)施肥。肥料需堆肥。魚粕。人糞尿等之氰質。木灰亦不可少。前作以麥類爲宜。畦幅二尺。株距八寸至一尺。六月間開花。八九月成熟。(三)收穫。供蔬菜或漬物用時。以辛味弱者爲貴。故宜擇大顆未熟者。若爲辛香料則以顆小者。待其成熟採之。斯辛味强而色澤佳。可用採獲小顆。勞力孔多。如八房種作三次採收。鷹爪種更小。俟其將熟。拔取根株。乾於通風之處。農閑時摘採之。手續甚爲簡單。在蔬菜用大顆種。須於未熟時順次一一採穫。勞力雖費。代價亦高。聞日本京都附近。每一畝地粗收入可達七十元左右云。

品種　蕃椒。因種實之大小。與辛味之强弱。有種種名稱。玆舉其重要者於左。

(1)八房種　果小而細長。成熟時色鮮赤。一花序上生花實八個。故有八房之名。辛味强。產量豐。適於作調味劑。

(2)日光種　果形比前種稍粗而長。有達五寸以上者。辛味不强。

(3)鷹爪種　形甚小。似鷹爪。果向上叢生。辛味甚烈。賞用極廣。

(4)金柑形種　由前種改良。莖葉細長。枝條繁生。果實圓小。辛味頗强。熟則爲橙黃色。

（5）獅子形種　莖葉大。果實赤大形。圓面有凹凸。熟則色赤。辛味不强。

（百〇一）日本蕃椒

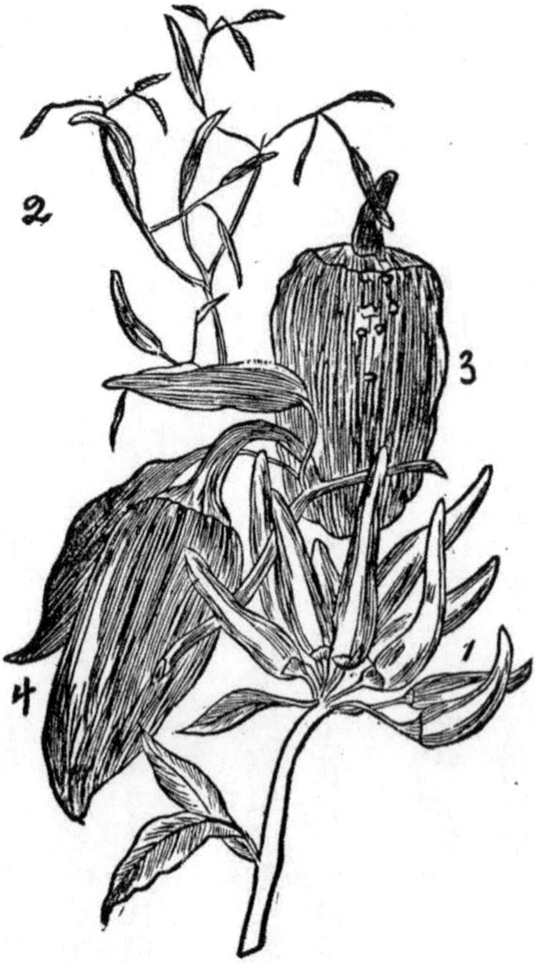

（1）八房種
（2）鷹爪種
（3）獅子種
（4）烏帽種

（6）佛手柑種　莖葉大。果比前種稍長。面有凹凸。辛味弱。有赤色橙黃色二種。

（7）烏帽子種　莖葉似前種。果實較大。頂端稍尖。辛味弱。熟則鮮赤。

（8）西班牙大形種　large Spanish　木立性莖粗勢稍虛弱。葉廣大粗生。顆黃色。圓筒

百〇二 西洋種蕃椒

形。頂端稍細。形狀偉大。長五寸。直徑三寸餘。辛味比前種强。香氣亦多。好溫暖氣候。（百〇二圖1）

（9）紅櫻形種 Cherry, 果小形圓。色赤辛味强。（百〇二圖6）

（10）赤茄形種 Tomato Squbed. 果大形圓。肉厚色赤。味爽。不甚辣。（百〇二圖3）

（11）大形種 Monstrus. 果圓錐狀。肉厚現赤色。辛味不强。（百〇二圖4）

備考 蕃椒俗名辣椒。尙有花椒、大椒、秦椒、川椒、崖椒、胡椒等。或同物異名。或異名同物。名目繁多。莫可究詰質言之物以椒名。必具一種特別辛香氣味。可斷然也。湘贛黔蜀諸省。栽植之以供蔬用。種類不一。有柿子筆管朝天諸名。遵義府志。蕃椒通呼海椒。一名辣角。長者曰牛角。仰者曰纂椒。味尤辣。柿椒或紅或黃。味辣不可口。蔬譜本草。皆不載。惟花鏡草花譜。載蕃椒叢生。花白。子似禿筆頭，味辣色紅。甚可賞觀。

第三 旱芹菜 學名 Aprium Petroselium

英 Parsley 德 Petersilie 法 Persil 日オランタセリ

性狀及原產地 歐洲南部。及地中海沿岸原產。然今猶有自生於美洲亞爾極利亞 Algelia 及來排儂 Lebanon 各地者。其栽培起源自十六世紀。始輸入英國。實在一五四八年云。其前僅供藥用。不供蔬用。爲繖形科二年生之矮性植物。野生者形似胡蘿蔔。有濃綠色複葉。迨改良淘汰。其葉卷縮。有深鋸齒狀之缺刻。含香氣。可生食或煑食。花梗二尺餘。上端分歧。羣生繖形花。花小。淡綠色。種子灰褐。爲微細圓筒形。一錢重有一千餘粒。一合約二兩四錢。能去某種肉類之惡臭。有利用其香氣與他物共煑。爲調味劑者。形態似日本之野蜀葵。種易變。有根部發達。爲胡萊菔狀者。德國栽培最多。十數年前。自雜草中亦有發見。漸次改良。而成新品種。夏時炎熱。欲得柔軟生葉以供蔬用。是宜選水多土冷之地栽植之。然排水不良。根易腐敗。亦應注意。性耐寒。寒傷甚少。惟冬季欲使發生新葉。

不可不採掘根株入溫床保護。

栽培法　三月間直播或移植。畦幅二尺。株間一尺。發芽遲緩。有至三來復之久者。宜灌水以催促之。發芽后需氰肥頗多。中耕注水諸事。亦不可忽。生育極速。下種後四閱月。即得依次採穫。摘葉自外部及於內部。雖至冬季。尚得穫取。或於六七月間播種。其結果亦同。

品種　栽培之紀元新。故其品種不多。茲舉著名者於左。

(1)廣葉種　葉濃綠而大。草勢强健。缺刻皺襞。均粗大。品質劣等。產量甚豐。

(2)矮性種　葉鮮綠。有極細皺襞。爲裝飾用。外觀甚美。

備考　旱芹爲楚葵之生於旱地者。爾雅芹楚葵注云今水中芹。按旱芹水芹。均屬繖形科植物。特其繁殖區域稍有不同。考其習性。尚好陰濕。當自水中原產。彼陸稻水種水稻陸種之試驗。有足令其古性復發者。吾於芹菜亦云。救荒本草謂食芹有二種。秋芹取根。色白。赤芹取莖葉並食。又有渣芹可爲生菜用。野芹以嫩白者爲佳。李時珍曰。斳當作蘄。後省作芹。其性冷滑如葵。故爾雅謂之楚葵。呂氏春秋云。菜之美者。有雲夢之芹。雲夢楚地。楚有蘄音淇縣。多產芹。見羅願爾雅翼蘄亦音芹。徐鍇注說文。蘄字從草從蘄。而諸書中無蘄字。似蘄亦宜作蘄也。或謂水英、野蜀葵、三葉芹、鴨兒芹皆其別名。其中有名毛芹者亦旱芹之一種。花黃有毒。宜注意。

第四 紫蘇 學名 Perilla nankinensis Dene

英 Perilla 法 Perilla de Nankin 日 シソ

性狀及原產地。 原產地在印度。屬唇形科。一年生。莖四方形。呈紫赤或綠色。高達四尺。葉形卵圓。周緣有小缺刻。對生。色與莖同。以其色澤命名者。曰赤紫蘇曰青紫蘇。以其縮皺命名者。曰縮緬紫蘇。紫蘇紫色素 Anthocyan 之成分。爲 $C_{14}H_6(OH_3)O_2$ 含愉快之香氣。爲吾人所嗜好。八月間莖端放唇形花。聚花序。總狀。色淡紅。結瘦果。葉與果實均宜鹽藏和梅實生薑。別饒風味。幼芽稱芽紫蘇。爲鮮魚肉之調製品。亦有供生食者。於冬春之際，行促成栽培法得之。價值頗貴。紫蘇之種實可以榨油。葉汁可以釀酒。土質氣候。無所不宜。畦側園隅。亦能繁育。惟耕度深堆肥多者。生育更爲良好。

栽培法 四月間作畦。幅二尺。條播。發芽後行間拔。保五寸株距。中耕除草補肥諸事。相時而行。入夏。發育迅速。凡百植物。罕有過之。植紫蘇以採生葉爲目的者。當於花前摘採之。以採種子爲目的者。當於完熟前刈取。使之風乾可也。此物行促成栽培。最有利益。法以種子撒播溫床內。發芽後。間拔至株距二寸。漸次收採。

品種

青紫蘇　莖葉綠。用度甚廣。採嫩葉、卷蕃椒、芥、山葵、梅乾等。鹽漬而貯藏之。是曰紫蘇卷。若於抽穗後。開花前刈取。（八月間花謝八九分時刈取亦可）而爲鹽漬糖漬或煮食。是曰穗紫蘇。

赤紫蘇　葉可鹽漬。沸諸湯。供飲料用。醃藏全葉於梅乾、甘露兒、薑等製造物中。色味俱佳。

備攷　本草綱目載。蘇性舒暢。行氣和血。故謂之蘇。曰赤曰紫。以色名也。紫蘇作藥用。有消痰潤肺止痛解毒之功。爲近世要藥。宋時評湯飲。以紫蘇熟水爲第一。（宋仁宗命翰林院議定取下胸膈浮氣也）赤蘇、桂荏、（爾雅蘇桂荏註云荏類）等種。種於肥地。面背皆紫。種於瘠地。背紫而面青。面背皆白者。曰白蘇。（荏也）可充饑。蘇、桂荏。湘人常茹之。名紫菜。烹魚獨得美味。蘇字從魚。其以此與李時趁合蘇荏爲一物。按荏在南方野生。北方種之稱家蘇子。可作糜作油。雀嗜荏。故亦名荏雀。紫蘇各地栽培甚多。性辛竄。多食損人眞氣。製爲蔬果。稍就平和。若與薑梅茭白和糖醃之。其酸甜之味。刺激神經。吸聚腺液。有解煩渴助消化之益。似亦可代茶葉咖啡諸飲料矣。此外尚有花紫蘇。囘囘蘇。其形性頗相似。殆同科之異種歟。

（百〇三）山萮菜

（百〇四）山萮菜大根

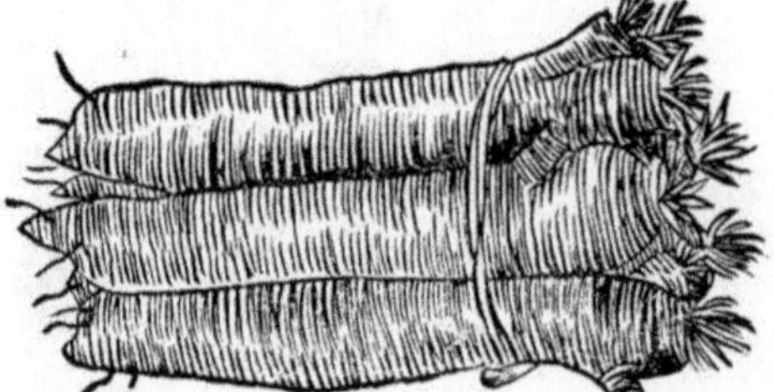

第五 山萮菜 學名 Cochlearia Armoracia, L,

英Hsrse rad'sh 德Kran. 法Raifort Sauvage 日ワサヒダイコン

性狀及原産地。 原産地屬歐洲。爲十字花科多年生植物。惟其根株因年齡增大。質遂硬化。故作蔬菜用者。每年採收之。假作爲一年生可也。根長圓形似牛蒡。外皮稍粗鬆。色黃白。肉白。有强烈辛味。更有香氣似萊菔。葉自根出。長卵圓形。有缺刻。葉柄長。色澤鮮綠有光澤。第一葉較餘葉特爲細長。春季抽二尺餘花梗。頂端分歧。花白而小。莢細而圓。成熟者無多。好寒冷氣候。肥沃土質。

栽培法 每於冬令。以無用之側根如筆管或指節大者。束而藏諸土中。翌春斜插土內。深入二三寸。尖端向下。事前先應深耕作畦。幅二尺。株間一尺。因發芽及生育均遲。故畦間可種早生甘藍及甜菜等。爲間作利益。倘發芽早。與間作物不免有衝突時。則切去芽端。（芽切去二三次亦無害）夏間注意除草中耕補肥諸事。秋霜初降。即行收採。斷片殘株。發芽甚速。翌年變爲雜草。於農事有損無益。是宜仔細採掘之。根洗淨。以六株八株爲一束。西洋各國需用日繁。辛香料中之重要品也。

備考 救荒本草云。山萮菜生密縣山野中。苗初搨地而生。其葉柄背圓而面窳。葉似初出之冬蜀葵。葉緣有鋸齒稍葉頗小。味微辣。我國常以苗葉作蔬。習慣已久。其用法卽將苗葉煑熟。換水淘淨。用油鹽調食是。

第六　濱防風　學名 Phellopterus littoralis, Fr, Schm,　日ハマバウフウ

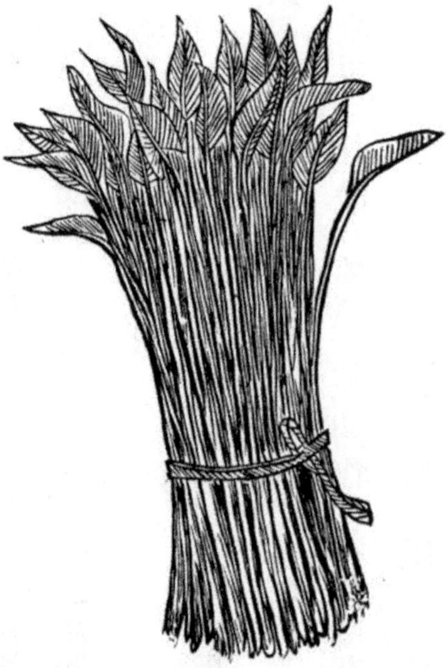
（百〇五）防風

性狀及原產地。　生日本海岸。爲繖形科宿根植物。據牧野氏云原產屬中國。自享保年間入日本。根黃白色。形長似波羅門參。葉小。色濃綠。爲短羽狀複葉。有辛味香氣。嫩芽時美麗紅紫。故名珊瑚菜。生花梗尺餘。花小色白。序若繖狀。至八月成熟。發芽年限二年。葉作香辛料。酢漬之。味亦美。根作醬製。甚耐貯藏。好肥沃鬆土。

栽培法　濱防風多野生於海岸。繁殖法卽採野生者植諸需要地附近之旱地可也。若爲精工之栽培。則作畦幅尺五寸。至四月上中旬條播。發芽後。爲相當間拔施水糞。極易

發育。九月間葉莖可達尺餘。然如此生長者。尙恐質硬而香味不佳。當行培土軟化法。增其辛味香氣。經軟化後。呈鮮紫紅色。外觀甚美。普通軟化法。秋季刈取莖葉。長一二寸。掘株入軟化床。經二三來復。取用。

備考　防風（本草防者禦也其功療風故名）有茴芸茼根（本草其花如茴香其氣如芸蒿茼蘭）等名。齊州龍山所出產者最佳。淄青兗次之。今汴東淮浙皆有。莖葉均綠。葉芽嫩時紅紫。嚼之極爽口。根大。土黃色。與蜀葵根相似。江淮所產。多屬石防風。生於山石間。二月採嫩苗作菜。辛甘而香。呼爲珊瑚菜。其根麤醜。作藥用。以色黃而脂潤。頭節堅如蚯蚓頭者爲佳。白色者多沙條不用。

第七　韭　學名 Allium odrum, L.　日ニラ

性狀及原產地　原產地屬東亞。中日諸國。栽培最古。亦有野生者。歐美尙未用作食品。爲百合科宿根植物。球部小。分蘗力强。質堅。外皮被細毛。不堪食。葉扁平而細長。質柔軟。呈鮮綠色。春季生長三四寸。刈之供食用。其辛臭不及他葷菜類。而芳香過之。混於米粥豆醬。香味愈美。進食慾。助消化。能使消化器起興奮作用。故吾人多嗜之。八九月間出細花梗。頂端叢生白色小花。種子至十一月頃成熟。

栽培法　栽培甚易。不拘何地。均能繁殖。故可利用崖岸場隅以廣種之。播種以子種或株分。任擇其一。春季作一尺闊之畦。分三列。每距四寸。植一二球。發芽後注意除草中耕補肥諸事。年內生育發達。翌春從事收採。(自根際切取)收採後卽施補肥。以恢復其勢力。一年可獲數次。如欲收種。於初夏採取二三次。任其自由繁茂可也。種韭閱三四年。舊株重積地中。勢力漸衰。生育不良。應行株植更新法以補救之。韭達適當長度。掘而入諸軟化室。則品味上進。獲利頗鉅。

備考　韭有豐本(曲禮韭曰豐本)起陽草、草鍾乳、(本草拾遺韭性溫補也)懶人菜、(爾雅翼諺曰以其不須歲種也)等名。說文解字云。一種而久者曰韭。以非止一次收穫也。生生不已之葉。在同一地上有長生韭之稱。其字音亦與久同。此古人名物象義之意也。莖名韭白。嫩葉名韭黃。(冬春間採之)花名韭菁。(秋後採之)供諸蔬饌。風味宜人。或謂此菜辛臭殊甚。煮食之便中滿。奇薰不如葱蒜。熟卽無氣。故爲養性者所忌。然獻恙祭酒。載在豳風。早韭晚菘。賞諸周子。(周顒傳)準是而觀。韭之爲物。對於人生營養。效用正多。奚可以含異臭而厚非之。許有壬(元人)謂其香跨薑桂。味及瓜茄。殆深辨韭之滋味者。北人慣食葱韭。(北徵錄北邊雲臺戎地多野韭沙葱人皆採而食之)孝文諸葛。出自親栽。(本草孝文)

（韭生塞北諸葛韭甚長李時珍謂卽山韭之一種）種植之法。土欲熟。糞欲勻。畦欲深。二月七月下種。先掘地作坎。取椀覆土上。從椀外落子。（卽輪播法）以韭性向內生。不向外生也。歲割八九次。冬日移根地屋（卽窖室）培以馬糞。或以籬席覆畦。捍禦北風。此皆與溫床栽培。附土軟化等法相吻合。至若收採種子。宜以銅鐺盛水。火上微煑。生芽者可用。否則棄之。此試驗發芽率之妙諦也。食事類書載。韭畦用鷄糞尤佳。五年根滿蟠曲不長。屆時宜擇膏腴之地分種之。此卽分株繁殖之法也。我國曩昔種韭之法。多與近世科學學理相符。藉非大利所在。曷克致此。

第八　葱頭　學名 Allium Cepa, L

英Onion　德Zwiedel　法Ognon　日タマネギ

性狀及原產地。　原產地在亞洲西部波斯附近。栽培已古。有香氣。易消化。富養分。歐美各國視爲重要蔬菜。輸入日本。爲時未久。近來需用已廣。產額日增。栽培者收利亦多。其風味與葱無異。所用部分。爲莖之下部。膨大如球。所謂鱗莖是也。葱頭種子發芽力甚弱。三年前者發芽無力。二年前者生育不齊。一年前者正適用。若購自市販。往往新舊混雜。當於溫床中試其發生力。然後從事播種。好黏性之砂質壤土。礫質壤土次之。土質要溼潤適度。過燥則鱗莖不能發達。過溼則莖葉繁茂。於鱗莖仍屬無補。

栽培法 （一）繁殖繁殖分直播移植二種。（1）直播法於春季耕耘時。卽便整地行之。過此則發育不良。葱根有繁茂地表之性。故播種前必再三耕之。務使表土純熟。以便生育良好。施肥於表土。不必深入。整地終則設一尺三寸距離。三四寸闊之平底條。施稀薄人糞尿。以手播種。恐厚薄不勻。當入種子於播種箱。振盪播蒔之。每地一畝種量約一斤。播畢覆土五分。苗長三寸時。行間拔。株距約一寸內外。苗立畦上。如小鳥形。施水肥催促之發育甚速。自後苗又密生。除草中耕間拔並行之。栽培葱頭。除草宜勤。甯多行數次。如因畦幅窄狹。動作未便。則酌行一二次可也。中耕時以耕碎畦間土塊。使其膨軟爲止。不可寄諸根上。否則莖葉徒茂。球之發育不良。卽有土附着。亦當仔細拂除。使苗逐漸發育。球莖露出半部。（2）移植法。於九月間行之。蒔種成苗。每六方尺需種五勺。播種後約十餘日發芽。施薄肥一次。至秋末掘取貯藏之。翌春三四月頃定植於園地。整地及一切培養法與韭葱同。亦有在早春蒔苗於溫床或冷床。旋移植於園地者。行此法應注意之點有二。定植適時一也。（苗株漸次發育。根部尚未膨大時。速行定植。是稱適時。）鬚根不深埋地中。二爲。（鬚根深埋地中。有礙根部之發育。）歐美各國。有於五六月頃。蒔種冷床。至盛夏時養成小球。俟葉枯而收採之。藏至翌春。再行種植者。行此法可期早日收穫。(二)肥培。蔥頭既以淺根繁茂。故耕土深至五寸。於三寸內外。卽鋤入腐熟廐肥。其他濃厚肥料。悉淺施於地表。若欲求速效。每地一畝。整地時。鋤入腐熟堆肥二十斤。播種或移植時。撒布過燐酸石灰十七八斤。魚粕三十餘斤。木灰二十斤至三十斤。與表土混和。植溝或播條中。並以二倍水稀釋之人糞尿。施用十石內外。追肥以人糞三百六十斤。加水二三倍稀釋之。在西洋嘗以骨粉爲蔥頭之肥培。其適量每畝約一百八九十斤。據上所述。蔥頭需肥培之量頗鉅。除必要之氫質成分外。兼需燐酸加里。故富於木灰及燐酸之肥料。亦以多爲貴。(三)收穫。收穫期早則六七月。遲則九十月。莖葉色黃。葉端枯萎。正屬收穫之期矣。若收穫之期已至。莖葉尚茂。綠色依然。則知球之發育尚未完全。當以手折其莖。使養分折入球中。催促熟度。成熟后行收採。尤貴敏捷。否則萌芽外露。分裂球莖。殊於品質有損。採收後切去莖部。近球根部分。約留一寸內外。不可稍染溼氣。免致在貯藏中。有發芽腐敗等患。(四)採種。採種用者。當選具備特點之品種。翌春整地下種。畦幅二尺五寸。株間一尺五寸。自一球抽莖二三本。發生花序。開花結實。俟其成熟。帶尺許之莖收穫之。陰乾后僅收種實。以便貯用。葱花遇雨則結子不充實。不能採收良種。

病害

萎黃病。四五月頃發生。蔓延甚速。凡葱類皆被其害。初時生微細青白之斑點於葉身。轉瞬卽成黴點。更進而變淡黑色。以至枯死。防除法(甲)撒布生石灰與硫黃混合之粉末。(乙)集燒被害之莖葉。(丙)避濕潤之土地。(丁)行輪作。

蟲害

(1)地蠶　一年發生二次。五月及十月出現。蛾之張度。一寸四五分。灰黑色。變種中有帶彩色者。卵產根邊或地上。幼蟲入地中害根。迨老成長至一寸五分餘。體稍呈暗黃色。頭部暗褐色。驅除法適用蕪菁地蠶項下。

(2)螻蛄　幼蟲與成蟲。所異者。祇翅之有無。及體之大小而已。所謂變態不完全者也。成蟲一寸五分。色灰暗。而翅小。尾端有毛狀物二。自五月至秋季爲害。夜間飛行。晝間橫行地中。食害幼根。其外敵爲土龍。土龍棲息之處。卽螻蛄聚集之所也。驅除法(甲)螻蛄好暖。秋季以馬糞等發熱物埋地中誘殺之。(乙)螻蛄忌臭氣。用小器入的列並油。以木片爲蓋埋於被害地中。蟲觸之非死卽逃。如以石油乳劑、石炭酸乳劑、撒布地上。亦有效驗。(丙)入花盆於地下。深二三寸。以藁席等爲蓋。使土毋墜入。螻蛄如陷此阱。不得復出。(丁)燈火誘殺。

品種　分黃白赤三種。舉其著名者如左。

(甲)白色種

(百〇六)銀皮種

(百〇七)鮑昂種

第六章　香辛類

(1)銀皮種 Silver Skin　扁圓形中等適於貯藏。

(2)白球形種 White Glole　大小與前種等形圓適貯藏。

(百〇八) 正圓形種

(百〇九) 惠栽非爾特大紅種

(3)鮑昂極早生種 Baughan's Pickliug　形小而圓整早生種也。

（乙）黃色種

（1）正圓形種 Genuine　形大。正圓。品質良。適貯藏。

（2）覃阜黃色種 Danver's yellow　形大而圓。早生。

（丙）赤色種

（1）惠栽非爾特大紅種 Wethersfield Large Red　形大而稍圓。適貯藏。

（2）極早紅種 Extra Early Red　扁圓而小。八月間可以採收。極早生。

第九　葱　學名 Alium Fistulosum, L,

英 Welsh onion　德 Schnitzwiebel　法 Gidoule

性狀及原產地．原產地其東亞。俄國植物學家。曾於西比利亞亞爾泰山地方。發見野生葱。自俄國傳入歐洲。歐人素栽葱頭。此品不甚注重。中日種植已久。其食用部分。因品種及人類嗜好而異。莖葉綠色部。與莖下軟白部。均含特別香味。蔬菜中佔重要位置也。好肥沃深耕稍帶黏質壤土。如植白色長根種。必深埋地中。雖不宜有水停滯。亦不可過於乾燥。

栽培法。　無論春蒔秋蒔。必先布種冷床。養成苗株。於乾溼適宜之土定植之。春蒔者三四月頃。設幅三尺長十二尺之床。播種前約二十日。於床地一畝施人糞尿二擔。播種時更用人糞尿二擔。以二倍汚水稀釋之。撒布於床之全面。及爲土壤所吸收。則又爬平表土。蒔下種子。一畝床地需種三合左右。撒布草灰二十五斤。覆薄土。輕行鎭壓。置草於其上。約二來復發芽。除去被覆物。苗長至三寸許。則施稀薄人糞尿。促其發育。肥料附着莖葉。有害生長。當以水洗去之。其後因發育狀況。施肥一二次。凡春蒔者三四月下種。八九月定植。至十一二月收穫。秋蒔者於九月間育苗床中。使其越冬。春間假植一次。至八月定植。秋蒔之結果。莖身雖較春蒔者肥大。而品質似有不及。定植入土深度。因品種而異。如種莖長之千住葱。則掘距離二尺五寸。深八九寸。闊一尺內外之植溝。施堆肥一千一百餘斤。人糞尿三百六十斤左右。過燐酸石灰十七八斤。草灰五十餘斤。爲元肥。更加二三寸肥土。植苗於其上。如種直根之下仁田葱。亦掘植溝。種苗。苗種於溝之二側。株間距離。莖細者三四本一束。隔三四寸植之。粗者每隔三寸植之。覆土勿深。深則有害發育。埋鬚根亦不必過深。如虞倒仆。於苗側以藁支之可也。苗着土經一來復後。施人糞尿一百六七十斤。以二倍水稀釋之並培土根際。約厚一寸左右。以促其發育。經二來復。再施液肥培土如前。自此以後。不必再施肥料培土。因苗之生育狀況。培土以不沒新芽爲限。若沒新芽。非徒無益且害之矣。種長葱在黏質地。培土照普通法。若在土質軟濕氣少之地。培土欲高。非築堤於兩側不可。然築堤則有礙苗之成長。故初植時。宜設淺溝。如在地平面。然俟苗發育。支麥藁於兩側。培土可矣。

夏葱栽培法　栽培夏葱之法。與秋蒔同。九月頃下種於冷床。冬季覆落葉類以防寒氣。翌春設距離二尺之淺溝。隔三寸植苗。其後施水肥數次。至六七月採收。（七月間氣溫高時。欲種長葱。如再培土數次。未免腐敗。當仿栽培夏葱方法。迨葱達適當長大之度。則行定植兩側建藁培土。一來復內外。可得軟白之收穫物）

採種　據普通法。即養成葱苗。定植時。設淺溝。畦幅二尺。株間六七寸。苗漸次發育。有分蘗則搔取之。祗留一本。待開花結實成熟后。採尺許之莖。揉落子實。燥而藏之。

病害　銹病。葉面發現圓形或楕圓形突起之赤褐斑點。見即燒棄之。

蟲害　紫椿象。防除法見前椿象項下。

品種　大別爲大葱小葱二種。舉其著名者如左。

(1)千住葱　莖細長而直。軟白部有長達一尺二寸者。質軟。纖維少。質味俱佳。

(2)下仁田葱　稱祖葱。或稱一本葱。長不及前種而麤過之。普通葱類種植後。每分歧爲數本。而斯種則否。故有一本葱之名。品質與前種不相上下。

（百一十）千住葱

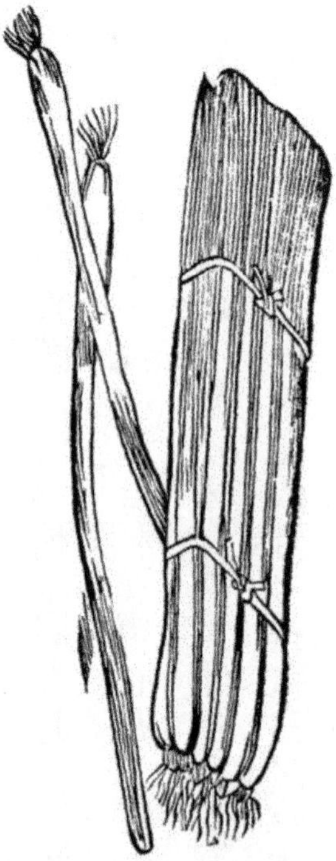

(3)岩槻葱　莖長。品種稍劣。外觀似千住葱。惟莖之下部屈曲。爲此種特異之點。

(4)九條葱　白色部少。綠色部柔軟。風味甚佳。足供食用。

(5)夏葱　早生。屬小葱之一類。

（百十一）下仁田葱

（略似我國之素葱）莖細且短。根部屈曲。品質不及大葱。所取者四季可以培養。無新鮮葱時。得以此權代。

（6）冬葱　莖細短分蘖甚盛。可用分根法栽培之。惟易罹澀病。乃其缺點。

（7）櫓葱　根白莖短。生花及小球於莖端。採作種苗。極稱便利。惜品質不甚佳耳。

備考　葱名芤。（本草葱中有孔故字從草從孔）亦名菜伯。更名和事草。（清異錄葱和衆味猶藥用甘草故名和事草）初生曰葱針。葉曰葱青。衣曰葱袍。莖曰葱白。四民月令曰。三月別小葱。六月別大葱。夏葱曰小。冬葱曰大。名目繁多。稽之圖經。未載所出。近今分布甚廣。用途亦多。藥用山葱胡葱。食用凍葱漢葱。山葱一名茖葱。（爾雅）細莖大葉。香氣勝常葱。胡葱類食葱。根莖細白。凍葱即冬葱。得之山戎。（管子齊威公五年北征山戎出冬葱與戎菽布之天下戎菽胡豆也）夏衰冬盛。無子繁殖。以分莖。樓葱屬冬葱類。莖上葉歧。如出八角。故江南人有龍角葱。龍爪葱。羊角葱等稱。淮楚間多種之。漢葱一名木葱。莖實硬。風味薄。葉遇冬即枯。古者以葱爲五葷之一。（西方以大蒜小蒜興渠慈葱茖葱爲五葷）道家亦忌五葷。而葱不與焉。（韭葱葫荽芸薹薤爲五葷）道家以是項葷菜熟食思淫。生噉有患。是以戒之。北方人喜食葷菜。雖其天性獷戾。豈非習慣使然。鴞食桑葚則革暴。鳩食之則好淫。醍醐發性。中藥養性。食性之不同亦如其面。一人之好惡。豈足爲定評哉。若葱含有硫化愛里爾質。確能解腥毒。增食慾。雖非爲食品之要。固調理中有用之刺激劑也。禮爲君子擇葱薤。古作膾春用葱。脂亦用葱。茹軒辟鷄苑脾皆切葱薤。實諸醯以柔之。葱之效用大矣哉。

第十　韭葱　學名Allium Porrum. L.

英Leek　德Lauch　法Poireau　日ニラネギ

性狀及原產地　原產地在地中海沿岸。日本栽培未廣。歐美爲肉汁等調理之用。品性與葱不相上下。屬百合科。二年生。好輕鬆肥沃壤土。

栽培法　栽培法略與葱同。每年二三月頃。設溫床下種。苗長五六寸。行定植。施腐熟堆肥。株距六七寸。深栽之。每株留三四

（百十二）韭葱

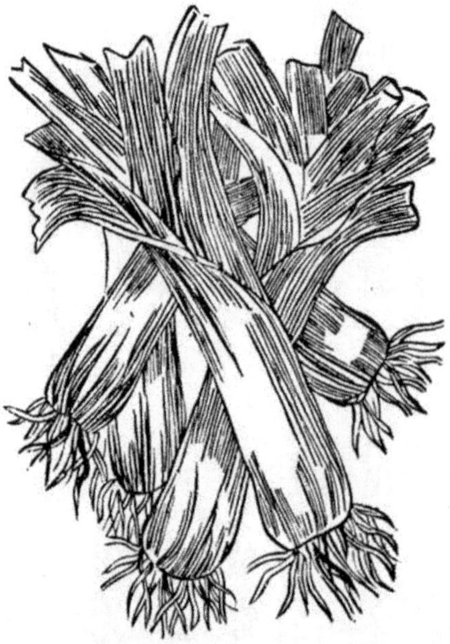

本。定植後。在夏季行中耕二三次。根際屢培土。使莖之下部軟白。秋季莖長適於採收。

品種　(1)蘇格蘭或倫敦肥種。Broad Scotch or London. Flag. 葉闊擴張於左右。莖肥大。

(2)克林吞最大種。Extra Large Carentan. 莖肥而大。性強健。韭葱中之大種也。

(3)羅游大種。Large Rouen. 葉廣厚。色暗綠。莖軟白。法國栽培甚廣。

第十一　薤　學名 Alliun Bakeri Rgl.

英Scallion　德Knollaueh. Rgl.　法Espice dail.　日ラツケウ

性狀及原產地　原產地在東亞。百合科中之宿根草也。莖下部肥大。短紡綞形。外皮白紫色。葉似韭而細長。中空扁平。如二角狀。色淡綠帶白粉。分蘖力甚強。一球可分十餘個。有特具之臭氣與辛味。鹽漬酢漬作食用。耐久藏。不拘風土。比較的以稍含濕氣之壤質黏土爲宜。有利用山田或其他隙地以行種植者。洵善策也。

栽培法　用球莖蕃殖。畦幅尺五寸至二尺。株距五寸。一畝種量約五斗內外。以堆肥木灰等爲基肥。以人糞尿爲補肥。八月至十月間播種。中耕除草諸事。亦屬至要。翌年六月頃。勢力衰微。應束縛其葉。使養分集於球部。生育中多施肥料。或云能減小分蘖力發達球部。其實不然。據實驗所得。密植種球。種量固增。然小球叢生。收量亦夥。常有本年不收採。留置翌年以爲種球者。此時分蘖多而球莖小。適可爲漬物之用。是項小球名曰豆薤。品價雖高。然於土地利用上。甚不經濟。惟栽培此物。採掘調製。需力孔多。若爲利用勞力計。亦可稱有利之作物也。至其適當之栽培法。在節減肥料。每株植種球二三個。一畝收量當有十三石內外。

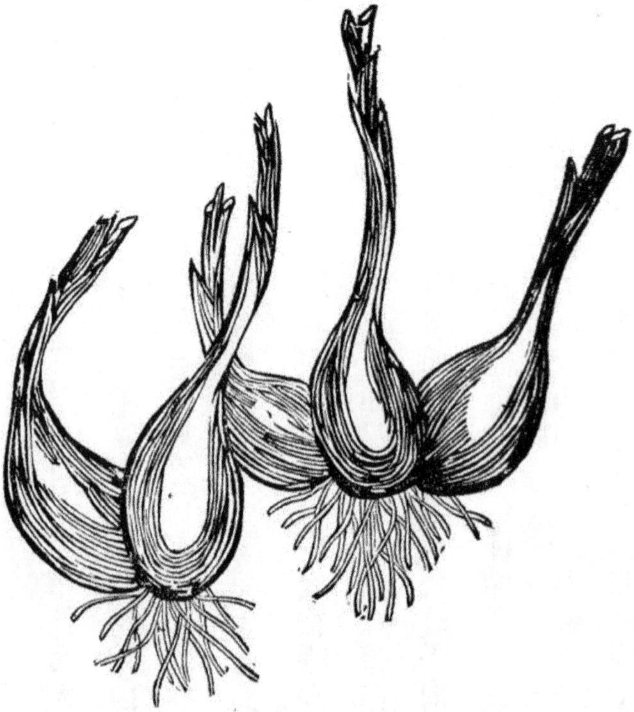
（百十三）薤

備考　薤有藠（音叫）子、莜（音釣）子、火葱、爾雅鴻薈等名。本文作䪥（音械）韭類也。日人名爲辣韭。以其味辛而形似韭也。葉似細葱。中空有稜。臭如葱。體光滑。雨露不易竚。古人所以有薤露之歌。莖下部如小蒜數顆相依。蘇恭本草註。薤有赤白二種。白者補而美。赤者療瘡生肌。蘇頌曰。山薤莖葉與家薤相似而根較長。二者均能去魚肉之腥。服之安神養氣。爾雅翼記務光剪薤以入淸冷之淵。今有薤葉篆。以爲務光所作。古人以英華之美者稱芝。故蓮曰水芝。芋曰土芝。薤曰菜芝。讀蘇軾細思種薤五千本大勝取禾三百廛魏甄后莫以魚肉賤捐棄葱與薤詩。薤亦蔬菜中之貴品也。圖經載薤生魯山平澤。今各處植之。樂天詩云。酥暖薤白酒。內則曰。膏用薤。又曰。切葱薤實諸醯以柔之。然則酒也。脂也。醯也。無所不用其薤者也。

第十二 大蒜(胡) 學名 Allium Sativum, L.

英Garlic. 德Gewohnlicher knoblauch 法Ail ordinaire 日ニンニク

性狀及原產地 原產地屬亞洲西部。開海克司 Kirgh's 之平原地。至今猶有野生者。栽培起原甚古。約在二千年以前。其后自蒙古傳入中國。或云漢之張騫得自西域。故名胡以其由胡地來也。性狀似韭葱。屬百合科。多年生植物。球部如葱頭。肥大扁平。外皮灰白色。有縱條襵襞。內部環列小球。可供食用。味辛。氣臭。亦含甘味。與魚肉共煮。足以盪除腥穢。春季抽細長花梗頂端生小球狀花。愛排水良好之肥沃土壤。

栽培法　法國春播日本秋播。畦幅一尺五寸。距五寸。植小球發芽後。中耕除草二三次。施補肥致球部肥大。翌年七八月間。葉枯球熟。始行採取。採取後束而掛諸室內隨時取用。

品種

(1)淡紅早種　Early Pink　早生。外皮淡紅。

(2)長頭種　Giant headed　南歐原產多年生。球小。辛味弱。意者卽是韭葱之原種。於何徵之。曰徵之於經軟化與不經軟化之點。韭葱經軟化。故莖部伸長。大蒜不經軟化。故球部發達。此種在春季雖生肥大種子。然繁殖仍用小球。

第七章　芽菜類

凡植物之芽生長機能最盛。滋養分及某種刺激性物質。就同一植物觀之。亦較他部機官含之特多。無論花芽葉芽及其他不定芽等。殆莫不如是。人類食慾之程度增進。蔬菜之取資於此。蓋有由矣。或謂菜以芽名。幷葉柄而概及之。恐於分類之義有所未當。噫、是何解於根菜類中有塊莖。（馬鈴薯）葉菜類中有球莖。（蕪菁甘藍）蘘荷（蘘荷竹卽其芽也）欵冬（葉柄與花蕾並用）同屬花菜歟。蓋蔬菜分類雖以需要部分為標準、如需要部分不同。而其含刺激性等物質同者。不妨并為一類也。

第一 石刁栢 學名 Aeparagus ofcinalis, L.

英Asparagus 德Spargel 法Asperge 日マツハウド

性狀及原產地 原產地在歐洲南部及亞洲西部。栽培紀元已閱二千餘年。西洋蔬菜中之重要品也。屬百合科。其嫩芽味甚美。可生食或漬食。草勢直立。夏盛冬枯。含養分頗富。其成分之主要者。為亞斯派拉懇Aspragin卽琥珀酸之亞米特化合物也（$C_4H\ O_3N_2$）味苦。必軟化或浸洗后用之。葉似杉葉。沿葉脈以叢生。甚細色濃綠。此為枝之變形。名曰葉狀枝。其真葉已退化而為膜質鱗片。包葉狀枝之基部。好濕潤之輕鬆土。

栽培法 繁殖以播種或分根。因具宿根性。是以分根法為便。法於四月間選適宜之地。混堆肥整治之。以四五寸距離。薄播種物。散布腐熟肥土。以防乾燥。發芽約須三十日。左右間拔時留強汰弱。常行灌溉除草諸事。以助生長。至秋季達一尺六七寸。莖葉全枯。可

於離地二寸許之處。翦去莖幹。使其度年。翌春三月。選膏沃砂土。移植之。（無膏沃砂土

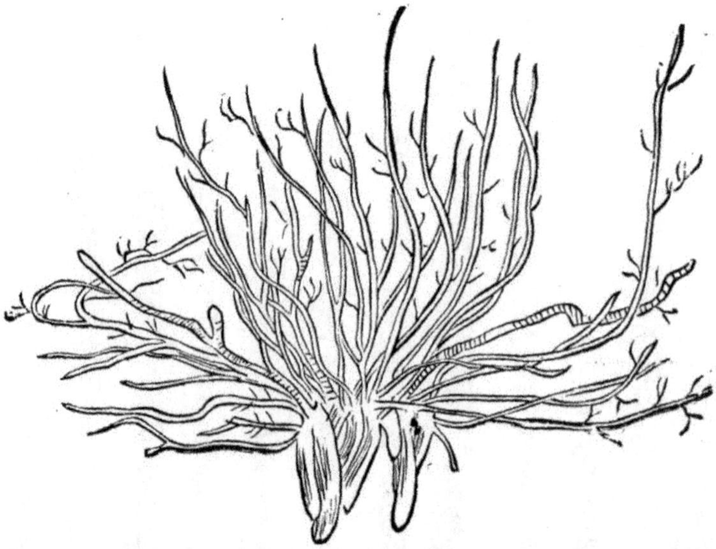

（百十四）石刁柏之根及嫩芽

而爲黏重土質時。當以堆肥細砂客土改善之。）未移植前。混和多量有機肥料。深耕劃畦。三尺至四尺。株距二尺五寸。移植時穿溝。混人糞堆肥。并覆土。（覆土以不損根爲度。）夏季掘根邊之土。使根深入土中。秋季莖枯死。盡行剪去。一面施肥於根邊以給養料。一面設防寒之具。使再度冬。翌年三四月頃。如根株有枯死者。補植一次。再行施肥。苗之生育漸盛。夏時不架支柱。恐有顚仆。當以竹木結束之。秋季仍如前年刈取枯莖。施多量肥料於根部。第三年發芽前二三來復。培土根邊。與栽培土當歸同。又須施行軟化法。養成

優等品質。始可收採。惟本圖栽植二年。生育尚未旺盛。不可悉行收採。當殘留幾分。以圖將來之發育。自茲以往。數年間以同一方法。續繼培養。則收量逐年增加。品質愈形上進。栽培此物。雖需多額之費用勞力。一達收採之期。得此優美蔬菜。償勞力費用而有餘。其生產年限。因栽培法之巧拙而有長短。普通可閱十年以上。未收獲前。因土地閑廢。當間作甘藍、萵苣(早種)、馬鈴薯(矮性)、菜豆等物施肥中耕。俾得兩受其益。

（百十五）石刁柏之莖葉

品種

(1)毛耳嫩雜生種 Moore's New Crossbred Asparagus. 產長大之莖。其色美麗。品質優等。

(2)科諾浮巨大種 Conover's Colossal 爲一般所賞用者。莖强。無支柱亦不傾倒。嫩莖肥大。風味絕佳。

(3)椰狀種 Palmatto Asparagus. 早生。收量多。嫩芽整齊。品質優美。

(4)哥侖布大白種 Columbian Nammoth White. 莖白不必培土軟化。自然白色。易於栽培之良種也。

(百十六) 石刁柏之嫩莖

第二 塘蒿 學名Apium graveolens, L.

英Celcry 德Selle i 法Celerie 日オランダミツハ

性狀及原產地 原產地在瑞典。由亞非利加北部。亞細亞西部。漸及於英領印度。栽培起源。幾二千餘年。爲西洋種蔬菜中之貴重品也。屬繖形科二年生。形態似水芹。故亦有洋芹之名。葉柄濃綠。發達多肉。色白質軟。雖含藥臭。一經調理。

氣味淸香。不僅富於滋養且可爲腦之强壯劑。美國初時不甚歡迎此物。近頃栽培極盛矣。翌春抽花梗頂端分歧花黃種子極小呈暗褐色有芳香與肉類共煮可殺腥臭一錢重量約九千三百餘粒好排水良好之黏質土或黏質壤土。（排水不良根部易腐）

栽培法　（一）播種塘蒿種子微細非由苗床養護不可對於早生種爲尤要播種期因採收之早晚而異。應夏秋之需者早春三月上旬用溫床下種否則四五月間下種冷床亦無不可播種時種子和以砂播後蓋土宜薄表面並鋪藁類以防水分蒸發灌水適當旬餘乃芽芽后撤藁助長其苗苗密則刪本葉生三四枚時適可移植然欲生育强健須行假植一次則定植期當在七月間矣（二）軟化塘蒿葉柄非經軟化不適食用茲述軟化法於左。

（1）堆土軟化法　此法甚簡單僅於根株周圍培土行軟化是也通常所行者與葱之軟化無異即於闊二尺五寸或三尺畦中作深五六寸之縱溝溝底耕熟入肥料（肥料以含有機質及富窒素者爲適）下苗株距四五寸每畝本數少則四千五百株多則五千四百株畦溝向南北兒便日光透射定植后爲保存適當水分計宜時

時施稀薄之人糞尿。（炎夏之候亦可此助長繁茂）經濟之栽培家。嘗利用畦間空所種小蕪菁苣等短期作物生意外之利。附土時期多在秋季。秋前雖可軟化。氣候尙未清涼。往往惹起腐敗。當軟化時先用藁將外葉上下束縛之。次以鋤碎畦間土塊。附於株之兩側。以葉柄不見爲度。經一月內外。已經軟化。乃可順次收採。

（2）板圍軟化法　此法較附土軟化法爲進步。卽用板代土。雖需多費。而同一面積得栽多數塘蒿。得失相較。終屬得多失少。通常畦闊二尺。株隔五寸。一畝苗七千餘株。板用松材。厚寸許。闊一尺。長六尺。在株之兩側。密接橫立。外釘方樁。以防倒伏。內充土泥或砂粒。約四五來復。莖葉全然軟白。此法多在夏季行之。斯時塘蒿尙未繼續成長。葉柄之組織柔軟。故軟化之也易。

（3）苗床軟化法　此爲最周密之軟化法。苗床廣六尺。長任意。盛土高五寸。床與床相隔一尺餘。用作通路。床上以一尺與五寸之距離定植。每畝需苗一萬餘株。發育中注意中耕、除草、補肥、灌水、諸事。至十月中旬。深鋤通路之土。培壅苗床周圍。使其軟化。彌月可穫。尙有殘留之塘蒿。再將跡地之床土壅之。仍使其軟化。此法分全圃爲二次採囘。第一次自十一月下旬起。至十二月下旬止。第二次自一月中旬起。至二月下旬止。

（4）窖室軟化法　此法於冬季塘蒿組織粗硬。圃場不能軟化時行之。法將塘蒿以方一尺之距離。植於苗床。至一二月後。帶土掘起移置於攝氏二十度左右之軟化室。室內整齊並列。俾與苗床同樣生活。若灌水得當。則數日之後。莖葉俱白。無窖室者。則利用屋隅。種種設備。與室窖同。唯屋隅

（百七十）塘　蒿

不免有光線射入。須用薦蓆以遮斷之。所慮者溫度不及窖室之高。軟化需日孔多。不免因水分養分之缺乏。莖葉彫萎。品質趨於劣等。

上述方法。就實驗之結果觀之。以培土軟化苗床軟化二法爲勝。

(百十八)　軟　化　圖

品種

第一種　綠色種

(1)白色實心種　Solidwhite　英國種。晚生。身高二尺。葉柄肥大。色呈濃綠。外觀之美。非他種可比。冬季窖室軟化之良種也。

(2)矮白種　Dwarf white　美國種。中生。矮性。葉四散。柄甚闊。惜肉質粗硬。帶赤色。不易軟化。卽軟化。色呈黃白。品質不佳。

(3)白玉種　whitegem　英國種。早生。矮性。株小。宜

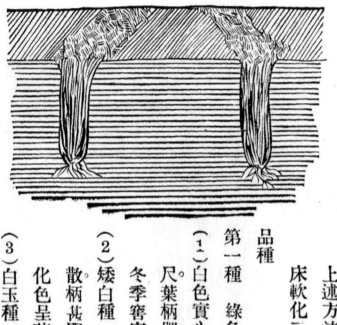

於露地軟化。品質柔軟。滋味又佳。

(4)晚生大種 Winter Queen 美國種。晚生。株大。草勢繁茂。收量亦多、葉濃綠。柄稍細。因其軟化困難。稱爲良種。

第二種　赤色種

(5)沙太氏種 Sutton's A. I 英國種。身矮。葉柄緻密。色深赤。莖葉之狀態。雖似白玉種。然品質甚劣。除英國外賞用之者少。

(6)倫敦紅種 L'ndou Red 英國種。身矮。株大。葉柄粗。色紫。質脆。草勢强健。品質雖優。祉會賞用之者尚少。

第三種　白色種

(7)純白種 Perfectedwhite Plume 美國種。早生。矮性。苗幼時。色雖濃綠。及長。綠白色之葉。漸次從中心發生。呈純白之色。葉柄細小柔軟。且富香味。惜市場以其形小而輕之。

(8)金黃色種 G lden Self Blanching 美國種。早生。比前種株大。身高。惜其質虛弱。不易繁茂。莖葉共呈淡黃色。肉亦堅硬。

第三　野蜀葵

學名 Cryptotaenia Canadensis, D. C. Var. Japonica, Mak.　日ミツミセリ

性狀及原產地　原產地屬東亞。爲繖形科宿根植物。葉自根出。三瓣。柄長而色綠。心藏形。有缺刻。故名三葉芹。軟化之。變淡黃色。品質柔軟。有芳香。常用其澄汁以充香辛料。七八月間。抽花梗。高二尺。花小。色白。繖形簇生。種子黑褐色。形長如紡錘。有縱溝。發芽年限三年。好黏土或黏質壤土。需水分亦多。每來復應灌漑一二次。

栽培法　早春下種。氣溫嫌低。若溫高時下種。又非有菰席等遮光不可。通常每於麥畦間播種。取麥之蔭也。麥地豫留畦間。闊可二尺至三月下旬。條播。一畝種量約二升左右。越旬餘發芽。芽之密生者間拔之。距離二三寸。刈麥后中耕補肥。專事養株。種子直播於地者。畦闊一尺五寸。用條播法。藁敷其上。不可過厚。俟芽露出。施二三次人糞尿。以助其生長。中耕除草。按時行之。播種於陽地。夏季有旱魃之處。根邊宜蓋以草。畦間並間作大豆。藉以遮光線。此物至秋。亦能發芽。故於八月下旬九月上旬間。可施稀薄人糞尿一次。

以促成之。

野蜀葵亦須軟化後。可供食用。軟化法甚簡單。卽於十月十一月。無霜之際。於闊二尺至一尺五寸之畦。取深一尺之溝。入馬糞敷藁之混和物。上蓋以土。取野蜀葵（已去葉者）密植其內。地面更覆舊菰舊蓆。經十五日或二十日。可行採收。（採收從根頭切去。繼續可收二三回。）又有取溝闊六尺。深二尺五寸。入發熱物厚七八寸。日中遮以油紙。夜間及雨天蓋以菰蓆爲軟化之法者。亦能採收相當之軟化葉。軟化室中生育溫度。以攝氏十六度至十八度爲適。低則結果不良。黃則易起腐敗。採種用者。任其自然發生。不行軟化。於春季發芽前施補肥一次。至夏間結實。採自一年生者。有當年夏期抽穗之弊。不特妨礙株根之肥育。卽冬期之軟化。亦瘦小而不適於用。採自二年生者。可免茲弊。

品種　祇一種。因採收早晚。有根三葉。莖三葉。切三葉等別。春季新芽與根並收者。根三葉也。葉柄長四五寸時。不經軟化。販諸市場者。莖三葉也。（品質雖劣。而以夏期出產。人多重之。）秋冬間採掘根株。入軟化室。使發生軟白之葉者。切三葉也。外此有花黃性毒缺刻不深之一種。食之殺人。栽培者不可不注意。

第四 食用大黃 學名 Rheum rhaponticum L.
英 Rhubarb. 德 Rhdader. 法 Rhubarbe. 日マルバダイワウ

性狀及原產地 原產地在亞洲東部。歐洲諸國，栽培甚廣。爲蓼科多年生植物。葉甚大。心藏形。廣約二尺。葉柄亦長。有達一尺六寸者。七月間抽三尺餘之花梗。羣生綠色小花。種子三角狀。一錢約百八十餘粒。葉柄可供食用。軟化後味等塘蒿。剝皮鹽漬可以生噉。與肉共擣可製爲餡。

栽培法 繁殖有下種分株二法。下種者。四五月頃。整地。隔二尺。作播條。施腐熟堆肥。一畝中約用四百二十餘斤。稍覆土。一來復間發芽。俟苗稍長。行間拔。施追肥。越三來復。再施水肥。行中耕。繁茂甚易。至秋末葉枯。在暖地應掘起定植。寒地則覆廄肥。培土於株上。以防凍結。待翌春定植之可也。株分者。春間掘起舊株。製成數枚。各收留一芽而後定植。行此法不特翌春可得收穫。作業亦較前法爲易。

定植之地宜深耕。畦幅三尺至四尺。設橫溝。施堆肥。株間尺五寸至二尺。覆土二寸。秋季定植者。當培土以禦寒氣。翌春發芽後。去培土。施水肥於根際。行中耕，仍培土。經兩來復除草。再中耕。秋至葉枯。施廄肥於其上、再覆以土。翌春發芽前。除去覆土。以施水肥。施肥後仍培土尺許。迨葉出土上。漸次收採。以供食用。收穫期雖因氣候寒暖。株勢强弱而異。大概以二三月間爲宜。收穫後。當除去所培之土。使後出之葉。易於繁茂。積年久。則勢漸衰弱。弊行換株法。或切斷根尖。施以刺激亦可。

收穫後有花蕊抽出時。當速行切去。毋傷株幹。否則任其自然。開花結實。株之勢力易衰。翌春收穫。難期滿足。若用溫床窖室及其他促成法。如塘蒿等之施行軟化。則品質上進。自不待言。

品種。茲舉認爲良種者如左。

(1)林羇司 Linnaeus 此種葉柄頗細。皮簿。調理時不可剝皮。品質香味俱佳。收量較少。

(2)維克它利亞 Victoria 中生種。比前者收穫期約遲二來復。葉柄大。汁液多。纖維佳。芳香。盛栽培甚廣。品種優等。

大紅種 Mammoth Red 形大而纛。性質强健之曉生種也。色澤深紅。甚美麗。品質香味。

不及前二種。西洋各國。栽培甚盛。

第五　土弊歸（獨活）　學名　Aralia Corda'a, Thunb.　日ウド

性狀及原產地　我國及日本原產。其嫩莖有節。白色或赤色。葉爲廣大披針形。繖花狀。雌雄異花。種子黑。發芽力弱。其軟白嫩莖。爲富於芳香及甘味之食品。屬五加科之宿根植物。多年生。有野生於山間者。香氣過强。莖葉矮小。品質不稱。

栽培法　繁殖以分根。若以種子繁殖。應作一尺之畦。下種。發芽後施水肥。促進生長。翌年秋或第三年春定植於本圃。定植後施肥培土。（培土所以爲軟白莖部之準備）力行不倦。至四五月可得採收嫩莖。惟栽植初年。發育未盛。僅採嫩莖稍頭。勿及全部。能如是。則生育日盛。收量日多。三四年間。可繼續栽培於一定地域云。

品種

（1）寒土當歸　一名赤芽土當歸。早生。矮性。耐貯藏。秋季莖葉將枯時。培土根際。入冬見嫩莖發

百十九　土當歸

生。採而用之。

(2)白土當歸　晚生。無可促成。外觀不及前種之美。惟嫩莖柔軟見勝。

(3)赤節土當歸　節赤色。產量多而風味不稱。宜於作罐製品。

(4)江戶町種　早生。在四五間可得收採。

第六　筍　學名　Phyllostachys Sp.

英　Bamboo sprout.　日タケノコ

性狀及原產地　我國原產不入日本不過一百六十餘年。稈直立地上。高達數丈。枝互生。其根謂之鞭。植物學上稱之曰根莖。於三四月頃自根莖發生之嫩芽。抽出地上。即謂之筍。筍含亞斯派拉懇。富養分亦富灰分。有簽味。煮之簽味去。鮮可食。爲我國固有之往蔬。新鮮者不耐久藏。乾製或罐製。可藏之數年。禾本科之多年生植物也。

栽培法　竹以地下莖繁殖。六月間選擇圃地。掘二尺深。施堆肥落葉等。閱一年生親竹(約一丈高)移植之。逾三四年筍可採。八九年成良好之竹林矣。舊竹。宜順次採伐。年久莖增加。筍之品質劣變。當相機掘去之。使新莖得以發育。若竹林增大蔓延近傍園圃。可穿溝於圃之周圍。以制限之。因怠於管理。竹林凌亂時。悉去舊竹。僅留一年或二年生之新竹。隔一丈左右掘溝。移植之。施肥料。如初繁殖然。其勢力自易恢復。初春新筍登市。長僅三四寸。係自地中掘出。雖足珍奇一時。而味究未佳也。是宜俟芽稍出地面。加馬糞落葉等發熱物。於其周圍並覆軟土。氣保其溫暖。斯可得大株嫩芽。然溫度過高。易致腐敗。亦宜注意。

品種　有孟宗竹。淡竹。苦竹。紫竹。人面竹等別。其嫩芽可供食用者。以淡竹孟宗竹（江南竹）為最。餘則供竹材用或觀賞用。

備考　爾雅曰。筍、竹萌。說文曰。筍、竹胎。江浙俗名。有淡竹毛竹之別。因有淡筍毛筍之稱。夏季掘竹之嫩鞭曰鞭筍。冬季掘未茁土之嫩芽曰冬筍。或曰苞筍。（東觀漢記）南人淡乾之曰玉版筍。明筍。火筍。鹽曝之曰鹽筍。孟宗泣竹生筍。（楚國先賢傳）說者謂孝感所至。吾始之未敢信。（筍必遇適當之水溼溫度而後發生竹無聽覺視覺等神經感觸人類生筍與否決不能以一哭感動之）意者孟宗急欲得筍。以發熱物等壅之。是以生筍較速。或自地中深掘而得。尚屬近理。孝感云云。以之編入童語。牖啓髫齡德育。固為絕好教材。栽培家要不能人云亦云。

第八章 水菜類

生長於水中之蔬菜曰水菜。就植物分布學觀之。一草一木。陸有之。水亦有之。特品性異而生態不同。組織殊而栽培有別。蘋蘩蘊藻。可羞王公。菱芡里芋。無虞蝗害。水生植物雖不若陸生者之多。而其可資食用占蔬菜上之位置者。爲數正不少也。

第一 蓮藕 學名 *Nelumbo nucifera*, Gaertn.

英 Lotns 德 Lotos 法 Lotns 日ハチス

性狀及原產地 爲中日印度各國原產。栽培甚廣。近年輸入歐美。供觀賞用。尙未認爲蔬菜也。地下莖深入地中。生育發達。形成根莖。根莖自數節成。卽所謂蓮藕也。每節間生葉。葉柄甚長。擨葉出水面。如圓笠狀。六七月間。開多瓣花。花分紅白二種。果實爲蜂巢狀。種子亦甘美可食。爲睡蓮科水生宿根植物。故以表土深。水量大。有機質多之肥沃土爲適。若在黏質土。發育不良。在砂質地。蓮藕屈曲。節間短縮。

栽培法 (一)繁殖。繁殖有子種苗植二字。子種於春四五月頃。以子在瓦上磨破外皮。選適宜之地植之。苗植於四五月頃。選擇相當之水田池沼。耕鋤之。混入人糞搾粕大豆等。設隔六尺幅二三寸深一尺之植溝以根莖全形或自生芽之二節處切斷橫埋之。株距一二尺。一畝苗量約二百七十斤至三百六十斤。栽植后灌水三四寸。至五月下旬芽露水上。排水除草。并攪拌株間之土。今其膨軟。導入空氣。溫度以促進根莖之發育。除草終則如前之灌水。深約五寸。七八月間去水。使所含濕度。土面不生龜裂爲止。如有雜草。刈除一二次。八九月間可以漸次收穫矣。(一)施肥一畝肥料。用人糞尿二十餘擔。魚粕骨粉米糠大豆等二十斤左右。栽植前施人糞尿。餘則均於發芽前爲粉末施之。(三)收穫收穫早者雖在八九月頃。如欲得肥大品質。當俟九十月至翌年三四月間爲得收穫時全部掘起。或殘留半部。爲翌年種根之用。

品種

白蓮　花白。根莖小。入土淺。外皮純白。多黏氣。

紅蓮　花紅。根莖肥大。深入地中。味佳。肉帶灰色。

中國蓮　花淡紅。根莖粗大。中空亦大。節間短。色白。肉厚味佳。

備考　蓮有重臺蓮、並頭蓮、一品蓮、四面蓮、灑金蓮、金邊蓮、衣鉢蓮、千葉蓮、分香蓮、分枝蓮、四季蓮、佛座蓮、黃蓮、紅蓮、金蓮、睡蓮等別。王敬美曰。蓮花種最多。蘇州府學前有蓮。葉如傘蓋。莖長丈許。花大而紅。結子近百。栽培已古。爾曰雅荷芙渠。陳風曰有蒲菡萏。花已發爲芙渠未發爲菡萏凡物先葉後實。此則葉實齊生。亭亭物表。不染淤泥。花中之君子也。據本草云。花白者香。紅者豔。千瓣者不結實。以蓮子種者生長遲。藕芽種者發育易。其效用不特爲觀玩品。凡根實花葉子房雄蕊。均爲食用藥用之珍品焉。

百二十　蓮藕

第二　慈姑　學名 Sagitta ia Sagittifol'a, L.

英 Arrcwh ad　德 Pfeil-Kront,　法 Sagittaire.　日リフヰ

性狀及原產地　東亞原產。我國栽培已久。與蓮藕同爲水田蔬菜。近年輸入歐洲。祇供賞玩之用。屬澤瀉科之宿根根物也。性微寒。球莖狀似馬鈴薯。自根際出匍匐枝。頂端成薯。藏養分。薯形正圓或扁圓。頂端有芽突出。表面圍繞短縮節條。其成分以澱粉爲主。稍含甜味及簽味。煑之生芳香美味。葉大。根出。頂端尖。基部分爲兩歧。如燕尾狀。葉柄粗長達二尺。夏季抽花梗。長二尺許。生白色小花。花單性。四瓣。雄上雌下。雄蕊色黃。結實無多。繁殖必以薯。

栽培法　四五月頃。選膏腴水田。熟耕之。以球莖下種。隔二尺畫縱線。線內每隔二尺下種一枝。閱五六來復行中耕。施追肥。至秋莖葉枯黃。已近成熟。可行收採。（因需供之情形。留之翌春發芽前收採亦可。）收採時先排水。然後以鐵耙仔細掘起。留一部分於土中。爲翌春種莖之用。一回栽植。在三四年間僅有耕耘施肥之事。無播種定植之煩。欲得肥大之球莖。當球莖生長及半時。以手探土中。摘取小球。每株只留形狀整齊。體積肥大

百二十一 茲姑

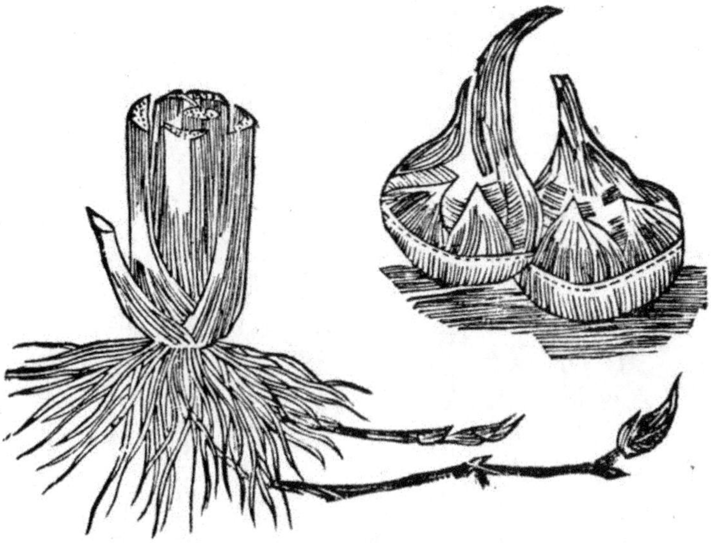

者數個。

貯藏法甚簡易。投諸水中斯可。若置諸乾燥之地。反其天性。有損品質。爲繁殖用者於年內採收之際。留傷痍少形小而整齊之球莖於田間。定適度之株距。任其自然生育可也。

品種

（1）青慈姑　形正圓。色濃藍。粉質多。香氣强。甘味足。爲調理用最宜。

（2）白慈姑　我國原產。形大。稍楕圓。外皮淡藍。味帶苦。樹陰之下亦堪栽培。

（3）吹田慈姑　形小。有青白二種。味甘。與豆類共煮勝食。

備考　慈姑一根歲生十餘子。如慈毋乳衆子。因以慈姑名。有以藉姑。水萍。河鳧茈。地栗苗。剪刀草。剪塔草。燕尾草。槎了草命名者。要不過象其形。似無研究之必要。

第三　水芹　學名 Oenanthe Stolonifera, D. G.　日セリ

性狀及原產地　東亞原產。爲繖形科之宿根植物。形性頗似塘蒿。生芳香。與肉類煑食。美味可口。因其成分中含多量鐵質。食之且有淸潔血液之效。有野生於山水間者。如欲得長大之莖。是非由人工栽培不可。因其連年發生。莖葉細小。是宜用換土法方稱妥善。根性匍蔔。葉有鋸齒。爲再出羽狀複葉。

栽培法　繁殖以宿根。不以種子。(由種子繁殖者根株矮小不取。　每在三月上旬採水芹之根。細切而厚堆之。(約堆至一尺厚　與以水。閱四五日翻覆堆積。使平勻其熱度。芽徐徐發生。一面於肥沃之水田。耕入堆肥人糞等爲基肥。並灌以水。諸事旣畢。時已在三月下旬。正可下苗。苗長至一二寸時。給與少量之水。苗漸長。水量亦漸增。夏間除草施肥各一二次。秋末冬初。莖葉發育方盛。適可收採。

害蟲　蚜蟲最易寄生。驅除法。灌多量之水。使葉下沈。二三日後排去之。如此行之數回。

蟲自滅跡。

品種　因栽培及收穫期之早晚而有早生中生晚生之別。因用途及需要部之不同。而有根芹。葉芹之分。

第四　水田芥

學名 Nosturtium. Officinale A. Br.

英 Water Gress　德 Bruncnkresse　法 Gresson defontaine　日ミヅタガラシ

性狀及原產地　亞細亞及歐洲南部原產。爲十字花科之水生植物。葉生芳香帶辛味。加食鹽生食。或爲鮮魚肉之調味劑。

栽培法　下種於溼潤之地。擇灌溉便利之水田。移植之。此種蔬菜。插植亦能生活。生長達一年。可以收採。相溫暖位置。爲冬期栽培。穫利倍蓰。

第五　菰

百二十二　水田芥

性狀及原產地　菰一名茭白。又名茭筍。原產於我國南方江浙等處。河蕩沿岸。野生者甚多。菰卽是項野生種之改良者。屬禾本科宿根莖高六七尺。莖每年枯死。性喜濕。故宜栽培於近江之水田或汚水之池蕩。

栽培法　(一)繁殖。時當清明。菰苗長已數寸。於是擇栽植經二年良好之種。菰中心無黑蕊者。行分根法以繁殖之。卽分其由母根所生之蘖苗而栽種之。其法以鐮刀插入泥中。割斷其根。使蘖根與母根分離。然後取蘖苗以供苗用。菰茱有雌雄之別。雌者能生筍。雄者則否。故選苗時。宜細察其雌雄。而定其去留。雌者形扁而質軟。雄者形圓而質堅。又宜擇多生細根而無損傷者爲佳。(二)整地。凡種菰之田。冬季宜耕翻其土。使受霜雪之作用。以分解其有機物。待次年三四月間。復深耕耡碎之。使之平坦。卽可插苗。插苗之法。與稻無異。而其株間以三四尺爲度。插苗之後。經二十日則苗根蔓延。蘖亦發生。於是卽行耘草。此後經三四十日後耘一次。(三)肥料。肥料隨土質之肥瘠而定。若有機質豐富之壚土。卽不施肥料。亦無不可。瘠地當施多量河泥或堆肥廐肥等。(四)收穫。早種採自六月中旬至七月中旬。晚種採自九月下旬至十一月初旬。菰生四葉。則基部包有菰筍。

漸次膨大。至第五葉發生後。則菰筍更形膨大。第五葉因之斜出而白色之菰筍現形於外。此時卽可攀採。不然則過老矣。每畝收量約可二千斤以上以平均每斤二分算計之。每畝可售洋四十元誠厚利矣。(五)更新。菰爲多年生之宿根植物。故栽植後可得多年之收獲。但越年過多。品質惡變。筍之中心發生黑斑。且纖維强韌。不適於食。故操是業者。每經二年必更植一次。或每年每株交互掘去一半。

實用蔬菜藝園學終

實用蔬菜園藝學

民國三十八年九月五版

編著者　周清　趙仰夫

發行人　莊逸林

出版者　中國農業書局

總發行所　新學會社（上海河南路昭通路中）

分發行所　新學會社（寧波東門日新街中）

新學會社圖書部發行

農業生產專書

科學種菇法
段木種菰術
人工種蕈法
銀耳培育法
果樹栽培法
蘋果園藝學
柑橘栽培法
果樹園經營

實驗雜糧栽培
實用茶作學
實用森林學
竹林培養法
油桐棕梠栽培
乳用羊飼育法
實驗養猪學
盎古拉毛用兎

實驗養雞學
養雞全集
多產雞之研究
實驗養蜂學
養蜂問答
最新養蠶學
食用蛙
除蟲菊